A CIDADE CONTEMPORÂNEA:

segregação espacial

CÓPIA NÃO AUTORIZADA É CRIME
ABDR
ASSOCIAÇÃO BRASILEIRA DE DIREITOS REPROGRÁFICOS
RESPEITE O DIREITO AUTORAL

Pedro de Almeida Vasconcelos
Roberto Lobato Corrêa
Silvana Maria Pintaudi
(organizadores)

A CIDADE CONTEMPORÂNEA:

segregação espacial

Capa e diagramação
Gustavo S. Vilas Boas

Preparação de textos
Ana Paula Gomes do Nascimento

Revisão
Fernanda Guerriero Antunes

Dados Internacionais de Catalogação na Publicação (CIP)
(Câmara Brasileira do Livro, SP, Brasil)

A cidade contemporânea : segregação espacial /
Pedro de Almeida Vasconcelos, Roberto Lobato Corrêa
e Silvana Maria Pintaudi (orgs.). – 1. ed., 2ª reimpressão. –
São Paulo : Contexto, 2025.

Vários autores.
ISBN 978-85-7244-816-1

1. Cidades 2. Geografia urbana 3. Pesquisa urbana
4. Planejamento urbano 5. Urbanismo 6. Urbanização
7. Segregação urbana 8. Sociologia urbana I. Vasconcelos,
Pedro de Almeida. II. Corrêa, Roberto Lobato. III. Pintaudi,
Silvana Maria.

13-10032 CDD-910.91

Índices para catálogo sistemático:
1. Segregação espacial : Espaço urbano : Cidade e urbanismo :
Geografia urbana 910.91

2025

EDITORA CONTEXTO
Diretor editorial: *Jaime Pinsky*

Rua Dr. José Elias, 520 – Alto da Lapa
05083-030 – São Paulo – SP
PABX: (11) 3832 5838
contato@editoracontexto.com.br
www.editoracontexto.com.br

SUMÁRIO

Introdução 7
Pedro de Almeida Vasconcelos
Roberto Lobato Corrêa
Silvana Maria Pintaudi

Contribuição para o debate sobre processos
e formas socioespaciais nas cidades 17
Pedro de Almeida Vasconcelos

Segregação residencial: classes sociais e espaço urbano 39
Roberto Lobato Corrêa

Segregação socioespacial e centralidade urbana 61
Maria Encarnação Beltrão Sposito

A prática espacial urbana como segregação
e o "direito à cidade" como horizonte utópico 95
Ana Fani Alessandri Carlos

A segregação como conteúdo da produção do espaço urbano 111
Isabel Pinto Alvarez

Semântica urbana e segregação:
disputa simbólica e embates políticos na cidade "empresarialista" 127
Marcelo Lopes de Souza

Loteamentos murados e condomínios fechados:
propriedade fundiária urbana e segregação socioespacial.... 147
Arlete Moysés Rodrigues

Segregação, território e espaço público na cidade contemporânea.... 169
Angelo Serpa

A abordagem da segregação socioespacial
no ensino básico de Geografia.... 189
Glória da Anunciação Alves

Os organizadores.... 203

Os autores.... 205

INTRODUÇÃO

O presente livro que ora apresentamos resulta das atividades do Grupo de Estudos Urbanos (GEU), que, em sua programação, selecionou o tema da segregação espacial para pesquisa por parte de seus membros durante os anos de 2011 e 2012. O livro, portanto, contempla esta temática, dando continuidade ao debate acadêmico e aos textos publicados no periódico *Cidades* e no livro publicado pela Editora Contexto em 2011 intitulado *A produção do espaço urbano: agentes, processos, escalas e desafios* e organizado por Ana Fani Alessandri Carlos, Marcelo Lopes de Sousa e Maria Encarnação Beltrão Sposito. A continuidade não é apenas formal, mas evidencia que a segregação espacial constitui parte integrante e fundamental da produção do espaço urbano.

O espaço da cidade capitalista, particularmente da grande cidade, caracteriza-se, entre outros aspectos, por ser fragmentado, o que dá origem a um mosaico irregular, com áreas de diferentes tamanhos, formas e conteúdos, assim geradas por distintos processos espaciais e agentes sociais. As áreas desse mosaico, por outro lado, foram criadas em diferentes momentos do tempo, exibindo paisagens construídas recentemente, consolidadas, envelhecidas ou em processo de renovação. Complexas espacialidades e temporalidades caracterizam o espaço da grande cidade capitalista, fato que se acentua após a Segunda Guerra Mundial e se amplia mais ainda nos últimos 25 anos (Marcuse, 2003).

Assim, na fragmentação do espaço urbano capitalista é possível conceber uma divisão econômica do espaço e uma divisão social do espaço. A primeira deriva da complexa espacialidade das atividades econômicas, originando terminais de transporte, depósitos, fábricas, estabelecimentos atacadistas e varejistas, escritórios de serviços, hospitais e escolas. A espacialidade de cada uma dessas atividades responde a uma lógica própria, vigente no momento de sua implementação ou que, por eficiência continuada ou ainda por inércia, garante a localização de cada atividade. Zonas portuárias, áreas industriais, antigas e novas, espontâneas ou planejadas, áreas comercias hierarquizadas ou dotadas de especialização funcional são o resultado dos intrincados processos que originam a divisão econômica do espaço urbano.

Já a divisão social do espaço urbano traduz-se em numerosas áreas sociais, cada uma caracterizada por uma relativa homogeneidade interna e heterogeneidade entre elas. Atributos como renda, instrução, ocupação, faixa etária, fecundidade, etnicidade, religião, *status* migratórios e qualidade da habitação definem o conteúdo de cada área. Há um mosaico social na cidade, com distintas formas e conteúdo sociais. O preço da terra, expressão cabal da valorização da propriedade fundiária, e a proximidade dos centros de negócios – área central, subcentros e áreas especializadas –, assim como das áreas de amenidades naturais ou socialmente criadas e das áreas fabris, desempenham papéis fundamentais na estruturação desse mosaico social.

As áreas sociais e econômicas tendem a se apresentar justapostas, mas em muitos casos se superpõem ou estão imbricadas. As lógicas que presidem tais áreas apresentam diferenças, mas não são estranhas entre si. A acumulação de capital e a reprodução das diferenças sociais são as motivações essenciais, implícitas ou explícitas, que engendram o espaço da cidade capitalista, os mosaicos sociais e econômicos que ora se justapõem, ora se interpenetram. Mas os capítulos que compõem esta coletânea privilegiam o mosaico social, considerando o seu conceito-chave de segregação espacial (residencial).

Por outro lado diferentes cidades, dependendo de cada contexto, apresentam estruturações espaciais diferenciadas. No caso das cidades norte-americanas, por exemplo, os espaços residenciais periféricos (*suburbs*) são os mais valorizados, ao contrário das áreas em torno dos centros (*inner-city*), nas quais estão concentradas as minorias étnicas. Nas cidades latino-americanas e, sobretudo, nas da Europa continental, a proximidade dos centros é valorizada e as periferias são em geral desvalorizadas e estigmatizadas.

Outro aspecto a ser observado é que em determinados contextos geográficos a questão étnico-racial é fundamental (exemplos, Estados Unidos, África do Sul), enquanto em outros contextos a questão social é preponderante (exemplo, Brasil).

A segregação espacial tem constituído objeto de interesse de vários campos das ciências sociais, como a sociologia, particularmente a Sociologia Urbana da Universidade de Chicago, durante a primeira metade do século XX: a denominada Escola de Chicago. Seu olhar para a segregação calcava-se em uma analogia com as ciências naturais, particularmente a Ecologia Vegetal. A cidade era entendida como uma forma específica da comunidade, submetida à luta pela sobrevivência. Nessa luta, a competição era a motivação principal e a segregação residencial manifestava-se na forma de "áreas naturais". As áreas sociais, a partir da década de 1950, tornaram-se o conceito substituto, liberado da interpretação naturalizante. Nesse contexto, os estudos de Ecologia Fatorial propiciaram um significativo avanço sobre a segregação residencial (Theodorson, 1974; Grafmeyer e Joseph, 1990).

Por sua vez, os economistas neoclássicos que se dedicaram ao estudo do espaço urbano consideraram a segregação residencial como o resultado de uma competição pela terra urbana. As melhores localizações seriam apropriadas por aqueles que pudessem transformar custos em satisfação; admitindo-se nessa equação uma negociação "*trade off*" entre morar longe em ambiente amplo e barato, arcando com custos de transporte, ou morar junto ao centro mas em prédios deteriorados e com altas densidades demográficas. A segregação residencial, na qual se distinguiam o subúrbio e os "ghettos" da zona periférica do centro, estava explicada (Alonso, 1964), no caso das cidades norte-americanas.

Na economia política com base no materialismo histórico e dialético, a referência seminal é o texto de Engels de 1845 sobre as condições de vida dos trabalhadores nas áreas centrais deterioradas de Manchester (Engels, 1975). A segregação residencial é o resultado, no espaço urbano, da necessidade de existências distintas entre grupos sociais. Mais do que isso, as áreas segregadas estabelecem os locais da reprodução das diferentes classes sociais (Castells, 1983).

A geografia urbana acompanhou essas três tradições maiores no que tange à temática da segregação residencial. Mas em todas elas a espacialidade constitui o foco principal da visão geográfica. Privilegia-se que o entendimento de que espaço não é um palco no qual a sociedade vive, mas é produto dessa sociedade e condição de sua existência, portanto capaz de influenciar decisivamente as diferenças tanto no modo de existir como na reprodução das diferenças. As influências da Ecologia Fatorial e do Marxismo são centrais na visão geográfica sobre o tema em tela, criando uma complementaridade para a qual a visão maniqueísta está excluída. O caminho a seguir pelos geógrafos é largo e longo e esta coletânea intenciona contribuir para isso.

A segregação espacial insere-se na produção do espaço, consistindo, juntamente com as suas consequentes formas, em um dos mais importantes processos do espaço urbano. A distribuição das áreas industriais, das áreas de lazer, dos espaços públicos, dos locais de consumo, das vias de tráfego e dos meios de transporte, das escolas e dos hospitais, da limpeza e da segurança pública está, em diferentes graus, ligada à segregação espacial, exibindo também uma nítida espacialidade diferencial. Isso possibilita ao geógrafo um amplo campo de investigação, abordando a segregação em suas múltiplas conexões.

Produto social, a segregação espacial constitui também um meio no qual a existência dos diferentes grupos sociais se efetiva. Produto e meio, a segregação é parte integrante dos processos e formas de reprodução social, pois a relativa homogeneidade interna de cada área social cria condições da reprodução da existência social que ali se verifica. Há, em realidade, uma profunda conexão entre segregação e classes sociais, conforme aponta Harvey na década de 1970 (Harvey, 1985). Assim, fragmentação social e fragmentação espacial são correlatas.

A segregação espacial é parte integrante e fundamental da produção do espaço, pois a produção de residências inicia-se tanto no processo de investimentos de capital como em estratégia de sobrevivência. Há, nesse sentido, uma gama complexa de agentes sociais que produzem a segregação espacial, constituindo tipos ideais. Os proprietários dos meios de produção, proprietários fundiários, promotores imobiliários e o Estado são esses agentes formais, enquanto os grupos sociais excluídos, os agentes informais. Mas este ponto necessita aprofundamento, pois as práticas espaciais deles não apenas variam, como podem se apresentar, de modo combinado. Políticas públicas, acumulação de capital, estratégia de sobrevivência são parte integrante da produção da segregação espacial.

A temática da segregação espacial está longe de ter sido esgotada não apenas porque as relações entre sociedade e espaço são mutáveis, mas também porque há questionamentos, relativos ao passado e ao presente, que ainda não foram investigados. E isto é particularmente significativo quando se considera o Brasil, onde há poucos estudos sobre o tema em pauta, e ao mesmo tempo verificam-se significativas mudanças na urbanização, incluindo a criação de novos centros urbanos, com possíveis reflexos nos processos e formas de segregação espacial.

Entre possíveis questionamentos para investigação apontam-se os seguintes:

a) As conexões entre segregação e outros aspectos sociais e suas espacialidades, a exemplo da estrutura econômico-espacial, a mobilidade residencial, a jornada para o trabalho e os movimentos sociais.
b) A estruturação das classes sociais e suas frações em suas conexões com a segregação espacial.
c) Os padrões espaciais da segregação e suas mudanças.
d) A espacialidade diferencial da segregação considerando-se as cidades de distintas dimensões demográficas, sítio urbano, estrutura social e inserção na divisão territorial do trabalho, processo migratório, *status* dos movimentos sociais e a própria história espacial. À guisa de sugestão considerem-se, por exemplo, Belém e Curitiba, Petrópolis e Uberlândia, Parnaíba e Limeira e cidades com 20 mil a 30 mil habitantes, de um lado, e cidades com 200 mil a 300 mil habitantes, de outro. Considerem-se ainda cidades gêmeas em fronteira internacional ou ainda a localização residencial de minorias étnicas nas grandes cidades brasileiras, a exemplo de bolivianos, uruguaios, coreanos, palestinos ou descendentes de alemães ou italianos.

* * *

O primeiro capítulo do livro tem o título de "Contribuição para o debate sobre processos e formas socioespaciais nas cidades" e é de autoria de **Pedro de Almeida**

Vasconcelos. Tendo em vista a utilização polissêmica do conceito de segregação e sua transferência para outras realidades, o autor faz a opção pelo uso restritivo do conceito, caracterizando-o como segregação involuntária e coercitiva, e sugere sua utilização apenas para casos específicos, como os guetos judeus e os bairros negros segregados nos Estados Unidos. O autor propõe, então, uma série de noções alternativas que poderiam substituir com maior precisão os vários sentidos utilizados como sinônimos de segregação. As noções e os conceitos propostos estão divididos em três blocos: primeiro, as noções ligadas aos espaços, como diferenciação socioespacial, desigualdade socioespacial, justaposição, separação, dispersão (urbana), divisão em partes e fragmentação; em seguida, as noções mais ligadas aos indivíduos, como as de exclusão e inclusão (espacial); e, finalmente, os conceitos e as noções tanto ligados aos indivíduos quanto aos espaços como os de segregação, dessegregação, *apartheid*, autossegregação, agrupamento, fortificação, polarização socioespacial (junto com a noção de *underclass*), dualização, "gentrificação", invasão, marginalização (espacial), periferização e abandono (de áreas). A bibliografia conta com um total de 88 textos.

No capítulo "Segregação residencial: classes sociais e espaço urbano" **Roberto Lobato Corrêa** afirma que a segregação residencial é um dos processos espaciais que geram a fragmentação do espaço urbano. Destaca inicialmente os textos de R. Harris e D. Harvey que tratam da segregação das classes sociais. O autor faz em seguida a diferenciação entre segregação imposta e segregação induzida. Passa então a examinar os modelos Kohl-Sjoberg (juntando a contribuição dos dois autores), de Burgess, de Hoyt e de Yujnovsky. Continua com o exame das áreas sociais desde os antecedentes das áreas naturais até o exame das áreas sociais por meio da utilização da análise fatorial. O autor define a segregação residencial como um "processo espacial que se manifesta por meio de áreas sociais relativamente homogêneas internamente e heterogêneas entre elas" e conclui propondo o exame da segregação residencial das cidades brasileiras com a utilização dos seguintes critérios para o estabelecimento de áreas sociais: tamanho demográfico, crescimento demográfico, funções, antiguidade e sítio urbano. Uma bibliografia de 56 títulos é apresentada.

O capítulo de **Maria Encarnação Beltrão Sposito** tem o título de "Segregação socioespacial e centralidade urbana". O longo texto está dividido em seis partes. Na primeira a autora trata do conceito de segregação, seus limites e possibilidades. Destaca inicialmente que segregação não pode ser confundida com diferenciação espacial, desigualdades espaciais, exclusão, discriminação, marginalização e estigmatização. A segunda parte é sobre o conceito de segregação e sua multidimensionalidade. Nessa parte a autora destaca seis pontos e afirma que "nem todas as formas de diferenciação e de desigualdades são, necessariamente, formas de segregação". Lembra que o conceito só se aplica quando há separação espacial radical, quando cita Helluin e sua crítica da segregação como "noção-valise". A terceira parte é sobre as novas segregações, quando o conceito aparece como afastamento e destaca o par segregação-autossegregação. A quarta parte trata dos centros e as centralidades, com a discussão das diferenças entre as duas noções. São discutidas também as noções de multicentralidade e policentralidade. A quinta parte é sobre centros, centralidades e segregação socioespacial, quando a autora trata da superação da lógica centro-periferia, da locomoção pelo transporte individual e do processo de reestruturação das cidades. Na sexta parte, "Múltiplas formas de segregação, centro e centralidade, fragmentação socioespacial", a autora conclui com os limites do conceito de segregação socioespacial, adotando a ideia de fragmentação socioespacial. A rica bibliografia conta com 112 textos.

O denso capítulo de **Ana Fani Alessandri Carlos**, "A prática socioespacial urbana como segregação e o 'direito à cidade' como horizonte utópico", é dividido em seis partes. Na primeira, "Localizando o debate", a autora propõe a tese de que a segregação em seus fundamentos é o negativo da cidade e da vida urbana, e que o seu pressuposto é a compreensão da produção do espaço urbano como condição, meio e produto da reprodução social. Na segunda parte, "Da morfologia segregada à segregação como forma da desigualdade", a autora destaca que a produção da segregação como separação e apartamento implica uma prática social cindida como ato de negação da cidade. A terceira parte é sobre "A contradição centro-periferia", quando a autora afirma a centralidade como elemento constitutivo da cidade, fundamento teórico e prático, enquanto que a industrialização produziu uma urbanização que gerou periferias desmedidas que separam imensos contingentes sociais. Na quarta parte, "O espaço urbano como valor de troca", são destacados os espaços dos condomínios fechados. Na quinta parte, "A práxis fragmentada", a ênfase é dada à metrópole financeira, ao encolhimento da esfera pública e à re-privatização da vida. Na sexta parte "Da desigualdade à luta pelo direito à cidade", a autora discute as lutas dos movimentos sociais pela apropriação do espaço urbano, concluindo com a afirmação de que a superação da segregação socioespacial encontraria seu caminho na construção do "direito à cidade" como projeto social. A bibliografia é composta por 50 textos.

A contribuição de **Isabel Pinto Alvarez** tem o título de "A segregação como conteúdo da produção do espaço urbano". O capítulo está dividido em três partes. A autora destaca inicialmente que "a segregação constitui um dos fundamentos da produção do espaço urbano capitalista e o urbanismo, uma mediação para sua reprodução". Nos "Pressupostos" ela define segregação urbana como conteúdo intrínseco da constituição do espaço urbano capitalista, que é fundamentado na propriedade privada da terra e na valorização do capital. Na segunda parte, "Cidade, urbanismo e reprodução do capital", a autora comenta o urbanismo a partir das contribuições de autores como Benévolo, Lefebvre, Marx e Harvey. O texto é concluído com o exame do "Urbanismo e segregação em São Paulo", quando comenta os projetos Nova Guarapiranga, com previsão da retirada da comunidade local, e Nova Luz, com propostas de remoção dos moradores da área, em contraponto aos movimentos dos sem-teto. Conclui com a afirmação de que os planos urbanísticos, enquanto política do Estado, viabilizam a remoção dos moradores que não podem pagar o preço da valorização da terra, levando ao aprofundamento da segregação. A bibliografia conta com 24 textos.

O capítulo "Semântica urbana e segregação: disputa simbólica e embates políticos na cidade 'empresarialista'", de **Marcelo Lopes de Souza**, é iniciado com a discussão da utilização da palavra segregação no Brasil. Coloca a questão da utilização da palavra segregação pelos próprios sujeitos e critica as noções de desassistência, abandono e descaso, que teriam afinidades ideológicas com as ideias de Gilberto Freyre. Como contraponto o autor cita a utilização da noção de segregação em letra de música de *rapper* carioca. O autor procura considerar o discurso como "um momento do processo que (re)produz a segregação" e passa então a analisar as noções de revitalização, regeneração, requalificação, "gentrificação", renovação urbana, com citações de D. Harvey, Smith e Williams, e, em seguida, de revitalização. O exemplo dos Jogos Pan-americanos no Rio de Janeiro é colocado, seguido da história das "revitalizações" no Rio de Janeiro e da "pacificação" das favelas. O texto segue com o exame dos contradiscursos dos movimentos emancipatórios, com destaque para as ocupações dos sem-teto, que seriam exemplos de "territórios dissidentes", com citação de entrevistas sobre o entendimento da noção de revitalização pelos ativistas. O autor conclui com a crítica à cidade "empresarialista". Uma bibliografia de 27 textos acompanha o capítulo.

Arlete Moysés Rodrigues é autora do capítulo "Loteamentos murados e condomínios fechados: propriedade fundiária urbana e segregação socioespacial". Os loteamentos murados e condomínios fechados seriam, para a autora, duas formas de segregação socioespacial nas cidades. O objetivo do texto "é atentar sobre como a propriedade da terra (e das edificações) e a apropriação privada de espaços públicos e/ou coletivos são um elemento fundamental da segregação produzida por este singular produto imobiliário". A autora adiciona que o setor imobiliário acresce a "mercadoria segurança" ao produto imobiliário vendido. Vários autores são citados sobre as questões do medo e da segurança. Destaca ainda que os loteamentos fechados são ilegais segundo a legislação brasileira. O Estado aparece como refém do setor imobiliário e é considerado conivente com a segregação socioespacial. A autora considera que essa nova forma de segregação social tem sua base fundamental na propriedade da terra, mas também na apropriação privada de espaços públicos e coletivos. Finalmente, esses loteamentos murados e condomínios fechados vão produzir uma cidade segregada e fragmentada. Sessenta e um textos, dois sites e seis referências à legislação são apresentados na bibliografia.

O capítulo de **Angelo Serpa**, intitulado "Segregação, território e espaço público na cidade contemporânea", é dividido em sete partes. O autor inicia examinando os frequentadores do Parc de La Villette em Paris, comentando as entrevistas de imigrantes estrangeiros. A segunda parte trata do conteúdo das dimensões simbólicas da segregação com discussão da valorização imobiliária no entorno dos parques públicos e a resultante substituição da população residente. Em seguida trata da segregação como representação, apoiando-se nos textos de Bourdieu (capital econômico e cultural) e Lefebvre (direito à cidade). Na quarta parte, o autor coloca a segregação como fundamento do processo de territorialização de grupos sociais, o que resultaria no espaço público como uma justaposição de espaços privatizados. Na quinta parte é feita a relação entre território e segregação, quando é reforçado que o espaço público aparece como "justaposição de diferentes territórios". A sexta parte é sobre a segregação e o espaço público, com o exemplo das praias de Salvador e com o exame dos espaços apropriados pelas classes sociais. Na última parte o autor destaca as barreiras culturais e econômicas, quando comenta as contribuições de Baudrillard (consumo) e de Sennet (relação espaço público e cultura). A bibliografia é composta por 30 títulos.

O capítulo de **Glória da Anunciação Alves** é intitulado "A abordagem da segregação socioespacial no ensino básico de Geografia". A autora busca "discutir como a questão da segregação espacial tem sido trabalhada no ensino da Geografia" a partir da análise de dois livros de Geografia do ensino fundamental e três do ensino médio aprovados pelo Programa Nacional do Livro Didático e em material produzido pela Secretaria de Educação do Estado de São Paulo. Nos livros do ensino fundamental foi destacado o uso das imagens, sendo que não aparece nesses a ideia de segregação. Nos livros do ensino médio, consta uma maior discussão sobre as desigualdades sociais. No material da Secretaria de Educação, por seu turno, são apresentados mapas do Atlas de Exclusão Social. Para a autora a segregação socioespacial seria mais do que as ideias de apartamento e separação, como aparecem nos textos analisados. A autora conclui que a segregação espacial, de fato, é vivida no cotidiano dos estudantes que habitam em áreas periféricas. Fazem parte da bibliografia 22 textos e três sites.

Como podemos observar, o conceito de segregação apresenta diferentes leituras segundo os autores, que se contrapõem à visão mais restrita do seu uso por Pedro Vasconcelos: Roberto Lobato Corrêa destaca o papel das classes sociais na segregação residencial e examina as possibilidades da análise das áreas sociais. Por outro lado, Maria Encarnação Sposito prefere utilizar o conceito de segregação socioespacial com ênfase nas ideias de separação e afastamento, quando trata da centralidade urbana, mas adota, no final, a noção de fragmentação socioespacial. Para Ana Fani Alessandri Carlos o destaque da segregação socioespacial é para a separação e apartamento como negação da cidade. Por sua vez Isabel Pinto Alvarez utiliza o conceito de segregação urbana e analisa a remoção da população a partir de projetos de urbanismo do Estado. Já Marcelo Lopes de Souza destaca o uso da palavra segregação pelos sujeitos e prioriza a discussão sobre a revitalização. Arlete Moysés Rodrigues utiliza também o conceito de segregação socioespacial, mas com o sentido de autossegregação a partir do exame dos condomínios e loteamentos murados. Angelo Serpa, por sua vez, faz o elo dos conceitos de segregação com o de espaço público e dá vários sentidos ao primeiro conceito, com ênfase para o de justaposição. Para Glória da Anunciação

Alves, finalmente, a segregação é mais que separação e afastamento, tendo em vista os contrastes entre áreas centrais e periféricas a partir do exame dos livros didáticos.

No livro, portanto, não pretendemos encerrar esse debate, mas ele serve para mostrar a riqueza das diferentes visões do conceito pelos autores, e também que a utilização deste (ou de suas alternativas) a partir de diferentes enfoques contribui para compreender a complexa e extremamente desigual realidade das cidades brasileiras.

Por fim, cabe alertar que, diferentemente do primeiro livro do Grupo de Estudos Urbanos, *A produção do espaço urbano* (Contexto, 2011), aqui não se encontrará diferença na grafia da palavra socioespacial, pois as novas regras ortográficas não permitem o uso do hífen neste caso. Alguns autores entendem que no plano teórico conceitual uma dupla grafia da palavra socioespacial (uma com hífen e outra sem hífen) permitiria explicitar melhor a noção que se quer transmitir, ou seja, a grafia *socioespacial* se referiria somente ao espaço social (por exemplo considerando-o do ângulo do resultado de sua produção em determinado momento); em contraste, *sócio-espacial* diria respeito às relações sociais e ao espaço, simultaneamente (levando em conta a articulação dialética entre ambos no contexto da totalidade social, mas preservando a individualidade de cada um). Sendo assim, alguns textos apresentam uma nota explicativa quando a palavra socioespacial tem o sentido que anteriormente ficava explícito com o uso do hífen.

Pedro de Almeida Vasconcelos
Roberto Lobato Corrêa
Silvana Maria Pintaudi

BIBLIOGRAFIA

ALONSO, W. *Location and land use*: toward a general theory of land rent. Cambridge: The MIT Press, 1964.

CARLOS, A. F. A.; SOUZA, M. L. de; SPOSITO, M. E. B. (orgs.). *A produção do espaço urbano*: agentes e processos, escalas e desafios. São Paulo: Contexto, 2011.

CASTELLS, M. *A questão urbana*. Rio de Janeiro: Paz e Terra, 1983.

ENGELS, F. *A situação da classe trabalhadora na Inglaterra*. Porto: Afrontamento, 1975 [1845].

GRAFMEYER, Y.; JOSEPH, I. *L'école de Chicago*. Paris: Aubier, 1990.

HARVEY, D. Class structure in a capitalist society and the theory of residential differentiation. In: *The urban experience*. Baltimore: The Johns Hopkins University Press, 1985.

MARCUSE, P. Cities in quarters. In: BRIDGE, G.; WATSON, S. (orgs.). *A companion to the city*. Oxford: Blackwell Publishers, 2003.

THEODORSON, G. A. (org.). *Estudios de ecología humana*. Barcelona: Editorial Labor S.A., 2 v., 1974.

CONTRIBUIÇÃO PARA O DEBATE SOBRE PROCESSOS E FORMAS SOCIOESPACIAIS NAS CIDADES

Pedro de Almeida Vasconcelos

As desigualdades sociais se refletem no espaço urbano e as formas resultantes delas diferem em função de cada contexto específico. Assim, as estruturas espaciais das cidades norte-americanas são completamente diversas daquelas das cidades europeias e latino-americanas, por exemplo. Portanto, noções e conceitos elaborados em cada realidade não são automaticamente transferíveis. Podemos, pois, questionar a transferência de conceitos originários dos Estados Unidos, tais como o de "segregação" ou mesmo a noção de "gueto", para outras realidades. O mesmo se dá com noções aplicadas sobre as cidades brasileiras, como a de "periferização", que não tem o mesmo sentido nas cidades norte-americanas.

O texto tem como objetivo central contribuir para o debate conceitual nas ciências sociais, numa tentativa de precisar noções sobre processos e formas socioespaciais[1] utilizadas sem muito rigor nessas disciplinas. Busca também diferenciar as noções vinculadas aos processos sociais, mostrando suas diversas origens (contextuais, temporais, disciplinares), considerando também seu uso político ou metafórico na academia e sua banalização pela imprensa e pelo senso comum.

Os gráficos representam as diferenciações das formas espaciais resultantes dos processos sociais.

As noções escolhidas neste texto são próximas do conceito de segregação trabalhado em artigos anteriores (Vasconcelos, 2004; 2009). Procuramos realizar uma diferenciação entre elas, dando continuidade à inquietação demonstrada por outros cientistas sociais, como Marcuse (2004) e Wacquant (2005; 2008). As principais fontes são textos teóricos de autoria de diferentes cientistas sociais, principalmente sociólogos e geógrafos. O texto atual é limitado à utilização das noções nos espaços residenciais para não ampliar a discussão para outros espaços, como os econômicos, devido ao elevado número de noções examinadas.[2]

PROCESSOS E FORMAS SOCIOESPACIAIS

Os processos e formas socioespaciais são originários das mudanças atuais sobrepostas às inércias do passado. Processos mais amplos como globalização, mudanças na economia ("pós-fordismo"), redução do papel do Estado, migrações nacionais e internacionais, sem esquecer o papel dos movimentos sociais, são fatores que modificaram as formas das cidades, criando frequentemente novas desigualdades, sem eliminar os conflitos raciais, religiosos e políticos existentes.[3]

Nos processos e formas socioespaciais em análise pode haver superposições tendo em vista que formas espaciais semelhantes podem ser resultantes de processos diferenciados. Assim os diferentes conceitos e noções utilizados pelos pesquisadores, bem como pelos profissionais, serão discutidos e reagrupados em três blocos.

As noções ligadas aos espaços

Diferenciação socioespacial e Desigualdade socioespacial

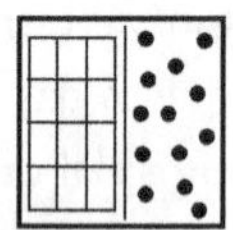

DESIGUALDADE
SOCIOESPACIAL

Não há espaços homogêneos, sobretudo na escala das cidades. As *diferenças socioespaciais* podem, em certos casos, ser "vistas do avião", como lembra Guillaume (2001) referindo-se às cidades sul-africanas. De fato, os melhores exemplos de diferenças socioespaciais se encontram nas formas das antigas cidades coloniais africanas, entre os bairros europeus e indígenas. Neste caso, as formas sociais são diferentes das estruturas espaciais. Os "guetos" negros norte-americanos, por outro lado, são "invisíveis" aos aviões, na medida em que as formas espaciais não são diferenciadas (Tricart, 1951). As diferenças entre os bairros coloniais europeus e os bairros islâmicos também podem ser incluídas nesta categoria, como no caso de Rabat, estudado por Abu-Lughod (1980). As favelas das cidades brasileiras apresentam uma enorme diferenciação socioespacial que também é visível nas fotos aéreas. Entretanto, a diferenciação não exclui as relações entre as partes.[4] A diferenciação socioespacial aparece, portanto, em contextos variados e é resultante de vários processos, como o de colonização, ou de desigualdades originárias do passado escravista.[5]

As *desigualdades sociais* podem ser refletidas no espaço ou podem ser "escondidas". O exemplo da cidade de Manchester, dado por Engels (1985) em 1845, é revelador das gritantes desigualdades resultantes da Revolução Industrial, embora fosse possível atravessar parte da cidade sem perceber a pobreza dominante. O exemplo de Londres dividida em um "*West Side*" aristocrático e um "*East Side*" proletário é conhecido desde o século XIX, e era, em parte, explicada pela poluição dos ventos dominantes em direção ao leste (no hemisfério norte).[6]

No momento atual, a sociedade brasileira, uma das mais desiguais do mundo, é um dos melhores exemplos das desigualdades entre áreas de grande afluência ao lado (ou distantes) de áreas de extrema pobreza. Em cidades de países pobres, como Porto Príncipe, capital do Haiti, existem bairros "burgueses" que contrastam com a pobreza do conjunto da cidade, cujas favelas atingem até a orla marítima. Nas sociedades afluentes nas quais o papel do Estado é mais atuante, as desigualdades espaciais diminuem, mas não desaparecem.

Um dos autores examinados, Sposati (2004), preferiu utilizar a noção de desigualdade socioespacial ao conceito de segregação para o estudo do caso de São Paulo.

Justaposição e Separação

A *justaposição* corresponde ao caso da proximidade espacial com uma enorme distância social, examinada nos anos 1970 por Chamboredon e Lemaire (1992) no estudo dos conjuntos habitacionais nas cidades francesas.[7] Seria uma forma semelhante à de desigualdade socioespacial na escala de um bairro ou de uma rua. As cidades brasileiras ilustram bem essa justaposição. No caso de Salvador, ruas têm prédios de alto luxo defronte ou ao lado de residências modestas resultantes de ocupação ilegal. Em São Paulo é famosa a justaposição entre o bairro do Morumbi e a favela de Paraisópolis. Essa proximidade espacial evita os custos de transporte para os trabalhadores domésticos e de serviços que exercem suas atividades nos bairros de alta renda. Há como que um processo de simbiose, na medida em que cada família residente nos bairros "ricos" depende (e explora) dos serviços de empregadas domésticas, babás, porteiros ou caseiros, que, sub-remunerados, procuraram residir nas proximidades do seu trabalho. Um aspecto a ser observado é que a vista das residências ou dos bairros pobres não parece "incomodar" os residentes em imóveis elevados com varandas, situados em bairros afluentes vizinhos. Nas cidades norte-americanas como Nova York há também justaposição de áreas pobres como a do Harlem negro ao lado do Harlem porto-riquenho.

Na literatura das ciências sociais essa noção é frequentemente confundida com a noção de segregação.

Enquanto certas sociedades aceitam a proximidade espacial, outras a recusam, o que leva à separação total do espaço. A separação, portanto, é uma forma radical de divisão do espaço urbano com muros ou outros obstáculos, visando separar diferentes comunidades. O caso das cidades da Irlanda do Norte, como Belfast, com muros separando os bairros católicos dos bairros protestantes, é exemplar. Berlim também foi uma cidade dividida por muros, correspondendo a dois sistemas políticos e sociais, impedindo o acesso da população às diferentes partes da cidade. Famílias foram separadas por essas barreiras. No caso do Rio de Janeiro, embora não realizada, já houve intenção da prefeitura de construir um muro cercando a favela da Rocinha.

Em outras escalas, este fenômeno também acontece, como no caso dos muros e barreiras levantadas no território da Palestina, assim como em determinadas fronteiras de países, como entre as duas Coreias ou na fronteira entre os Estados Unidos e o México. É um fenômeno de maior dimensão do que os guetos ou os condomínios fechados, que ocorrem em escala mais reduzida.

Dispersão

A *dispersão urbana*[8] não corresponde apenas ao tradicional *spraw*, ou urbanização difusa, que culminou na formação dos subúrbios norte-americanos, o que teria sido resultado, sobretudo, da segregação. Essa dispersão resultou numa "forma bizarra" da metrópole norte-americana, sendo Los Angeles o melhor exemplo (Goldsmith, 2000). A dispersão agora vai mais longe, formando uma "nova fronteira", além dos subúrbios, com a implantação de centros de trabalho e também de residências em locais periféricos. Novos núcleos urbanos se formam articulados às redes de infraestrutura de transporte rodoviário e ferroviário, assim como à proximidade de aeroportos. Joel Garreau (1991) denominou este fenômeno de "*edge cities*". A dispersão corresponde também a uma fuga dos centros das cidades muito valorizados, nos quais o valor do terreno é muito elevado, e que concentram problemas de estacionamento, que levam ao seu declínio e decadência.

No Brasil, a implantação dos "*Alphavilles*" se aproxima do modelo americano, com atividades e residências, mas atraem bairros populares para suas proximidades devido à simbiose resultante da dependência do trabalho doméstico.

No caso francês utiliza-se a noção de *périurbanisation*, comentada por Donzelot (2009), para descrever a implantação dos loteamentos periféricos ocupados por habitantes da classe média, situados depois dos conjuntos habitacionais abandonados.

Divisão em partes e Fragmentação

A noção de *divisão em partes* (*quartering*) foi proposta por Marcuse (2004), inclui o conjunto da cidade e se refere à divisão do espaço urbano em distritos (*quarter*), que pode ser representada de forma semelhante ao modelo setorial de Hoyt, utilizado nas metrópoles brasileiras por Villaça (1998). A cidade, sobretudo a norte-americana, examinada por Marcuse, é dividida em várias partes: áreas afluentes, áreas "gentrificadas", bairros da classe trabalhadora e áreas abandonadas. O autor também propôs a noção de "*partioned city*", a cidade dividida em pedaços (Marcuse; Van Kempen, 2006). As cidades brasileiras também podem ser examinadas nesta perspectiva de divisão em partes, entre suas áreas históricas, áreas decadentes, bairros residenciais afluentes, condomínios e loteamentos fechados, bairros de trabalhadores, conjuntos habitacionais, loteamentos periféricos precários, favelas etc.

A *fragmentação*, noção mais recente, também é bastante interessante para descrever a heterogeneidade das cidades atuais, sobretudo nos países pobres e "emergentes". Ela aparece também como um contraponto ao processo de globalização. Suas definições são bastante diversas: Milton Santos colocou a noção de fragmentação no título de um dos seus livros em 1990. Ele destacou o isolamento dos pobres, que a imobilidade do grande número de pessoas tornaria a cidade "um conjunto de guetos", e que poderia transformar "sua fragmentação em desintegração" (Santos, 1990: 89-90). Segundo Prévôt Schapira (1999: 129) a fragmentação é o "resultado do desaparecimento do funcionamento global em benefício das pequenas unidades, a diluição das ligações orgânicas entre os pedaços da cidade [...] quarteirões de pobreza justapostos a partes isoladas de riqueza no seio dos arquipélagos urbanos". Para Dear (2000: 99), Los Angeles emerge como uma metrópole fragmentada e é caracterizada por tendências de centralização administrativa e de desenvolvimento das autonomias locais.[9] Paquot (2002: 113) considera que quando se fala que uma cidade é fragmentada subentende-se que ela formava um todo homogêneo e que agora ela é constituída de territórios diferentes. Para ele a fragmentação seria o resultado de uma organização territorial criada pela globalização e pelo sistema baseado no automóvel (2002: 115). Navez-Bouchanine (2002) vai além e divide a fragmentação em quatro dimensões: (1) social, (2) da forma urbana, (3) socioespacial e (4) administrativa e política do território urbano. A fragmentação da forma urbana é examinada pela autora a partir de outras leituras que descrevem a fragmentação como uma "explosão" (*éclatement*);[10] como um mosaico urbano; e como um crescimento urbano "fractal", multiplicando os cortes e fronteiras internas. Ela diferencia a fragmentação socioespacial da segregação, definindo a fragmentação como um "processo de fechamento de territórios espacialmente delimitados e habitados por populações socialmente homogêneas" (2002: 62). Marcelo Lopes de Souza (2006 e 2008), finalmente, utiliza a noção de "fragmentação do tecido sociopolítico-espacial" para o exame das metrópoles brasileiras, destacando que além dos fechamentos de loteamentos e de condomínios há também o fechamento das favelas pelos traficantes de droga, assim como o abandono dos espaços públicos.

A cidade fragmentada, portanto, corresponde a uma mistura de usos desconectados, mal articulados pelas infraestruturas de transporte. Ela é produzida em parte pela ação (ou inação) do Estado, do mercado imobiliário e, sobretudo, pela ação da população pobre. Essa noção é também usada como sinônimo de balcanização, arquipelização, fratura social e secessão.[11]

As noções ligadas principalmente aos indivíduos

Exclusão e Inclusão

Os *excluídos* seriam as pessoas rejeitadas fisicamente (racismo), geograficamente (gueto) e materialmente (pobreza) de acordo com Xiberras (1994: 18). Segundo Fassin (1996), essa noção tem sua origem na França[12] e está ligada à configuração do espaço social de "dentro/fora". De fato, os pobres foram excluídos das áreas centrais das cidades francesas, valorizadas devido ao seu caráter histórico e comercial, ao contrário das cidades norte-americanas. Os "pobres de Paris", em boa parte, já teriam sido excluídos desde meados do século XIX, como resultado das obras do barão Haussmann. Essa exclusão levou à formação de uma periferia majoritariamente composta por residências de operários, pobres e que votavam nos partidos de esquerda (*banlieue rouge*). Atualmente os excluídos habitam, sobretudo, os grandes conjuntos habitacionais periféricos. Essa situação se deteriorou com o aumento dos imigrantes vindos das antigas colônias, sobretudo da África do Norte.

Esses conjuntos são também espaços estigmatizados, mas são completamente diferentes dos bairros negros norte-americanos, segundo Wacquant (2005), pois a população é heterogênea, não há instituições próprias e o Estado atua nessas áreas. Segundo o mesmo autor, a exclusão seria também sinônimo de banimento e de expulsão. Castel (1998: 569) lembra que "não há ninguém fora da sociedade". Os considerados excluídos seriam os desempregados, os jovens, e populações "mal escolarizadas, mal alojadas, mal cuidadas, mal consideradas".

Para autores brasileiros como José de Souza Martins (2009: 21) a ideia de exclusão é pobre e insuficiente. O conceito seria "'inconceitual', impróprio e distorceria o próprio problema que pretende explicar" (2009: 27). Segundo o autor, a palavra exclusão estaria desmistificando a palavra pobre (2009: 28). Kowarick (in Sposati et al., 2004) considerou o termo exclusão problemático, preferindo utilizar a noção de vulnerabilidade.

Essa noção se aplica, portanto, mais aos indivíduos do que às áreas, embora estas possam ser adjetivadas, como no exemplo do "*excluded ghetto*", noção utilizada por Marcuse (2006), e "aglomerados de exclusão" propostas por Haesbaert (2004) e que inclui, entre outros, as favelas das cidades brasileiras. De fato, a erradicação de favelas que ocorreu nas cidades brasileiras corresponde a uma expulsão de seus habitantes, processo equivalente ao de exclusão.[13]

Inclusão seria o processo oposto da exclusão, não necessariamente visível nas formas espaciais. Por exemplo, as políticas visando ao acesso dos habitantes das áreas periféricas às áreas centrais, graças à melhoria dos sistemas de transportes, como no caso da região de Paris, onde a implantação dos trens subterrâneos de alta velocidade permite um rápido acesso daqueles habitantes aos equipamentos e ao comércio e serviços da capital francesa. Outras políticas, por sua vez, podem modificar as formas espaciais. Por exemplo, em Curitiba, onde os conjuntos habitacionais de pequenas dimensões foram inseridos em bairros de renda mais elevada.

Na França a noção de "*mixité*"[14] é utilizada para descrever a mistura de funções e de populações diferenciadas. Deve ser lembrado que, já no início dos anos 1960, Jane Jacobs (1991) propunha esse gênero de política nas cidades norte-americanas. Outro exemplo é o do "*busing*", que consiste no transporte de jovens estudantes de áreas segregadas para escolas em bairros vizinhos de melhor qualidade nas cidades norte-americanas.

Para Souza Martins (2009: 26), não há exclusão em si, mas há uma "inclusão precária, instável e marginal", bem como vítimas de processos sociais, políticos e econômicos excludentes (2009: 14).

As noções ligadas aos indivíduos e aos espaços

Segregação e Dessegregação

O conceito de *segregação* é um dos mais discutidos na literatura das ciências sociais. Sua origem histórica teria se dado na formação do *guetto* de Veneza, com a reclusão dos judeus numa ilhota, com muros e portas, tornando a palavra sinônimo de área segregada

(Wirth, 1980). A palavra é originária do latim *segrego* e traz uma ideia de cercamento. Sua utilização na academia começou nos textos pioneiros dos sociólogos da Escola de Chicago. Eles estudaram a cidade, então em pleno crescimento e cuja população era majoritariamente formada por imigrantes, um fenômeno completamente novo na escala mundial. Segundo Park e Burgess (1967), os diferentes graus de integração e de assimilação dos imigrantes à sociedade na qual eles se instalaram, a segregação compulsória imposta às minorias negras, assim como a reunião preferencial de outros grupos étnicos nas mesmas localidades, levaram à formação de diferentes "áreas sociais". Em seguida, esse conceito foi transferido para outras realidades, e adjetivos foram adicionados como no caso de "segregação socioespacial". Esse conceito foi utilizado para analisar (ou mesmo denunciar) as desigualdades nas cidades, europeias[15] ou latino-americanas e foi utilizado até mesmo para as separações de atividades econômicas.[16] No caso de Paris, o conceito de segregação perdeu seu sentido original e foi utilizado para denunciar o acesso desigual aos equipamentos coletivos e pelo fato de que a classe operária teria sido empurrada (*repoussée*) em direção a uma periferia menos equipada.[17] Em realidade, essa população estava sendo excluída da cidade.

Neste texto nós consideramos apenas a segregação involuntária, isto é, o processo que conduz à formação de áreas semelhantes aos guetos, nas quais a população é forçada a residir. Os casos mais representativos são os guetos judeus das cidades medievais e renascentistas, inclusive portuguesas ("judiarias"), os novos guetos implantados durante a ocupação nazista de cidades europeias, como Varsóvia, e os bairros negros segregados das cidades norte-americanas.

A literatura sobre a segregação residencial dos negros nos Estados Unidos é imensa. Já em 1899 o ativista e intelectual negro Dubois descreveu os judeus, os italianos e os negros como grupos não assimilados à sociedade norte-americana. Mas no caso dos negros "a segregação é mais conspícua, mais evidente aos olhos [...]"[18] (Dubois, 1967: 15, tradução nossa).[19] No clássico *An american dilemma* (1944), Gunnar Myrdal (2003: xc) destaca a disparidade entre os ideais americanos e suas atitudes relativas aos negros. Ele qualifica a segregação residencial como forçada, pois ao negro não era permitido sair do seu bairro (2003: 62). Além disso, os financiamentos em habitação só eram concedidos pela administração federal aos negros caso eles fossem residir em bairros exclusivamente negros (2003: 625). Em 1955 o sociólogo negro Franklin Frazier publicou na França o livro *Bourgeosie noire*, no qual ele critica severamente a elite negra (formada sobretudo por mestiços), que teria explorado as massas negras tão sem piedade como faziam os brancos (1969: 213). No seu livro *Dark ghetto*, de 1965, K. Clark afirmou que os muros invisíveis do gueto negro foram edificados pela sociedade branca (1966: 39), mas que esses muros também protegiam os negros (1966: 49).

Para Massey e Denton (1995) o exemplo dos bairros negros das cidades norte-americanas é importante, pois o isolamento forçado das comunidades negras levou à formação de uma subcultura à parte, com sua fala própria (o *Ebonics* ou *Black English*), além da música e de uma religiosidade diferenciada. Os autores observaram que a cultura de segregação "se define por oposição aos ideais e valores da sociedade americana" (1995: 215) e lembram que a elite negra (políticos e comerciantes) tinha interesse em manter o gueto (1995: 152). Embora o *Civil rights act* de 1964 tenha acabado com a segregação legal, a segregação continuou e mesmo aumentou, considerando a instabilidade familiar, a dependência, a criminalidade, as habitações abandonadas e o fraco nível educacional dos moradores (1995: 166). De fato, em 1990, oito grandes zonas urbanas apresentaram índices de segregação mais elevados que em 1980 (1995: 292), levando os autores a nomear o fenômeno de hipersegregação (1995: 103).

Para Marcuse (2006: 111 e 117) a segregação é o processo de formação e manutenção do gueto. Para ele o gueto [negro] é "uma área involuntariamente concentrada espacialmente e usada pela sociedade dominante para separar e limitar um grupo particular da população, externamente definida como racial ou étnica". Para esse autor, o gueto foi imposto de fora por um conjunto de forças, sendo a indústria imobiliária proeminente entre elas e o instrumento desta imposição foi o Estado. Para Wacquant (2008: 79), o gueto negro é composto "de estigma, coerção, confinamento espacial e enclausuramento institucional". Wacquant (2005) utiliza a noção de "*ghettoization*" como sinônimo de segregação.

Na França há o debate sobre a existência do gueto nas periferias urbanas. Segundo Veillard-Baron (2001: 273), "Alguns bairros desfavorecidos foram assimilados erroneamente a 'guetos'. Juntando as referências sociais e espaciais, misturam as noções de concentração, de segregação étnica, de marginalidade e exclusão [...]". Wacquant (2005: 114) também considera que as "periferias [*banlieueus*] ditas desfavorecidas [...] não são guetos no sentido americano do termo". Por outro lado, Lapeyronnie (2008: 13), que publicou um volumoso estudo sobre os "guetos" franceses, afirmou que, "depois de uma dezena de anos, formas sociais mais ou menos próximas do gueto se desenvolveram nos bairros populares na França" e que "as distâncias substituíram os conflitos de classe" (2008: 15). Em outra escala, as prisões e os leprosários também seriam espaços segregados do conjunto da sociedade.[20]

Alguns estudiosos criticam o conceito de segregação por "explicar coisas demais", como Schor (in Sposati et al., 2004), e que o mesmo não seria aplicável às favelas, que seriam, sobretudo, bairros operários, como argumenta Wacquant (2008: 84), ou lugar de onde os pobres, em vez de estarem confinados, entram e saem segundo sua situação econômica, de acordo com Vasconcelos (2004)[21].

Dessegregação representa o processo contrário ao de segregação, ou seja, a saída de uma parte da população do gueto, observada com o fim da legislação impeditiva, como nas cidades norte-americanas. Esta noção foi proposta por Marcuse (2006: 111) como "a eliminação de barreiras para a livre mobilidade dos residentes de um gueto". Tanto as políticas afirmativas, quanto as eliminações das barreiras, permitiram a saída das classes médias e altas dos antigos bairros negros. Os hiperguetos foram formados nas áreas abandonadas, segundo Wacquant (2005). A situação nos hiperguetos teria piorado, na medida em que só teriam ficado naquelas áreas os que não tinham condições de sair, com o agravante do domínio da criminalidade e da ausência de famílias estáveis e de figuras representativas das comunidades, que poderiam servir de exemplos alternativos, conforme Wilson (1994). Por outro lado, Wacquant (2008) comenta que os novos subúrbios negros continuam segregados. O fim dos guetos judeus ou a saída destes podem também ser considerados como resultantes do processo de dessegregação.

"Apartheid"

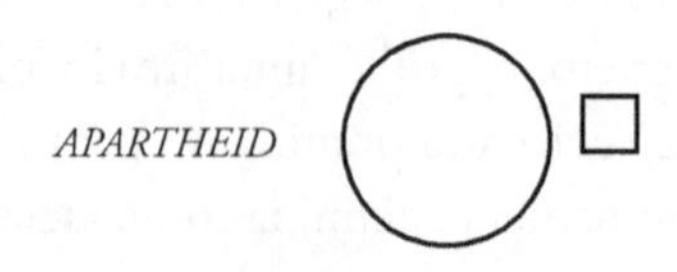

Os brancos sul-africanos criaram uma noção específica para definir a separação da maioria negro-africana em suas cidades. Além da segregação oficial, mais rígida que nos Estados Unidos, com a separação de brancos, mestiços, indianos e negros, a noção de *apartheid* levou a uma forma espacial resultante do impedimento dos africanos negros (que têm sua cultura e línguas próprias) de residir nas cidades, embora pudessem nelas trabalhar, sob o controle de passaportes internos. Neste caso, os negros eram obrigados a "ficar fora" das cidades, ao contrário dos demais grupos, que, embora separados, residiam no interior das cidades sul-africanas, como os mestiços, que falam a mesma língua dos descendentes dos holandeses. Ao contrário das favelas brasileiras e equivalentes dos demais países pobres, as *townships* sul-africanas foram planejadas pelo Estado nas periferias das cidades.

O final do regime do *apartheid* não acabou com essas *townships*, algumas gigantescas como Soweto. Elas sofreram um processo semelhante ao dos bairros negros das cidades norte-americanas, cujos habitantes de maior poder aquisitivo ou de maior participação política ou governamental puderam se deslocar com suas famílias para outras áreas das cidades.[22]

Abu-Lughod (1980) utilizou a noção de *apartheid* para denunciar o planejamento colonial realizado na capital do Marrocos, separando os colonos franceses dos habitantes muçulmanos.

Autossegregação, Agrupamento e Fortificação

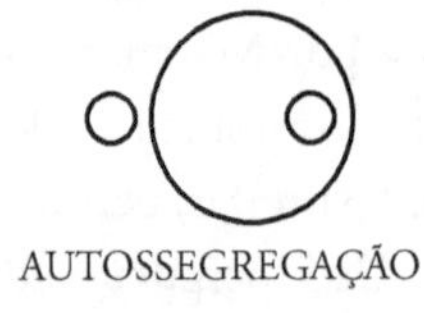

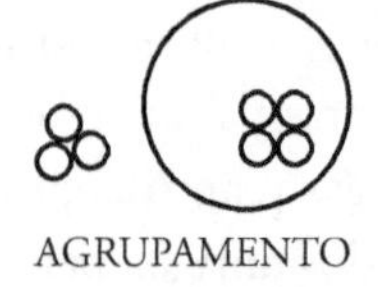

A autossegregação é resultado de uma decisão voluntária de reunir grupos socialmente homogêneos, cujo melhor exemplo é o dos loteamentos e condomínios fechados, com suas entradas restritas, muros e sistemas de segurança. É uma forma radical de agrupamento residencial defensivo que procura juntar os semelhantes e excluir os diferentes e impedir o acesso dos indesejáveis.[23] Marcuse (2004) propôs o sinônimo de "amuralhamento" (*walling out*). Vários estudos vêm sendo desenvolvidos sobre esta temática, podendo ser destacado o *Cidade de Muros* de Teresa Caldeira (2003). A autora utiliza as noções de "enclaves fortificados" e de "enclaves de luxo". No caso brasileiro, o elevado poder de compra dos traficantes de drogas permite seu acesso a essas áreas exclusivas (Souza, 2000).

É um fenômeno mundial, denominado nos Estados Unidos de *gated communities* ou *exclusionary enclaves*, segundo Marcuse e Van Kempen (2000). Na França já foi tratado provocativamente como "*ghettos de riches*" por Paquot (2009), vistos como "enclaves residenciais seguros". Ele também ocorre em cidades médias e pequenas e, inclusive, em diferentes classes sociais, como no caso da construção de muros e portões em conjuntos habitacionais. Pode ocorrer no interior da cidade densa, como também no entorno das cidades. Ele caracteriza a anticidade na medida em que cria rupturas no "tecido urbano" e causa obstáculos ou impedimentos à livre circulação. Esses enclaves são em grande parte realizados de forma ilegal pelos promotores e pelos próprios habitantes, como nos loteamentos fechados, que não são condomínios.

O termo *agrupamento* reúne as noções de agregação, de aglomeração (*clustering*), de congregação (*congregating*) e de concentração (*spatial concentration*), que ocorrem também com as atividades econômicas (Marcuse, 2006).[24] A noção de agrupamento pode ser reservada para o processo pelo qual determinados grupos sociais preferem se separar dos demais, como no caso de grupos étnicos e religiosos, como os judeus, os chineses, e, em certo grau, os italianos, que procuram manter suas características culturais e religiosas, além de facilitar a ajuda mútua. Eles estão situados em boa parte em torno de uma sinagoga, uma igreja ou centro comunitário.

Essas áreas foram denominadas de "enclaves étnicos" por autores como Marcuse e Van Kempen (2000). Entretanto, elas não seriam tão homogêneas quanto os bairros negros segregados. Wacquant (2008: 87) dá o exemplo da *Little Ireland* de Chicago, que em 1930 tinha apenas um terço da população composta por irlandeses. Soja (2000: 292) cita os enclaves étnicos no meio da população suburbana de Los Angeles, como o dos armênios que contava com 111.000 habitantes na aglomeração. Esse fenômeno é encontrado também nas cidades islâmicas, como na antiga cidade de Damasco.[25] Pode ocorrer também um processo de substituição de comunidades étnicas, como nas cidades norte-americanas, onde certas áreas sofrem processo de deterioração (*slums*) e onde uma comunidade substitui outra (Davis, 1993).

A noção de *fortificação*, bem próxima da de agrupamento, é mais utilizada no sentido de formação de cidadelas (*citadels*) segundo Marcuse (2004), nos centros das cidades norte-americanas (*Central Business District* – CBDs), sobretudo em áreas de escritórios, das grandes corporações. No caso de Los Angeles, estudado por Mark Davis, procura-se dificultar o acesso dos indesejáveis por meio de barreiras físicas ou outras e fechamento de passagens para pedestres (Davis, 2001: 348). Para manter separados os habitantes do bairro decadente Skid Row do centro de negócios de Los Angeles, uma política de contenção (*Containment Policy*) foi adotada, com a construção de autoestradas e fechamento de vias de acesso ao centro, para evitar o deslocamento da população e assegurar a sua contenção (Ghorra-Gobin, 2002: 251).

Áreas residenciais centrais valorizadas, como os programas de renovação portuária, podem utilizar barreiras com o mesmo objetivo das áreas de concentração de empresas. Elas seriam semelhantes aos enclaves fortificados residenciais, tratados quando da discussão sobre a autossegregação em loteamentos e condomínios fechados. A entrada controlada de Battery Park City, em Nova York, é dada como exemplo por Marcuse e Van Kempen (2000: 253). Milton Santos (1990: 110) utilizou a noção de "fortificação", ou seja, de "guetos" às avessas criados pelas classes médias e abastadas da população.

Polarização e Dualização

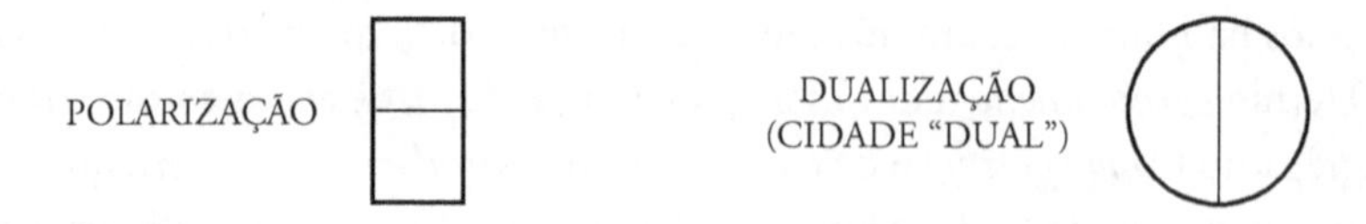

Quanto à *polarização*, essa noção pode ser aplicada no caso das cidades norte-americanas tendo em vista que as classes médias e altas vivem nas periferias, nos *suburbs*, enquanto os mais pobres, como os "chicanos" e os negros, residem nas áreas centrais, nas áreas mais precárias dessas cidades. As noções espaciais, portanto, não são indicadas nesse caso. Os estudiosos norte-americanos passaram a utilizar então uma noção não espacial, de *underclass*, para designar uma "subclasse", formada pelos que estariam na base da sociedade, em condições de grande precariedade, como os negros, habitantes dos hiperguetos, embora essa noção também esteja sendo contestada por autores como Wilson (1994) e Wacquant (2005).

A polarização social seria um dos resultados da crise do regime fordista de produção, do enfraquecimento do Estado de bem-estar social e da precarização do trabalho nos tempos atuais, com o avanço da ideologia neoliberal. As classes médias diminuem e há um aumento dos ricos, sobretudo dos *yuppies*, jovens que atuam nos setores financeiros e tecnológicos. Há também um aumento dos pobres, dos desempregados e dos sem-teto, devido à crise econômica e à precarização do trabalho.

As mudanças no espaço são chamadas também de "polarização espacial", como no caso da análise das metrópoles globais por Saskia Sassen (1991). As cidades europeias também sofrem esse processo, embora sob outras formas espaciais, tendo em vista que as áreas centrais são mais valorizadas.

A noção de *dualização* está vinculada à ideia de "Cidade Dual", recentemente recolocada em evidência. A noção de dualismo já foi brilhantemente combatida pelo sociólogo Francisco de Oliveira desde 1962 (2003) e não é necessariamente espacial. Mais recentemente, tanto os trabalhos de Sassen (1991) como os de Mollenkopf e Castells (1991) trazem de volta esta noção para examinar as "cidades globais" e as metrópoles norte-americanas, nas quais as consequências da globalização e da reestruturação da economia estariam levando à formação de cidades divididas, como no exemplo de Nova York. Para os dois autores a metáfora das "duas cidades" é o resultado do crescimento desigual e a tendência à polarização; da justaposição do consumo conspícuo e da degradação social (Idem: 104). Segundo esses autores a cidade dual seria uma noção ideologicamente útil porque visaria *denunciar* a desigualdade, a exploração e a opressão nas cidades (Idem: 405).

De fato, na perspectiva espacial o dualismo refere-se à oposição entre as áreas de classe média branca situadas nos subúrbios e as áreas com forte presença de minorias étnicas e ou culturas imigrantes em torno dos centros (Idem: 414). Por outro lado, é uma noção redutora, na medida em que elimina as situações intermediárias entre as "duas" cidades, a dos ricos e a dos pobres. Tem uma lógica muito próxima à da noção de polarização.

"Gentrification" e Invasão

INVASÃO

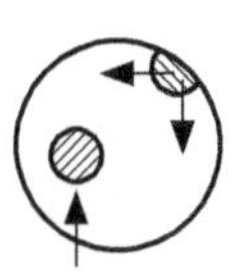

A noção de *gentrificação*, barbarismo que não tem sentido nas línguas latinas, pois a palavra vem do inglês *gentry*, ou seja, pequena nobreza,[26] foi criada por Ruth Glass, em 1964, para descrever a invasão de bairros operários de Londres pelas classes médias. Ela explica o processo de "gentrificação" como "Um por um, muitos bairros da classe trabalhadora de Londres foram invadidos pelas classes médias – alta e baixa [...]" (Glass, 1989: 138, tradução nossa). Mais tarde, ela se estendeu às áreas situadas em torno do centro, sobretudo àquelas com patrimônio histórico ou áreas fabris abandonadas. Essa "invasão" de artistas, *yuppies* ou mesmo de famílias de classe média sem filhos ("*double income no kids*"), leva à valorização dos imóveis e à expulsão dos habitantes originais.

Neil Smith é um dos principais autores a continuar esses estudos (Smith; Williams, 1988). Peter Hall propôs o termo alternativo de "yuppificação" (Hall, 1995: 420). Vários estudos de caso podem ser encontrados em Bidou-Zachariasen

(2006). Esse processo pode também ser realizado pelo Estado como em programas de renovação e aconteceu no caso do Pelourinho, em Salvador, cujas áreas residenciais foram transformadas em áreas comerciais e de lazer voltadas para o turismo.

Noções alternativas em português seriam as de nobilitação, enobrecimento, aburguesamento etc. que poderiam ser utilizadas.

A noção de *invasão* foi utilizada pelos sociólogos da Escola de Chicago para descrever a invasão de uma área já ocupada, por habitantes de um grupo recém-chegado. Nos países pobres, os resultados do processo de invasão ou de ocupação de terrenos (e de prédios) por indivíduos, famílias ou pelos movimentos sociais têm denominações diversas: favelas, *bindonvilles, villas miséria* ou *squatters*. Há uma apropriação ilegal das terras públicas e privadas, sobretudo daquelas com disputas judiciais.

Essas áreas são consideradas na literatura também como "segregadas", mas de fato são o contrário, são o resultado da *ação* da população desfavorecida, que ocupa os espaços menos valorizados da cidade e que não interessam ao mercado imobiliário, seja em morros, em áreas de declive ou inundáveis, em torno de ferrovias ou outras áreas públicas, assim como nas periferias longínquas. A população pobre desassistida pelo Estado, que não oferece habitações sociais suficientes ou compatíveis com seus rendimentos baixos e irregulares, não tendo condições de participar do mercado imobiliário mesmo irregular (em loteamentos)[27] ou do mercado de casas de aluguel, toma a iniciativa de invadir pequenas áreas ou glebas de grande dimensão e tentam resistir às tentativas de expulsão. Em alguns casos, essas populações invadem (ou "ocupam") áreas valorizadas pelo mercado, como no exemplo da "Invasão das Malvinas", atual Bairro da Paz, ao longo da Avenida Paralela em Salvador.

Em outros casos, ocupam áreas de interesse paisagístico, ao lado de áreas valorizadas como nas encostas de Salvador ou nas proximidades do oceano Atlântico, como a favela da Rocinha no Rio de Janeiro, estudada, entre outros, por Lícia Valladares. Ela lembra que as favelas não são as áreas mais pobres da cidade, comparando com os loteamentos irregulares e os cortiços da área central. Seriam lugares de inserção, mobilidade, mutação, diferenciação, acumulação e modernidade (Valladares, 2002: 221). Deve ser acrescentado, ainda, que há um fluxo e um refluxo de moradores dessas localidades em função de piora ou da melhora da situação econômica.

Marginalização e Periferização

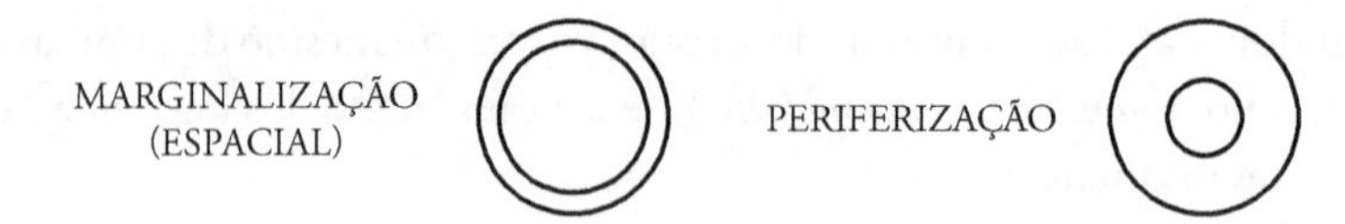

Segundo Fassin (1996), a noção de *marginalização* teria sido aplicada na América Latina e teria a configuração de "centro/periferia" para o espaço social. Diferentemente do excluído, o "marginal" nunca teria entrado nas cidades. Haveria uma marginalização social, posteriormente também usada como marginalização espacial. O livro de Janice Perlman, dos anos 1970, é um clássico que combate a ideia de uma população marginal. Segundo Perlman (1979: 242-3) os habitantes das favelas eram socialmente organizados e unidos; culturalmente, eles eram otimistas; do ponto de vista econômico eles trabalhavam duro e politicamente eles não eram nem apáticos nem radicais. Para Paugam a marginalização social caracteriza as pessoas frágeis assistidas e os marginais, que "não dispunham nem de rendas ligadas ou derivadas de um emprego regular, nem de alocações de assistência" (2009: 117). A noção passou para o senso comum e na linguagem corrente no Brasil a palavra "marginal" é utilizada, inclusive na imprensa, como sinônimo de criminoso, delinquente etc.

No nível espacial, a noção de marginalidade corresponde à dualidade centro-periferia, típica da maior parte das cidades dos países pobres, em que as áreas centrais são mais bem equipadas e dotadas de infraestruturas, enquanto que as margens seriam o oposto. Essas margens são também chamadas de periferias.[28]

Wacquant (2005), por outro lado, introduziu a noção de "marginalidade avançada" no caso dos bairros segregados nas cidades norte-americanas, que seria combatida pela emergência de um "Estado penal". Segundo ele, quatro lógicas estão ligadas à marginalidade avançada: a dualização ocupacional; a deslocalização do trabalho assalariado; a reconstrução do Estado de bem-estar social; e a concentração e estigmatização.

A noção de *periferização* no Brasil está substituindo a de marginalização espacial. Essa noção é muito próxima da de marginalização, mas com um componente espacial mais forte. Ela lembra também parte da dualidade "centro-periferia", o que não reflete a complexidade das cidades. É uma noção muito utilizada no Brasil, mas que não tem sentido em outras realidades, como nos afluentes subúrbios norte-americanos, por exemplo. Ela é frequentemente confundida com a noção de exclusão ou aparece como sinônimo de pobreza. Deve ser lembrado que a população da periferia não está segregada, mas ocupa o espaço em que o Estado *tolera* (ou permite) as implantações fora das normas oficiais ou mesmo irregulares (*laissez-faire*) em áreas que não interessam ao mercado imobiliário. Como o Estado não investe suficientemente em habitações sociais (nem nas infraestruturas e equipamentos urbanos) e como a população pobre em boa parte não consegue participar desses programas devido à irregularidade de seus vencimentos, ela vai habitar nos espaços periféricos onde são permitidos usos que nas áreas mais centrais são proibidos, pois dependem de licenças municipais.

O caso de São Paulo é um dos mais expressivos, na medida em que os loteamentos irregulares são a forma mais comum de ocupação do solo: as parcelas são compradas em longo prazo, em terrenos mais baratos. As habitações são construídas, sobretudo, pela autoconstrução e pelo trabalho coletivo ("mutirão"). Essa situação foi estudada, entre outros, por Raquel Rolnik (1997). O processo de melhoria das periferias, através da pressão dos movimentos sociais, leva a uma melhoria das infraestruturas e dos equipamentos, o que resulta em valorização dos terrenos e na expulsão de habitantes que vão formar novas periferias conforme destacado por Teresa Caldeira (2003). Marcelo Lopes de Souza (2006: 472) destaca que, por não ter muitas opções, a maioria da população é "empurrada" para espaços desprezados da periferia pela minoria afluente.

Abandono (de áreas)

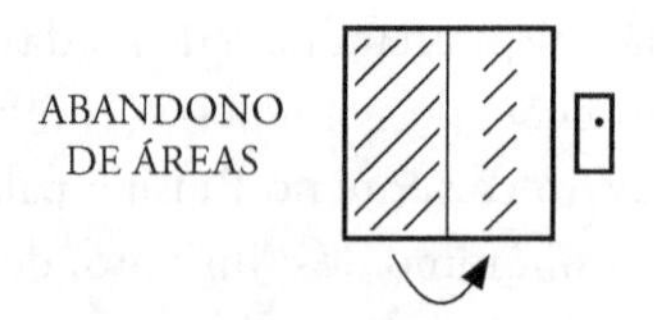

Finalmente, essas seriam as áreas relegadas, sobretudo pelo Estado. Elas foram estudadas por Amendola (2000), que indica que se trata de áreas da cidade que não se visitam, desconhecidas, e também percebidas como perigosas. Em parte devido à ilegalidade das ocupações, assim como à sua irregularidade, o Estado não se sente obrigado a investir nessas como nas demais partes da cidade. Por outro lado, o acesso difícil dessas áreas dificulta também a ação do Estado. Além disso, o discurso de valorizar as áreas visitadas pelos turistas justifica o abandono das demais.

A noção de abandono também pode ser usada no sentido de uma área abandonada pelas classes médias, como os hiperguetos, tratados por Wacquant (2005). Este autor comenta que a pequena burguesia negra e a classe trabalhadora que conseguiu escapar dos guetos "se vê novamente contida, a contragosto, em bairros periféricos inteiramente negros" ou em bairros segregados contíguos ao cinturão negro (Wacquant, 2008: 22-7).

Donzelot (2009) utilizou a noção próxima em francês de *relégation* para a situação dos conjuntos habitacionais das periferias das cidades francesas. As áreas abandonadas podem se situar no interior do "tecido urbano", como nas cidades norte-americanas ou como nas periferias das cidades francesas e latino-americanas, mas também no interior destas, como no caso das favelas da cidade do Rio de Janeiro, de difícil acesso.

CONCLUSÕES

Este texto se inscreve na mesma linha de autores como Brun e Rhein (1994), Fassin (1996), Paugam (1996), Navez-Bouchanine (2002), Topalov (2002), Marcuse (2004), Wacquant (2005 e 2008), Donzelot (2009) e Topalov et al. (2010),[29] os quais se preocupam com a precisão de noções e conceitos aplicados às cidades e sociedades urbanas.

Deve ser observado que as noções de exclusão/inclusão são mais voltadas aos indivíduos; as de diferenciação socioespacial, desigualdade socioespacial, justaposição, separação, dispersão, divisão em partes e fragmentação estariam mais voltadas aos exames de áreas; enquanto as de segregação e seus derivados, as de *apartheid*, agrupamento, fortificação, polarização, dualização, "gentrificação", invasão, marginalização, periferização e abandono (de áreas) podem ser utilizadas para indivíduos e áreas.

O texto mostra que algumas noções são frequentemente criadas para descrever uma situação socioespacial específica a uma época ou a um lugar e que elas perdem precisão quando são empregadas em contextos diferentes. Elas se tornam então polissêmicas, dificultando a compreensão dos fenômenos urbanos. Estes, por sua vez, são de grande complexidade e necessitam da elaboração de novas noções e conceitos que correspondam a essas realidades diferentes, que são também resultado das lutas pela vida e pelo espaço nas cidades, lutas realizadas pelos diversos grupos econômicos, sociais, raciais, religiosos e outros. A utilização de conceitos e noções tais como segregação, periferização, entre outros, aparece como uma palavra de ordem, ou como uma maneira de denunciar as desigualdades sociais, mas com perda do rigor e da precisão necessária para ser um instrumental analítico que ajude no avanço do conhecimento da realidade urbana.

Podemos concluir este trabalho fazendo uma indicação dos diferentes graus de precisão e de utilização universal dessas noções:

- Em primeiro lugar (1) as noções de diferenciação socioespacial, de justaposição, de separação, de dispersão, de autossegregação, de invasão, de "gentrificação" e de abandono, embora tenham sentidos diferenciados entre si, parecem ter um caráter universal e não apresentam maiores problemas de entendimento. Há correspondentes em outros idiomas, porém não alteram o conteúdo, como, por exemplo, no caso de dispersão (*spraw*);
- Outro grupo (2) é formado por noções que ainda necessitam de uma maior precisão conceitual, como a de fragmentação. Outras são neologismos, como *partition*, que não acrescentam muito à questão. A noção de fortificação é utilizada nos limites dos espaços residenciais e espaços centrais e a noção de agrupamento (étnico-religioso) pode incluir outras lógicas, como a econômica;
- Um terceiro grupo (3) é formado por noções que são pouco precisas ou discutíveis devido à sua utilização simplificada ou metafórica e pela sua utilização abusiva no jornalismo e no senso comum, como as de exclusão/inclusão, de marginalização, de dualização e de polarização;
- Outras (4) são as noções que mudam de sentido segundo a localização, como no caso da noção de periferização, que de noção geográfica passou a ser também sociológica, e apresenta diferentes sentidos segundo o contexto analisado, como no caso das periferias brasileiras (estigmatização) ou dos *suburbs* norte-americanos, para os quais existe a noção de suburbanização (valorização);

- Finalmente (5), os conceitos e noções de segregação/dessegregação deveriam ter sua utilização limitada a contextos históricos e nacionais específicos, pois eles perdem o caráter heurístico quando se procura tudo explicar com os mesmos. Uma população ou área é segregada devido às coações externas, as quais não devem ser confundidas com outros processos[30]. O mesmo se dá com a noção de *apartheid* que deve ser utilizada especificamente à realidade da África do Sul.

NOTAS

[1] Neste texto a palavra *socioespacial* refere-se "às relações sociais e ao espaço, simultaneamente (levando em conta a articulação dialética de ambos no contexto da totalidade social, mas preservando a individualidade de cada um)", conforme citação na "Introdução" deste livro.

[2] Agradeço a Marcelo Lopes de Souza pelo debate sobre a questão e a Leandro Macêdo Minoso pela elaboração dos gráficos.

[3] Ver, por exemplo, Marcuse e Van Kempen, 2000.

[4] A noção de diferença pode ser positiva: Lefebvre propôs "direito à diferença" (le droit à la différence) ao lado do "direito à cidade" (le droit à la ville) (2002: 30). Agradeço a lembrança a Claudio Castilho.

[5] É interessante observar que a Teoria de Diferenciação Residencial tenha sido analisada por autores de diferentes correntes como Timms (1976), na linha da ecologia fatorial, e Harvey, que trata de acesso diferencial a recursos escassos em seu artigo de 1975 (p. 363).

[6] A separação de anglófonos (oeste) e francófonos (leste) em Montreal é também social (Kaplan e Holloway, 1998).

[7] Essa ideia já aparece no texto de Wirth de 1938 (1970: 634).

[8] Agradeço a sugestão desse processo à colega Ana Fernandes.

[9] Dear (2000) cita o livro de Robert M. Fogelson, de 1967, que já utilizava a noção no seu título: *The fragmented metropolis*: Los Angeles, 1850-1930.

[10] Há um livro publicado a partir de seminário sobre a "Ville éclatée", editado por May et al. (1998).

[11] Sobre a noção de fragmentação, ver o conjunto do livro editado por Navez-Bouchanine (2002).

[12] Donzelot e Jaillet consideram a noção de exclusão como "autoculpabilizante de natureza europeia" (1998: 259).

[13] Sobre a noção de exclusão, ver Xiberras (1994), Paugam (1996), Sibley (2007) e Damon (2011).

[14] Ver, por exemplo, Bacqué e Lévy (2009).

[15] Castells definiu a segregação urbana como "a tendência à organização do espaço em zonas com grande homogeneidade interna e com grande disparidade social entre elas... " (1977: 218, tradução nossa). Lefebvre lembrou que a segregação produz uma desagregação da vida mental e social (1970: 231) e a definiu como uma "forma extrema da divisão do trabalho" (2002:146, tradução nossa).

[16] Ver, por exemplo, Corrêa, 1989.

[17] Piçon-Charlot, Preteceillle e Rendu, 1986: 5 e 107.

[18] No original "the segregation is more conspicuous, more patent to the eye [...]".

[19] Sibley (2007) publicou extratos do livro de Dubois.

[20] Sobre a noção de segregação ver Brun e Rhein (1994); Grafmeyer (1994); Bacqué e Lévy (2009).

[21] Ver a versão francesa do debate em Veillard-Baron; Vasconcelos, 2004-a e b.

[22] Sobre a noção de *apartheid* ver Houslay-Holzschuch (1995) e Guillaume (2001).

[23] Agradeço a Paul Cary pelas sugestões sobre as noções de autossegregação e de agrupamento.

[24] Kaplan e Holloway fazem a diferença entre aglomeração (membros do grupo vivem próximos) e concentração (vivem em espaço restrito) (1998: 22 e 24).

[25] Estudada por Thoumin (1937).

[26] Em francês o termo *gentrification* também é usado, assim como o adjetivo *gentrifiés*, como em Donzelot (2009). Em espanhol é escrito *gentrificación*, conforme Zoido et al., 2000: 174.

[27] Maricato destacou que a lei federal sobre parcelamento do solo urbano de 1979, ao criminalizar o loteador irregular, diminui a oferta de lotes ilegais na periferia de São Paulo, o que levou a um aumento da população favelada (1996: 47-8).

[28] Sobre a noção de marginalidade ver Kowarick (1977).

[29] O livro editado por Topalov et al. (2010) é muito rico, com pesquisas efetuadas em oito línguas, mas se refere sobretudo à utilização cotidiana das palavras. Por exemplo, a noção de segregação não foi citada.

[30] O debate sobre conceitos não se restringe à Geografia. Um autor respeitado como Pierre Bourdieu declarou em uma das últimas entrevistas que "[...] a visão de mundo dominante (uma forma de violência simbólica) se impõe através da imposição de problemáticas e categorias do pensamento" e que "todos os conceitos dos quais falamos hoje [...] circulam, frequentemente mal traduzidos, no mundo inteiro, tornando-se problemáticas impostas. Isso porque têm ar de universais, quando, na verdade, universalizam particularidades americanas", e continua: "já que os americanos tendem a ver como universais categorias de pensamento que são o produto de estruturas sociais particulares de seu país [...] seria preciso historicizar essas categoriais nacionais, para liberar delas os próprios americanos e aqueles a quem os americanos se impõem". Para tanto, conclui: "É um belo exemplo de politização teórica: é preciso muita cultura teórica, um capital teórico bastante sofisticado e, ao mesmo tempo, pulsão política". (Bourdieu, 2002, p. 52-53) Nada mais próximo do nosso debate sobre o conceito de segregação.

BIBLIOGRAFIA

Abu-Lughod, Janet L. *Rabat. Urban apartheid in Morocco.* Princeton: Princeton Univ. Press, 1980.

Amendola, Giandomenico. *La ciudad postmoderna.* Madrid: Celeste Ediciones, 2000. (1ª ed. 1997)

Bacque, M-H.; Levy, J-P. Ségrégation. In: Stébé, J-M.; Marchal, H. (eds.). *Traité sur la ville.* Paris: P. U. F., 2009, pp. 303-52.

Bidou-Zachariasen, Catherine (ed.). *De volta à cidade*: dos processos de gentrificação às políticas de "revitalização" dos centros urbanos. São Paulo: Annablume, 2006. (1ª ed. 2003)

Bourdieu, Pierre. *Pierre Bourdieu entrevistado por Maria Andréa Loyola.* Rio de Janeiro: Eduerj, 2002.

Brun, J.; Rhein, C. (ed.). *La ségrégation dans la ville.* Paris: L'Harmattan, 1994.

Caldeira, Teresa Pires do Rio. *Cidade de muros*: crime, segregação e cidadania em São Paulo. São Paulo: Ed. 34; Edusp, 2003. (1ª ed. 2000)

Castel, Robert. *As metamorfoses da questão social*: uma crônica do salário. Petrópolis: Vozes, 1998. (1ª ed. 1995)

Castells, Manuel. *La question urbaine.* Paris: F. Maspero, 1977. (1ª ed. 1972)

Chamboredon, J-C.; Lemaire, M. Proximité physique et distance sociale: les grands ensembles et leur peuplement. In: Roncayolo; Paquot (eds.). *Villes & civilisation urbaine XVIIIe – XXe siècle.* Paris: Larousse, 1992 (1ª ed. 1970), pp. 503-20.

Clark, Kenneth. *Guetto noir.* Paris: Payot, 1966. (1ª ed. 1965)

Corrêa, Roberto Lobato. *O espaço urbano.* São Paulo: Ática, 1989.

Damon, Julien. *L'exclusion.* Paris: P. U. F., 2011. (1ª ed. 2008)

Davis, Mike. *Cidade de Quartzo*: escavando o futuro em Los Angeles. São Paulo: Página Aberta, 1993. (1ª ed. 1990)

______. *Ecologia do Medo.* Rio de Janeiro: Record, 2001. (1ª ed. 1998)

Dear, Michael J. *The Postmodern Urban Condition.* Oxford: Blackwell, 2000.

Donzelot, Jacques. *La ville à trois vitesses et autres essais.* Paris: Eds. La Villette, 2009.

Donzelot, J; Jaillet, M-C. Le traitement des zones urbaines défavorisées: les deux modèles de référence, européen et l'américain. In: May et al. *La ville éclatée.* Paris: Eds. De l'Aube, 1998, pp. 254-64.

Dubois, W. E. B. *The Philadelphia negro.* New York: Schocken Books, 1967. (1ª ed. 1899)

Engels, Friedrich. *A situação da classe trabalhadora na Inglaterra.* São Paulo: Global, 1985. (1ª ed. 1845)

Fassin, Didier. Marginalidad et marginados. La construction de la pauvreté urbaine en Amérique latine. In: Paugam, S. (ed.) *L'exclusion, l'état des savoirs.* Paris: La Découverte, 1996, pp. 263-71.

Frazier, Franklin. *Bourgeoisie noire.* Paris: Plon, 1969. (1ª ed. 1955)

Garreau, Joel. *Edge City. Life on the new frontier.* New York: Doubleday, 1991.

Ghorra-Gobin, Cynthia. *Los Angeles. Le mythe américain inachevé.* Paris: CNRS Editions, 2002. (1ª ed. 1997)

Glass, Ruth. London: aspects of change. In: *Cliches of urban doom and other essays.* Oxford: Basil Blackwell, 1989 (1ª ed. 1964), pp. 133-58.

Goldsmith, William W. From the Metropolis to Globalization: The Dialectics of Race and Urban Form. In: Marcuse, P.; van Kempen, R. (ed.). *Globalizing cities*: a new spatial order? Oxford: Blackwell, 2000, pp. 37-55.

Grafmeyer, Yves. Regards sociologiques sur la ségrégation. In: Brun, J.; Rhein, C. (ed.). *La ségrégation dans la ville.* Paris: L'Harmattan, 1994, pp. 85-117.

Guillaume, Philippe. *Johannesburg. Géographies de l'exclusion.* Johannesburg: IFAS; Paris: Karthala, 2001.

Haesbaert, Rogério. *O mito da desterritorialização.* Rio de Janeiro: Bertrand Brasil, 2004.

Hall, Peter. *Cidades do Amanhã.* São Paulo: Perspectiva, 1995. (1ª ed. 1988)

Harvey, David. Class structure in a capitalist society and the theory of residential differentiation. In: Peel, R.; Chisholm, M; Haggett, P. (ed.). *Processes in Physical and Human Geography.* London: Heinemann, 1975, pp. 354-69.

HOUSLAY-HOLZSCHUCH, Myriam. *Le Cap. Ville Sud-africaine. Ville blanche, vies noires.* Paris: L'Harmattan, 1995.

JACOBS, Jane. *Déclin et survie des grandes villes américaines.* Liège: Mardaga, 1991. (1ª ed. 1961)

KAPLAN, D. H.; HOLLOWAY, S. R. *Segregation in cities.* Washington: Association of American Geographers, 1998.

KOWARICK, Lúcio. *Capitalismo e marginalidade na América Latina.* Rio de Janeiro: Paz e Terra, 1977.

LAPEYRONNIE, Didier. *Ghetto urbain. Ségrégation, violence, pauvreté en France aujourd'hui.* Paris: Robert Laffont, 2008.

LEFEBVRE, Henri. *La révolution urbaine.* Paris: Gallimard, 1970.

______. *La survie du capitalisme.* Paris: Anthropos, 2002. (1ª ed. 1972)

MARCUSE, Peter. Enclaves, sim; guetos, não: a segregação e o Estado. *Espaço & Debates*, São Paulo, n. 24, 2004 (1ª ed. 2001), pp. 24-33.

______. The Black Ghetto in the United States. In: MARCUSE, P.; VAN KEMPEN, R. (ed.). *Of States and Cities*: the partitioning of urban space. Oxford: Oxford Univ. Press, 2006 (1ª ed. 2002), pp. 109-42.

MARCUSE, P.; VAN KEMPEN R. (ed.). *Globalizing cities*: a new spatial order? Oxford: Blackwell, 2000.

______ (ed.). *Of States and Cities*: the partitioning of urban space. Oxford: Oxford Univ. Press, 2006. (1ª ed. 2002)

MARICATO, Ermínia. *Metrópole na periferia do capitalismo*: ilegalidade, desigualdade e violência. São Paulo: Hucitec, 1996.

MARTINS, José de Souza. *Exclusão social e nova desigualdade.* São Paulo: Paulus, 2009. (1ª ed. 1991)

MASSEY, D. S.; DENTON, N. A. *American apartheid.* Paris: Descartes, 1995. (1ª ed. 1993)

MAY, N.; VELTZ, P.; LANDRIEU, J.; SPECTOR, T. *La ville éclatée.* Paris: Eds. De l'Aube, 1998.

MOLLENKOPF, J. H.; CASTELLS, M. *Dual city*: restructuring New York. New York: Russell Sage Foundation, 1991.

MYRDAL, Gunnar. *An American dilemma.* New Brunswick: Transaction Publisher, 2003 (1ª ed. 1944), 2 v.

NAVEZ-BOUCHANINE, Françoise (ed.). *La fragmentation en question*: des villes entre fragmentation spatiale et fragmentation sociale? Paris: L'Harmattan, 2002.

OLIVEIRA, Francisco. *Crítica à razão dualista*: o ornitorrinco. São Paulo: Boitempo, 2003. (1ª ed. 1962)

PAQUOT, Thierry. Ville fragmentée ou urbain éparpillé. In: NAVEZ-BOUCHANINE, Françoise (ed.). *La fragmentation en question*: des villes entre fragmentation spatiale et fragmentation sociale? Paris: L'Harmattan, 2002, p. 113-8.

______ (ed.). *Ghettos de riches.* Paris: Perrin, 2009.

PARK, R.; BURGESS, E. (ed.). *The City*: suggestion for investigation of human behavior in the urban environment. Chicago: Univ. of Chicago Press, 1967. (1ª ed. 1925)

PAUGAM, Serge. *La disqualification sociale.* Paris: P. U. F., 2009. (1ª ed. 1991)

______ (ed.). *L'exclusion, l'état des savoirs.* Paris: La Découverte, 1996.

PERLMAN, Janice E. *The Myth of marginality*: urban poverty and politics in Rio de Janeiro. Berkeley: University of California Press, 1979. (1ª ed. 1976)

PINÇON-CHARLOT, M.; PRETECEILLE, E.; RENDU, P. *Ségrégation urbaine.* Paris: Anthropos, 1986.

PRÉVOT SCHAPIRA, Marie-France. Amérique latine: la ville fragmentée. *Esprit*, nº 11 (1999), p. 128-44.

ROLNIK, Raquel. *A cidade e a lei*: legislação, política urbana e territórios na cidade de São Paulo. São Paulo: Studio Nobel; Fapesp, 1997.

SANTOS, Milton. *Metrópole corporativa fragmentada*: o caso de São Paulo. São Paulo: Nobel, 1990.

SASSEN, Saskia. *The Global City. New York, London, Tokyo.* Princeton: Princeton University Press, 1991.

SIBLEY, David. *Geographies of Exclusion.* London: Routledge, 2007. (1ª ed. 1995)

SMITH, N.; WILLIAMS, P. (ed.). *Gentrification of the City.* Boston: Unwin Hyman, 1988.

SOJA, Edward. *Postmetropolis*: critical studies of cities and regions. Oxford: Blackwell, 2000.

SOUZA, Marcelo Lopes. *O desafio metropolitano*: um estudo sobre a problemática sócio-espacial nas metrópoles brasileiras. Rio de Janeiro: Bertrand Brasil, 2000.

______. *A prisão e a ágora*: reflexões em torno da democratização do planejamento e da gestão das cidades. Rio de Janeiro: Bertrand Brasil, 2006.

______. *Fobópole*: o medo generalizado e a militarização da questão urbana. Rio de Janeiro: Bertrand Brasil, 2008.

SPOSATI, A.; TORRES, H.; PASTERNAK, S.; VILLAÇA, F.; KOWARICK, L.; SCHOR, S. [Debate] A pesquisa sobre segregação: conceitos, métodos e medições. *Espaço & Debates*, São Paulo, nº 25, 2004, pp. 87-109.

THOUMIN, R. Damas: notes sur la répartition de la population par origine et par religions, *Revue de Géographie Alpine*, 1937, 25, pp. 663-97.

TIMMS, Duncan. *El mosaico urbano*: hacia uma teoria de la diferenciación residencial. Madrid: I. E. A. L., 1976. (1ª ed. 1971)

TOPALOV, Christian (ed.). *Les divisions de la ville.* Paris: Unesco, 2002.

TOPALOV, Christian et al. (ed.). *L'aventure des mots de la ville.* Paris: Robert Laffont, 2010.

TRICART, Jean. *Cours de géographie humaine*: L'habitat urbain. Paris: C.D.U., 1951.

VALLADARES, Licia. Favelas, mondialisation et fragmentation. In: NAVEZ-BOUCHANINE, Françoise (ed.). *La fragmentation en question*: des villes entre fragmentation spatiale et fragmentation sociale? Paris: L'Harmattan, 2002, pp. 209-21.

VASCONCELOS, Pedro de Almeida. A aplicação do conceito de segregação residencial ao contexto brasileiro na longa duração. *Cidades*, Presidente Prudente, v. 1, n. 2 (2004), pp. 259-74.

______. O rigor no uso das noções e conceitos na geografia urbana. *Cidades*, Presidente Prudente, v. 1, n. 10, 2009, pp. 341-57.

______. Processos e formas sócio-espaciais das cidades: propostas para avançar no debate. In: SILVA, S. B. M. (org.). *Estudos sobre dinâmica territorial, ambiente e planejamento*. João Pessoa: Grafset, 2011, pp. 7-28.

VEILLARD-BARON, Hervé. *Les banlieues*: des singularites françaises aux realites mondiales. Paris: Hachette, 2001.

VEILLARD-BARON, H.; VASCONCELOS, P. A. Ségrégation. *Diversité*, Paris, n. 139, 2004a, pp. 52-6.

______. Une lecture de la ségrégation au Brésil au regard de la situation française. *Diversité*, Paris, n. 139, 2004b, p. 171-8.

VILLAÇA, Flávio. *O espaço intraurbano no Brasil*. São Paulo: Studio Nobel, 1998.

XIBERRAS, Martine. *Les théories de l'exclusion*. Paris: Méridiens Klincksieck, 1994.

WACQUANT, Loïc. *Os condenados da cidade*: estudos sobre marginalidade avançada. Rio de Janeiro: Revan; Fase, 2005. (1ª ed. 2001)

______. *As duas faces do gueto*. São Paulo: Boitempo, 2008.

WIRTH, Louis. *Le ghetto*. Grenoble: Presses Universitaires de Grenoble, 1980. (1ª ed. 1928)

______. Urbanismo como modo de vida. In: PIERSON, D. (org.). *Estudos de Organização Social*. São Paulo: Martins Fontes, 1970. (1ª ed. 1938)

WILSON, William Julius. *Les oubliés de l'Amérique*. Paris: Desclée de Brouwer, 1994. (1ª ed. 1987)

ZOIDO NARANJO, Florencio et al. *Diccionario de geografía urbana, urbanismo y ordenación del territorio*. Barcelona: Editorial Ariel, 2000.

SEGREGAÇÃO RESIDENCIAL: CLASSES SOCIAIS E ESPAÇO URBANO

Roberto Lobato Corrêa

O espaço urbano caracteriza-se, em qualquer tipo de sociedade, por ser fragmentado, isto é, constituído por áreas distintas entre si no que diz respeito a gênese e dinâmica, conteúdo econômico e social, paisagem e arranjo espacial de suas formas. Essas áreas, por outro lado, são vivenciadas, percebidas e representadas de modo distinto pelos diferentes grupos sociais que vivem na cidade e fora dela. Há, em realidade, uma complexa fragmentação que é simultaneamente objetiva e (inter)subjetiva. Consulte-se a esse respeito Corrêa (1991) e Marcuse (2003), que discutem a fragmentação do espaço urbano. A fragmentação, aponte-se, gera uma necessária e também complexa articulação entre as distintas áreas da cidade.

A segregação residencial é um dos mais expressivos processos espaciais que geram a fragmentação do espaço urbano (Corrêa, 1979). As áreas sociais são a sua manifestação espacial, a forma resultante do processo. Forma e processo levaram Timms (1971) a ver a cidade como um "mosaico social". A partir da segregação e das áreas sociais originam-se inúmeras atividades econômicas espacialmente diferenciadas, como centros comerciais e áreas industriais. O inverso é também verdadeiro: a partir da concentração de indústrias na cidade podem se formar bairros operários. A segregação residencial e as áreas sociais, por outro lado, estão na base de muitos movimentos sociais com foco no espaço. A esse respeito consulte-se Corrêa (1991) e Souza (2000), este último abordando as metrópoles brasileiras no final do século XX.

A temática da segregação residencial possibilita, como qualquer outra temática, diversas abordagens, envolvendo matrizes teóricas distintas, assim como inúmeros temas específicos (Maia, 1994). Este capítulo considera alguns dos temas possíveis. As possibilidades de temas são amplas, cabendo à imaginação geográfica do pesquisador estabelecer novas conexões entre segregação residencial e outras esferas da espacialidade humana. Consideraremos os seguintes temas: a segregação residencial e classes sociais, a espacialidade da segregação residencial e, por fim, as áreas sociais. Trata-se de apontar o que consideramos os três mais importantes temas relativos à segregação residencial, os quais resgatam, ainda que não cronologicamente, a trajetória dos estudos sobre segregação residencial. Ressalte-se que as três partes deste capítulo resultam de uma combinação de teorias e conceitos oriundos de matrizes distintas, devendo-se considerá-las como complementares entre si, sendo possível integrá-las em um mesmo trabalho.

SEGREGAÇÃO RESIDENCIAL E CLASSES SOCIAIS

A segregação residencial na perspectiva da Ecologia Humana foi associada à etnia. As classes sociais, qualquer que fosse a sua definição, não faziam parte das proposições teóricas da Ecologia Humana. Consideramos a segregação residencial como um processo em relação ao qual as classes sociais e suas frações constituem o conteúdo essencial mas não exclusivo das áreas segregadas. Esta tese é aceita, entre outros, por Udry (1964), Harvey (1975) e Harris (1984). Segundo o último autor:

> a segregação das classes é um aspecto distintivo da cidade capitalista [...] Historicamente [...] apareceu em sua forma atual somente [com] a separação entre lugar de trabalho e residência, criando as condições para o desenvolvimento de um específico mercado de habitação [que] se tornou o mecanismo pelo qual as relações de classe no novo sistema de produção industrial fosse refletido no espaço residencial urbano. (1984: 26)

Ainda segundo Harris, a segregação compreende a segregação de classes e a "diferenciação residencial", que devem ser consideradas juntas, e não separadamente, ou privilegiando a segunda em detrimento da primeira, como ocorreu nos estudos sobre áreas sociais, a serem considerados na terceira parte deste texto. A segregação de classes refere-se ao fato de as classes sociais "diferenciarem-se em termos de sua distribuição residencial" (1984: 28), enquanto a segunda diz respeito à diferenciação de áreas em termos de sua composição social. A segregação residencial é compreendida, então, como estando intrinsecamente vinculada às classes sociais em seus espaços de existência e reprodução. A segregação residencial diz respeito, assim, à concentração no espaço urbano de classes sociais, gerando áreas sociais com tendência à homogeneidade interna e à heterogeneidade entre elas, uma definição muito próxima à de Castells (1983).

Ao se considerar que as classes sociais e suas frações constituem o conteúdo essencial das áreas segregadas, emerge a questão sobre a definição de classe social, definição problemática, pois envolvida em visões distintas e antagônicas. Segundo Harris (1984), as classes sociais são "fenômenos históricos que emergem por meio de conflitos e antagonismos mútuos [...] mais significativamente em termos de sua posição no processo produtivo" (1984: 28), isto determinando a forma de consciência e a atividade política. As classes sociais, por outro lado, têm tanto uma existência objetiva como subjetiva. Ao não se considerá-las nos estudos sobre segregação residencial cria-se, entre outras, a lacuna relativa ao papel da segregação no processo de formação de classes sociais, como aponta Harris (1984). Semelhantemente, Katznelson (1992) discute as relações entre capitalismo industrial do século XIX, espaço urbano, segregação e formação da classe operária, questão que tem como ponto de partida o seminal texto de Engels (1975), publicado em 1845, referente à cidade inglesa de Manchester.

Harvey (1975), a propósito, rejeita a tese da Ecologia Humana, propugnada por Robert Park e seus discípulos, de que a diferenciação residencial é devida ao fato de que indivíduos semelhantes quanto à renda e ao padrão cultural tendem a residir juntos, resultando em áreas residenciais internamente homogêneas e heterogêneas entre si. Como o próprio Harvey argumenta, não se sabe se os indivíduos são semelhantes porque residem próximos ou se residem próximos porque são semelhantes. Harvey também rejeita a ideia da economia neoclássica de que a diferenciação residencial resulta da soberania do consumidor, visto em sua independência de escolha em face de um mercado considerado como perfeitamente competitivo; rejeita também a ideia de que o comportamento do consumidor tende a maximizar a utilidade das localizações, que dependeria do jogo entre acessibilidade e tamanho da unidade domiciliar. Em uma economia de mercado a diferenciação residencial resultaria desse jogo (*trade off*) como, entre outros, aponta Alonso (1964).

Harvey argumenta que para se compreender a diferenciação residencial é necessário conhecer o processo de estruturação de classes sociais. Considerando as contribuições de Marx, Poulantzas e Giddens, Harvey admite que na sociedade capitalista da metade do século XX a estruturação de classes sociais e suas frações advêm da conjunção de três forças, nomeadamente, primárias, residuais e derivativas.

As forças primárias são aquelas que dividem a sociedade em duas classes sociais, a dos proprietários dos meios de produção e a daqueles que têm apenas a força de trabalho para vender. Outras duas forças também atuam, complexificando a divisão dicotômica: resultante da primeira força. As forças residuais emergem da permanência de classes sociais herdeiras do passado, que vivem na cidade, como a classe dos grandes proprietários rurais absenteístas, que vivem na cidade com a renda da terra transferida do campo para a cidade, e como a de grupos de imigrantes de origem rural, não integrados plenamente à economia capitalista.

Mais importante, contudo, são as forças derivativas, oriundas da própria dinâmica do capitalismo, derivadas de suas necessidades intrínsecas, envolvendo, de um lado, o processo de acumulação e sua continuidade e, de outro, a reprodução de uma sociedade diferenciada. Essas forças complexificaram a sociedade capitalista, fragmentando-a em inúmeras classes e frações de classe. As forças derivativas geraram:

I – fragmentação das classes capitalista e proletária em razão da divisão do trabalho, do progresso técnico e da especialização funcional; em consequência, vários estratos emergem, minimizando os efeitos das forças primárias;

II – classes distintas de consumo, visando a uma demanda variável e contínua, fundamental para a acumulação de capital;

III – aparecimento de uma classe média, burocrática, trabalhando na esfera do Estado e de grandes empresas, com o objetivo de organizar e controlar a produção, a circulação, a distribuição e o consumo; acrescente-se que a classe média não é homogênea, apresentando diferenças quanto à renda, aos padrões culturais e à origem, por ascensão social ou por decadência de parte das antigas elites;

IV – desvios de consciência de classe e projeção ideológica da classe dominante, visando desviar a atenção dos problemas das relações capital-trabalho, explorando, por exemplo, os conflitos entre empregados e desempregados;

V – a necessidade de organizar as chances de mobilidade social que podem advir do processo de produção, circulação, distribuição e sua dinâmica; estas possíveis mudanças podem criar instabilidade na estrutura social, sendo necessário criar barreiras para controlar essa mobilidade, como se pode exemplificar com a educação diferenciada.

Essas forças, argumenta Harvey, são contraditórias, algumas levando a um antagonismo de configurações sociais, enquanto outras criam diferenciações sociais favoráveis à reprodução da complexa sociedade capitalista. E na medida em que essas forças atuam intensamente e por longo período de tempo, geram uma marcante fragmentação social, ao mesmo tempo que se verifica crescente concentração espacial de população e atividades, isto é, o crescimento das grandes cidades.

A segregação residencial da cidade capitalista emerge a partir da localização diferenciada no espaço urbano dessas distintas classes sociais e suas frações. Admite-se, assim, que quanto mais intensa a fragmentação social, mais complexa será a segregação residencial. Isto se dá, sobretudo, na metrópole, onde a ação das três forças apontadas por Harvey, particularmente as forças derivativas, é, usualmente, mais intensa do que em centros não metropolitanos.

A segregação residencial manifesta-se espacialmente, conforme se verá na segunda e na terceira partes deste texto. Por ora consideremos que segregação residencial significa:

I – de imediato, o acesso diferenciado aos recursos da vida, sobretudo aqueles recursos escassos, que tendem a ser encontrados em áreas onde vive uma população de renda mais elevada e dotada de maior poder político para criar ou pressionar a criação de condições mais favoráveis para existência e reprodução. Harvey (1973) refere-se à renda real, isto é, renda monetária acrescida dos benefícios derivados de investimentos públicos e privados, criando aquelas condições mais favoráveis para a vida;

II – a existência de unidades espaciais favoráveis à interação social, a partir da qual, e dada a homogeneidade social de cada unidade, os indivíduos elaboram valores, expectativas e hábitos e se preparam para, como adultos, ingressar no mercado de trabalho, desenvolvendo ainda um dado estado de consciência nesse contexto de homogeneidade social, mais nítida nos extremos sociais e menos no âmbito da classe média. Criam-se condições de existência e reprodução diferenciada, particularmente em áreas marcadas por relativa estabilidade de seu conteúdo social (Harvey, 1975).

A segregação residencial pode ser considerada, de um lado, como autossegregação e, de outro, como segregação imposta e segregação induzida. Em comum está uma política de classe que gera estes tipos de segregação. A autossegregação é uma política de classe associada à elite e aos estratos superiores da classe média, dotados de elevada renda monetária. A autossegregação visa reforçar diferenciais de existência e de condições de reprodução desses grupos por intermédio da escolha das melhores localizações no espaço urbano, tornando-as exclusivas em razão dos elevados preços da terra urbana e de suas amplas e confortáveis habitações. Graças aos cada vez mais eficazes meios de controle do espaço, as áreas autossegregadas fornecem segurança aos seus habitantes, ampliando o *status* e prestígio que possuem. Essas áreas são consideradas nobres, tendo sido criadas *pelo* grupo de alto *status* social e *para* ele. É, assim, uma política de classe que tem no espaço um ingrediente muito importante.

A autossegregação implica, ao menos por parte de membros do grupo de alto *status*, controle, em maior ou menor grau, do aparelho de Estado, das principais atividades econômicas, das melhores terras urbanizáveis e de empresas imobiliárias. Implica também acesso às informações sobre a cidade e sua dinâmica, assim como a existência de uma sólida rede social de amigos e parentes com interesses comuns, no âmbito da qual circulam informações que interessam ao grupo de alto *status*. Adicionalmente, o grupo autossegregado tem condições de criar ou influenciar normas e leis capazes da exclusividade do uso do solo, tornando-o impeditivo aos grupos sociais subalternos.

A segregação residencial das classes subalternas resulta também de uma política de classe, gerada por aqueles que detêm poder, controlando diferentes meios de produção. É possível distinguir a segregação imposta, envolvendo aqueles que residem onde lhes é imposto, sem alternativas de escolha locacional e de tipo de habitação, e a segregação induzida, que envolve aqueles que ainda têm algumas escolhas possíveis, situadas, no entanto, dentro de limites estabelecidos pelo preço da terra e dos imóveis. Ressalte-se, contudo, que o limite entre segregação imposta e induzida é tênue, como que uma se dissolvesse na outra.

A política de classe que gera a segregação imposta e induzida é efetivada de modo explícito. Após a sua realização no espaço urbano torna-se muito difícil reverter os padrões espaciais das áreas segregadas: a expulsão à força é um dos meios bastante conhecidos, realizando-se uma "limpeza social". Explicitamente, a política em tela se faz por meio da legislação que estabelece normas urbanísticas e tributação diferenciadas no espaço urbano, assim como por meio de obras públicas distintas direcionadas para os diferentes grupos sociais. O controle da terra urbana, especialmente aquela localizada na periferia, viabiliza explícitas políticas de segregação imposta ou induzida.

O controle da propriedade da terra desempenha, enfatize-se, papel crucial no processo de segregação residencial das classes sociais subalternas. Empresas industriais, bancos, companhias de seguro e poderosas famílias com suas propriedades especulativas e residentes em áreas de autossegregação garantem a execução dessa política.

O mercado é visto como atuante, de modo implícito, no processo de segregação imposta e induzida. Mas esta é uma visão que considera o mercado como uma entidade supraorgânica, pairando acima da sociedade, e não como o resultado aparente de relações de poder. O mercado estabelece, como se argumenta, de modo equivocado, preços diferenciados da terra urbana e da habitação, levando à escolha segundo a capacidade que se tem de pagar pela moradia.

Condomínios exclusivos e ruas protegidas, com amplas e confortáveis residências em ambiente limpo, seguro e com abundante vegetação, fazem parte da paisagem das áreas autossegregadas. Favelas, cortiços, modestas ou precárias moradias construídas no sistema de autoconstrução e conjuntos habitacionais, muitos dos quais recentes e já deteriorados, localizados, sobretudo, na periferia ou em áreas de risco ou já caracterizadas pela obsolescência, com precária ou nenhuma infraestrutura urbana, sujas e inseguras, compõem a paisagem das áreas de segregação imposta. As áreas de segregação induzida, por outro lado, apresentam ampla variação no que diz respeito à qualidade da habitação e do ambiente. Nessas áreas o grau de homogeneidade social é menor do que aquele das áreas de autossegregação e de segregação imposta.

A ESPACIALIDADE DA SEGREGAÇÃO RESIDENCIAL

A espacialidade é um atributo da ação da natureza e da ação humana, manifestando-se primeiramente via diferenciação espacial de processos e formas naturais e socialmente produzidos. A espacialidade exibe, por outro lado, temporalidades diversas graças à permanência de processos e formas criadas no passado. Como processo, a segregação residencial exibe uma complexa espacialidade, associada à existência e reprodução dos diversos grupos sociais que vivem na cidade.

A espacialidade da segregação residencial manifesta-se por meio de áreas nas quais concentra-se, em cada uma, um grupo social dotado de relativa homogeneidade, a qual viabiliza a existência e reprodução de cada grupo.

As áreas segregadas, por outro lado, estão dispostas de acordo com uma lógica espacial variável, que as inscrevem no espaço urbano, gerando padrões espaciais de segregação residencial ou modelos.

Os modelos são entendidos como construções teóricas que abordam a realidade com significativo nível de abstração, constituindo representações da realidade. Podem ser vistos com base em quatro eixos que se combinam: forma, função, modo de construção e relação com o tempo. Em relação à forma os modelos podem ser verbais, matemáticos, gráficos e icônicos. Diante da função podem ser descritivos/classificatórios, explicativos, experimentais, normativos e preditivos. Os modelos, por outro lado, podem ser construídos via generalização indutiva, por meio de hipótese e dedução, e, finalmente, construídos como tipos ideais. Em relação ao tempo, os modelos podem ser sincrônicos ou diacrônicos.

Os modelos aqui considerados caracterizam-se por combinarem um caráter *gráfico* quanto à forma, *descritivos* quanto à função, *tipos ideais* no que diz respeito ao modo de construção e eminentemente *sincrônicos*. São construções parciais de espacialidade da segregação residencial. Devem ser considerados, por outro lado, como *particulares*, e não como *singulares* e, por isso, em princípio, não podem ser rejeitados quando confrontados com situações singulares. Consulte-se Lukács (1978), que discute a temática.

A espacialidade da segregação residencial foi explicitada com base em três modelos que constituem construções teóricas clássicas no âmbito da sociologia, da geografia, da história e do planejamento urbano. Foram criados em momentos distintos, um no final da primeira metade do século XIX, quando as transformações que em breve emergiriam ainda não alteraram, de modo geral, a espacialidade da segregação residencial. Os outros dois na primeira metade do século XX, quando transformações profundas já tinham alterado a espacialidade da segregação residencial. O primeiro modelo foi elaborado em 1841 por J. G. Kohl (Berry, 1971) e os outros dois em 1925 por E. W. Burgess e em 1939 por H. Hoyt. É em torno desses três modelos que prosseguirá este texto.

O modelo Kohl-Sjoberg

O primeiro modelo relativo à espacialidade da segregação residencial foi elaborado pelo geógrafo alemão J. G. Kohl em 1841. Trata-se de modelo relativo às cidades da Europa continental, em um momento que antecedia às grandes transformações econômicas, sociais e políticas que, a partir da segunda metade do século XIX, iriam alterar sua organização espacial (Berry, 1971). É o modelo de cidade pré-industrial, cujas características, inclusive em termos espaciais, foram explicitadas por Gideon Sjoberg mais de 100 anos depois (Sjoberg, 1960). Tendo em vista a contribuição deste autor denominaremos este modelo, com o nome de ambos, Kohl e Sjoberg.

Segundo tal modelo, a elite ocupa o centro, local de prestígio, com a melhor infraestrutura, onde estão localizados os prédios suntuosos, monumentos, parques e os mais importantes templos. O palácio do governo aí se localiza. Em razão das amenidades e proximidade das fontes de poder, os preços da terra são os mais elevados. A capacidade de pagar preços que permitem usufruir, em razão da proximidade, das vantagens da localização central e ao mesmo tempo exibir *status* e poder leva à concentração de elite no centro da cidade. Do centro para a periferia aumenta progressivamente a distância às amenidades e fontes de poder e, simultaneamente, diminui a acessibilidade ao centro, a qual é agravada pela circulação pré-mecânica. Os preços da terra declinam progressivamente do centro para a periferia, gerando o declínio progressivo do *status* dos moradores. Ricos no centro e pobres na periferia é o que o modelo em tela sumariamente aponta.

A espacialidade da segregação residencial descrita define um padrão centro-periferia, inteligível de acordo com as proposições thunennianas, com base no que se definirá como economia marginalista, calcada na teoria do valor-utilidade e dos rendimentos decrescentes.

Os exemplos de cidades com padrão espacial de segregação residencial do tipo centro-periferia, segundo o modelo de Kohl-Sjoberg, são numerosos, com ocorrência em diferentes tipos de sociedade. O que se segue evidencia a sua importância ao longo do tempo e nos diferentes espaços. Anterior ao capitalismo, permanece sobretudo e sob certas condições em pequenas e médias cidades. São exemplos:

- cidades cerimoniais asiáticas como Angkor Thom, no Camboja;
- cidades coloniais africanas, com a distinção entre "cidade branca", no centro, e "cidade negra", na periferia;
- Moscou na última década do século XIX, com a elite residindo nas proximidades do Kremlin;
- cidades norte-americanas do período *ante-bellum*;
- cidades latino-americanas, com o centro em torno da "plaza de armas" ou "praça da Matriz".

As implicações econômicas, sociais e políticas deste padrão espacial de segregação residencial são dramáticas, particularmente porque tendem a ocorrer, na atualidade, em cidades da periferia do capitalismo. Na periferia das cidades localizam-se os loteamentos populares, frutos da autoconstrução, as favelas e precários conjuntos habitacionais, onde reside uma população de baixo *status*. Às precárias condições de existência acrescem-se os custos de toda ordem nos deslocamentos cotidianos para o trabalho. Os movimentos sociais encontram na periferia urbana uma grande fonte para emergirem. Paralelamente, é na periferia urbana que a criminalidade é elevada, ao mesmo tempo que é ali que proliferam as denominações neopentecostais.

O modelo de Burgess

Na mesma década em que J. G. Kohl publica o seu modelo centro-periferia de segregação residencial, Friedrich Engels publica *A situação da classe trabalhadora na Inglaterra* (Engels, 1975 [1845]), no qual apontava para as transformações que ocorriam na cidade de Manchester, onde se formava uma zona residencial deteriorada junto ao centro de negócios e habitada por imigrantes. A população de alto *status* que ali residira mudara-se para subúrbios amenos. Engels evidenciava a grande transformação que ocorreria nas cidades inglesas, produto da Revolução Industrial. Estabelecia-se uma nova espacialidade da segregação residencial, distinta daquela da cidade pré-industrial, caracterizada por um modelo centro-periferia.

Oitenta anos mais tarde, quando a industrialização já tinha se difundido, Ernest Burgess em seu estudo sobre o crescimento de Chicago (Burgess, 1974 [1925]) descreve o mesmo padrão espacial descrito por Engels.

Segundo Burgess, a cidade de Chicago, em rápido crescimento no primeiro quartel do século XX, exibia uma espacialidade da segregação residencial que se manifestava em zonas concêntricas a partir do centro da cidade. O crescimento da cidade ampliava cada zona sem que o padrão fosse alterado. Na primeira zona residiam os imigrantes pobres, que habitavam cortiços (*slums*), antigas residências da população de *status* mais elevados, que foi morar nos subúrbios. Quatro zonas concêntricas constituíram quatro coroas em torno do centro, caracterizando-se progressivamente pelo aumento do *status* social de seus habitantes. A população de mais alto *status* social residia na última coroa, distante do centro. Trata-se, em realidade, de um modelo que é inverso àquele de Kohl-Sjoberg.

A lógica desse modelo residia, segundo os economistas urbanos neoclássicos, na substituição ou troca (*trade off*) de atributos: os pobres trocavam acessibilidade ao mercado de trabalho no centro pelas altas densidades e habitações precárias, enquanto aqueles que detinham renda elevada viviam em áreas de baixas densidades e em residências confortáveis, não se incomodando com a distância ao centro, já que dotados de grande mobilidade. Consulte-se Alonso (1964) a este respeito.

Ainda que muitas cidades, especialmente as metrópoles, exibam uma área residencial caracterizada pela obsolescência junto ao centro, a interpretação com base na economia neoclássica não é satisfatória. As razões que levaram os pobres a residir junto ao centro derivam de uma combinação de fatores envolvendo a propriedade da terra e dos imóveis e sua valorização, a ação de agentes modeladores do espaço urbano e suas expectativas em face de processos de desvalorização/valorização do núcleo central de negócios da cidade. Uma interpretação convincente nos é fornecida por Griffin e Preston (1966) em sua discussão a respeito da zona periférica do centro.

O impacto da proposição de Burgess nos estudos sobre a organização interna da cidade foi enorme, particularmente no que diz respeito à segregação residencial. Alguns autores admitiram mesmo que a cidade em geral evoluiria de um padrão com a elite no centro para o padrão sugerido por Burgess, pois as evidências empíricas eram numerosas. Mas também houve inúmeras críticas. Algumas das mais importantes foram aquelas formuladas por Harris (1994) e Harris e Lewis (1998), que argumentam que Burgess não considerou que em certos setores dos subúrbios de Chicago havia áreas pobres e que, assim, as zonas concêntricas seriam uma representação equivocada da cidade norte-americana.

Com base em evidências empíricas que foram incorporadas por Burgess, processos e formas vigentes na primeira zona de seu modelo foram objetos de pesquisas, aprofundando o debate sobre segregação residencial e sua dinâmica. Trata-se de estudos sobre a zona periférica do centro, complexa e dinâmica, com cortiços e habitações mal conservadas. É nessa zona que resistências às mudanças se verificam, visando preservar áreas impregnadas de sentimentos e simbolismo (Firey, 2006 [1945]), ou se verifica a ocupação de prédios abandonados; ou, ainda, é nessa zona que se procura reverter a obsolescência, visando restabelecer ao menos um setor de alto *status* via políticas, públicas ou não, de renovação urbana, revitalização urbana ou nobilitação (*gentrification*). Consulte-se a esse respeito Strohacker (1988) e Smith (2002).

O modelo de Hoyt

Em 1939 o economista e consultor urbano Homer Hoyt publicou, no âmbito do Federal Housing Administration, um texto que se tornou clássico no debate sobre a espacialidade da segregação residencial (Hoyt, 1958 [1939]). Com base em numerosos estudos empíricos, Hoyt argumenta que a expansão espacial da cidade e a segregação residencial se faziam ao longo de setores, e não de acordo com zonas concêntricas, como propusera Burgess em 1925. Entre esses setores foram enfatizados aqueles dotados de amenidades naturais ou socialmente produzidas, que os grupos de alto *status* social ocupavam. A expansão desses setores se fazia, por um certo período de tempo, ao longo da mesma direção. A segregação residencial assumia, segundo Hoyt, uma espacialidade distinta daquela proposta por Burgess.

Os setores de alto *status* social acompanham eixos de circulação rápida, dotados de amenidades, livres de problemas ambientais e sem barreiras que impeçam a expansão urbana. Por outro lado, esses setores estão direcionados para locais onde já residem pessoas de poder e prestígio na cidade, apresentando a tendência de acompanhar a expansão de atividades comerciais e de escritórios.

A expansão da cidade e da população de alto *status* social ao longo dos setores de amenidades começa a se verificar na segunda metade do século XIX, mas é a partir do final da Segunda Guerra Mundial, com a difusão massiva do automóvel, que essa expansão se verifica mais intensamente. Esse setor se torna área privilegiada para investimentos de capital em terras e imóveis, envolvendo distintos agentes modeladores do espaço. Condomínios exclusivos, shopping centers e vias expressas constituem a tríade básica que marca a paisagem urbana e o uso da terra. As implicações dos espaços segregados de alto *status* são inúmeras. Apontemos, entre outras, o modo de vida de uma população que se autossegrega e a própria ampliação espacial da cidade. Há, em realidade, uma confluência entre duas escalas espaciais, a do setor de amenidades, de um lado, e de suas formas espaciais básicas, os condomínios exclusivos, os shopping centers e as vias expressas, de outro. As duas escalas balizam uma cidadela com suas muralhas simbólicas e reais, criada pelo e para grupos sociais de alto *status*, para quem o Estado desempenha crucial papel, ampliando, por meio de investimentos, a renda monetária dos habitantes do setor de amenidades, transformando-a em renda real (Harvey, 1973). Sobre os condomínios consulte-se, entre outros, O'Neill (1983), que analisa o condomínio Eldorado no setor de amenidades da cidade do Rio de Janeiro.

Se Homer Hoyt focalizou a cidade norte-americana, no entanto, a formação de setores de amenidades ocorre nas cidades latino-americanas desde o final do século XIX, como apontam, entre outros, Yujnovsky (1971) para as metrópoles latino-americanas, Villaça (1998) para as metrópoles brasileiras, e Abreu (1987) para a cidade do Rio de Janeiro.

Configurações espaciais complexas

A espacialidade da segregação residencial pode adquirir nova configuração, via de regra, mais complexa, quando mudanças na estrutura econômica, social e política são introduzidas, alterando a aparente estabilidade da configuração preexistente. A nova configuração, contudo, depende em grande parte da intensidade e duração de forças de transformação, assim como dos interesses locais em permanecer ou alterar a configuração espacial. As mudanças espaciais, por outro lado, podem estar minimizadas em razão de forças de inércia que levam à permanência de configuração do passado. A permanência, por outro lado, pode ocorrer no âmbito da refuncionalização de formas espaciais tornadas valorizadas no presente ou ainda preservadas em razão do valor simbólico a elas atribuído. O resultado desta complexa relação entre processo e forma é que a segregação residencial exibe configurações espaciais com distintas temporalidades, mas coexistindo no mesmo espaço no presente. São configurações poligenéticas e complexas. Neste sentido, os três modelos de segregação residencial anteriormente discutidos podem aparecer de modo combinado, ora um sendo mais significativo, ora outro se destacando em termos de ocorrência espacial. As diversas possibilidades de combinação parecem ser o modo mais corrente com que a segregação residencial se manifesta. Se isto for verdadeiro, então os três modelos são, efetivamente, tipos ideais.

A América Latina exibe complexas configurações espaciais no que tange à segregação residencial, complexidade presente tanto nas metrópoles, como apontam Yujnovsky (1971), Bähr e Mertins (1983) e Villaça (1998), como em centros não metropolitanos, a exemplo de Teresina (Abreu, 1983) e da cidade gaúcha de Santo Ângelo (Reis, 1993).

Em seu estudo sobre a estrutura interna das cidades latino-americanas, Yujnovsky (1971) propõe uma sucessão de configurações espaciais nas quais a segregação residencial tem importância fundamental. A primeira configuração é do tipo centro-periferia, com base no modelo Kohl-Sjoberg. O modelo em tela foi implantado pelos espanhóis com base nas Leis das Índias e propugnava como deveria ser a colonização nas terras a serem conquistadas. A cidade a ser criada deveria apresentar uma morfologia em tabuleiro de xadrez, no centro do qual localiza-se a "Plaza de Armas" ou "Plaza Mayor", onde localizar-se-iam a igreja matriz, em breve catedral, e os principais prédios da administração colonial. O Zócalo, na cidade do México, a Plaza Sucre, em Bogotá, e a Plaza de Mayo, em Buenos Aires, são exemplos atuais herdados do período colonial. Em torno deveriam se situar uma primeira área com a moradia das figuras mais importantes da colônia, vivendo em confortáveis residências. Para fora estava uma segunda área onde viviam pessoas com *status* médio, pequenos comerciantes, artesãos e funcionários, enquanto mais distante deveriam viver os pobres, índios e mestiços. Esta espacialidade durou da primeira metade do século XVI a aproximadamente 1850 (Yujnovsky, 1971).

A independência das colônias, a expansão das exportações de açúcar, café, banana, cacau, carne, trigo e diversos minerais, a introdução da ferrovia e reaparelhamento portuário, o aparecimento da indústria moderna, as melhorias urbanas, inclusive com novas vias do tráfego, e o surgimento de uma elite nacional e da classe média e novas concepções a respeito da natureza e da vida cotidiana atuaram conjuntamente para reverter o quadro anteriormente descrito. Isto se verificou, por outro lado, no âmbito do crescimento demográfico e da expansão do espaço urbano, o qual foi viabilizado pelo bonde e por trens suburbanos (Yujnovsky, 1971).

Neste contexto, a elite abandona o centro e a expansão da classe média se faz fora do centro colonial, ocupando áreas que passaram a ser consideradas, a partir de então, como áreas dotadas de amenidades – microclima, vista, presença do mar e lagoa, montanha e paisagem. Formam-se setores de amenidades à la Hoyt, setores cuja expansão ainda se dá no último quartel do século XX. Esses setores, por outro lado, tornaram-se o foco de investimentos de diversos capitais, contando ainda com as benesses do Estado, como aponta Cardoso (1986) em sua análise sobre a criação de Copacabana e Grajaú. A Zona Sul e a Barra da Tijuca na cidade do Rio de Janeiro, o setor que engloba, entre outros, os subúrbios de San Isidro e Nuñes, em Buenos Aires, o setor na direção de Providencia e Las Condes em Santiago do Chile, ou ainda o setor norte de Bogotá e Quito são exemplos, assim como os setores praieiros de Fortaleza, Recife, Salvador e Vitória – Vila Velha.

O abandono do velho centro colonial e sua desvalorização pela população abastada transformaram os prédios coloniais ou do século XIX em prédios deteriorados, que passaram a ser ocupados por imigrantes pobres. Tornaram-se cortiços, casas de cômodos, "conventillos", formando uma zona de obsolescência, segundo o modelo de Burgess. A dimensão dessa área deteriorada foi maior quanto mais importante foi o processo de industrialização, predominantemente ocorrendo no centro e, quando fosse o caso, junto ao porto. O exemplo de Buenos Aires, no final do século XIX e início do século XX (Yujnovsky, 1971), é eloquente. Paralelamente, muitos pobres, imigrantes recentes ou expulsos das "cirurgias" urbanas, refugiaram-se em favelas incrustadas em áreas indesejáveis ou foram, massivamente para a periferia, reforçando o padrão Kohl-Sjoberg.

Deste modo os três modelos a respeito da espacialidade da segregação residencial descreviam, cada um, uma parte da cidade latino-americana, desfazendo a aparentemente estável espacialidade colonial. Yujnovsky (1971) argumenta que este processo de mudança perdurou de 1850 a 1930. A partir de então reforça-se a importância da espacialidade ao longo dos setores de amenidades e na periferia. Ressalte-se que a periodização proposta por Yujnovsky refere-se às grandes cidades. Em centros menores o processo anteriormente descrito passa a ocorrer, em muitos casos, a partir de 1970, não ocorrendo, necessariamente, a formação de uma zona deteriorada periférica ao centro. Em qualquer caso a espacialidade da segregação residencial na América Latina tornou-se complexa, denotando a sucessão de processos espaciais e justaposição de formas espaciais.

A complexa espacialidade da segregação residencial na América Latina sugere inúmeras questões envolvendo agentes sociais e suas práticas espaciais nos diversos espaços da cidade, que deverão alimentar pesquisas sobre esta.

ÁREAS SOCIAIS: O CONCEITO E SUA OPERACIONALIZAÇÃO

As áreas sociais constituem, de um lado, o conceito que define o conteúdo social da segregação residencial e, de outro, um método operacional que circunscreve espacialmente áreas socialmente homogêneas internamente e heterogêneas entre si. O conceito e sua operacionalização são análogos àqueles que definem regiões, mas inscritos no espaço urbano. As áreas sociais são, por outro lado, reflexo, meio à condição de existência e reprodução das classes sociais e suas frações. A temática em tela, adicionalmente, inscreve-se profundamente nas histórias das pesquisas a respeito do espaço urbano, inscrição esta que se traduziu em sua versão inicial na utilização do conceito de área natural e, após, no conceito de área social. Vejamos esses dois conceitos.

Áreas naturais: os antecedentes

O conceito de áreas naturais propugnado por Robert Ezra Park tem uma de suas bases no pensamento de Georg Simmel, com quem Park estudou em Berlim entre 1899 e 1903 (Entrikin, 1980). Segundo esse autor, Simmel considerava o espaço como uma importante condição para o estudo das formas sociais. Park também estudou com os geógrafos Georg Gerland em Estrasburgo e Alfred Hettner em

Heidelberg e com ambos foi introduzido na discussão sobre o espaço geográfico em suas dimensões natural e social.

Presente no pensamento de Park (1967 [1916]; 1970 [1925]) o conceito de áreas naturais foi sistematizado por Zorbaugh (1970 [1925]), estando calcado na concepção de Park sobre a cidade, vista como uma forma particular de comunidade, na qual a luta pela sobrevivência, ainda que sublimada, gera competição impessoal entre indivíduos. Desse processo emergem grupos sociais naturais, alguns dos quais dominantes, ao mesmo tempo que é estabelecida a diferenciação natural de áreas, as áreas naturais, o "habitat dos grupos naturais" (Park, 1970 [1916]: 135). As áreas naturais descrevem a configuração espacial e exprimem a ordem moral da cidade. Adicionalmente, segundo Park, as áreas naturais impõem-se aos homens e "os forma de acordo com o projeto e os interesses (nelas) incorporados" (Park, 1967 [1916]: 52). Participa assim, de modo ativo, do processo de reprodução das diferenças sociais. Na segunda década do século XX o conceito de segregação residencial e seu sentido estava em processo de elaboração.

As áreas naturais são vistas como resultantes das diversas localizações no espaço urbano dos diversos grupos sociais, cada um com uma dada capacidade de pagar por uma localização em um espaço já diferenciado pela natureza, por vias de circulação, atividades econômicas e pela estrutura socioespacial prévia.

A homogeneidade do grupo social que caracteriza cada área natural tende a fornecer uma individualidade própria a cada uma, que se tornam, assim, áreas culturais, caracterizadas por "instituições, costumes, crenças, configuração de vida, tradições, atitudes, sentimentos e interesses" (Zorbaugh, 1970 [1925]: 343). A área natural é, em realidade, uma "área geográfica caracterizada tanto por uma individualidade física como pelas características do povo que nela vive" (Zorbaugh, 1970 [1925]: 343). Área geográfica concreta, a área natural tem uma explícita filiação ao darwinismo social que lastreava, ainda que não exclusivamente, o pensamento da Escola de Ecologia Humana. Robert Park e seus discípulos admitiam a analogia entre a Ecologia Humana e a Ecologia Vegetal, entre áreas naturais na cidade e comunidades de plantas adaptadas entre si e à área que ocupam. A cidade, reafirma-se, era vista como um tipo particular de comunidade.

Identificadas por um nome próprio, as áreas naturais foram incorporadas ao planejamento urbano da cidade de Chicago, pois, ao serem consideradas como desempenhando significativo papel na reprodução social, adquiriam capacidade preditiva, possibilitando, portanto, predizer a direção, o ritmo e a natureza do crescimento da cidade. O conceito de área natural tinha forte praticidade, explicitada na participação dos sociólogos de Chicago no Local Community Research Committee, criado em 1923 na Universidade de Chicago (Bulmer, 1984).

A segregação residencial na perspectiva da Ecologia Humana manifestava-se por meio das áreas naturais, áreas geográficas concretas, análogas às comunidades de plantas e dotadas de poder preditivo. As críticas foram numerosas. Hatt (1974 [1946]), por exemplo, argumenta que as áreas naturais não são entidades concretas, mas construções lógico-estatísticas. Saunders, comentado por Jackson e Smith (1984), por sua vez, argumenta que o conceito de área natural está associado à pretensa ordem natural do "*laissez-faire*" capitalista, na qual grupos sociais com rendimentos diferenciados competem pela terra urbana. As áreas naturais resultantes desta competição refletem a desigualdade social, ambas vistas como impossíveis de serem abolidas por resultarem da própria natureza humana. Consideradas como expressão de um estado de equilíbrio desfeito e refeito a cada momento da evolução, as áreas naturais constituem importante base teórica para os membros da Escola de Ecologia Humana. E foi com base neste conceito que as pesquisas sobre segregação residencial foram inicialmente sistematizadas, possibilitando grande avanço no conhecimento a respeito do espaço social da cidade. Consulte-se a respeito as coletâneas organizadas por Theodorson (1974) e Pierson (1970), que apresentam inúmeros textos a propósito do conceito de áreas naturais. O livro de Herbert (1972) é também muito importante a esse respeito. Por outro lado, o clássico estudo de Burgess (1974 [1925]) sobre o padrão de crescimento da cidade e do padrão de segregação residencial em zonas concêntricas constitui uma das mais contundentes expressões da visão ecológica dos sociólogos de Chicago.

Áreas sociais e segregação residencial

O conceito de áreas sociais foi estabelecido no âmbito de uma crítica interna à Escola de Chicago, na qual vigorava, no final da década de 1940, o conceito de áreas naturais. A temática da segregação residencial ganha novas bases teóricas. A partir de 1949, com o estudo de Esref Shevky e Margareth Williams intitulado *The social areas of Los Angeles*, a expressão áreas sociais passa a ser utilizada correntemente por sociólogos e, em breve, por geógrafos interessados no espaço urbano. Shevky e Bell formulam na década de 1950 (Shevky e Bell, 1974 [1955]) as bases teóricas que lastrearam estudos empíricos e reflexões teóricas produzidos até o final da década de 1970, quando a temática das áreas sociais tornou-se menos interessante e os estudos sobre segregação residencial passaram a ter outras bases teóricas. Sobre a temática das áreas sociais consulte-se, entre outros, a coletânea organizada por Schwirian (1974) e o número especial do periódico *Economic Geography*, volume 47, número 2, relativo ao ano de 1971, que aborda a temática da ecologia fatorial, o método operacional utilizado nos estudos sobre áreas sociais. Com isto os estudos sobre segregação residencial ganharam um método operacional que permitiu amplos estudos envolvendo uma única cidade em vários momentos do tempo e estudos comparativos entre uma ou mais cidades.

Shevky e Bell (1974) argumentam que a diferenciação social do espaço urbano pode ser vista por meio de uma tipologia de áreas, caracterizadas por três índices ou fatores, a saber: posição social (situação econômica, *status* social), urbanização (situação familiar, familismo) e segregação, entendida como etnicidade. Cada unidade de área da cidade, setor censitário, via de regra, é classificado de acordo com cada um dos três índices. Os setores com valores semelhantes são considerados como uma área social, classificada tridimensionalmente. A classificação é obtida por intermédio da análise fatorial, denominada para este tipo de estudo de ecologia fatorial, e análise de agrupamento, já adotada por Bell em seu estudo sobre a cidade de San Francisco (Bell, 1974 [1955]). Sobre o emprego da análise fatorial nos estudos de áreas sociais, veja-se, entre outros, Berry (1971) e Johnston (1971).

A base conceitual para a elaboração dos três índices apoia-se na concepção de cidade como o resultado do caráter complexo e global da sociedade moderna, que inclui a sua dinâmica. Trata-se, então, de relacionar a forma da cidade às características da sociedade que nela vive, privilegiando-se os processos de mudança da sociedade. As mudanças associam-se à escala da sociedade (*societal scale*), isto é, o número de pessoas se relacionando e a intensidade desse relacionamento. À medida que a "sociedade muda em escala [...] há uma série de mudanças concomitantes nos padrões de diferenciação funcional, na complexidade da organização e na extensão e intensidade desse relacionamento" (Timms, 1971: 125). Shevky e Bell (1974) argumentam que o aumento na escala (*increasing scale*) significa o aparecimento da sociedade urbano-industrial em razão das mudanças na estrutura das atividades produtivas. A cidade moderna reflete essa mudança, tornando-se mutável, expressando-se isto em uma complexa organização espacial marcada por forte dinamismo. Os três índices, argumentam eles, descrevem essa complexidade do espaço social da cidade. Vejamos brevemente cada um deles. Além de Shevky e Bell, consulte-se Corrêa (2004), este último sumariando a proposição de Shevky e Bell.

- Posição social – Este índice deriva da diferenciação de indivíduos e grupos sociais no âmbito da sociedade moderna, diferenciação que pode ser descrita pelos indicadores de ocupação, educação e preço da habitação. A ocupação é considerada o mais importante indicador.
- Urbanização – Este índice deriva da estrutura mutável da atividade produtiva, sendo composto pelos indicadores de fecundidade "que refletem mudanças nas relações entre a população e a economia (assim como), as mudanças na estrutura e função familiar" (p. 382), mulheres ativas, isto é, no mercado de trabalho, e unidades residenciais unifamiliares. Esses indicadores refletem a situação familiar, que por sua vez refletem mudanças associadas ao papel da mulher na sociedade moderna.

- Segregação – É o terceiro fator básico de diferenciação da sociedade, vinculado à tendência à concentração espacial de grupos étnicos diferentes, resultado do processo de complexificação social.

Os três índices ou fatores na linguagem da análise fatorial são independentes entre si, isto é, as variáveis que compõem cada um não se correlacionam entre si. Por outro lado, formam padrões espaciais distintos quando são espacializados, ratificando a complexidade da cidade moderna, conforme é apontado, entre outros, por Anderson e Egeland (1974). A cidade moderna, em resumo, apresentaria, segundo Shevky e Bell, um espaço social caracterizado por três linhas de diferenciação que se espacializariam distintamente umas das outras. E é com base na correlação entre fatores, no número de fatores, maior ou menor que três, e na espacialidade dos fatores que o debate se verificou, envolvendo ratificações da proposição original, críticas e extensões ao modelo de Shevky e Bell. Vejamos alguns poucos exemplos, que foram importantes nesse debate. O primeiro exemplo refere-se ao estudo sobre 10 cidades norte-americanas, realizado ainda na década de 1950 (Arsdol, Camilleri e Schmid, 1974), que confirmou as proposições de Shevky e Bell. Também o estudo sobre Helsinki confirmou as proposições iniciais (Sweetser, 1974). Estudos realizados em contextos socioculturais distintos apresentaram, contudo, resultados dissonantes, como é o caso do estudo sobre Haifa, Israel, realizado por Gradus (1976). Os debates tornaram-se mais ricos quando apareceram os resultados relativos às cidades da periferia mundial, entre elas as cidades islâmicas e indianas. Muito importante nesse sentido é a contribuição de Abu-Lughod (1969) sobre a cidade do Cairo, Egito, em que duas análises foram feitas, uma relativa ao ano de 1947 e outra a 1960. Foi verificado que as variáveis relativas ao fator posição social e à urbanização, estão juntas, originando um único fator. O estudo inédito de Corrêa e Fredrich sobre San José, Costa Rica, evidenciou também um único fator constituído por variáveis relativas à posição social e urbanização. Nos países periféricos, a diferenciação do espaço social é interpretada como mais simples, exibindo um único padrão de diferenciação social: mais pobre, menos escolaridade, maior fecundidade, piores condições de habitação e localização na periferia. Há nas cidades da periferia, e segundo os teóricos das áreas sociais, uma menor escala da sociedade.

O tema das áreas sociais e a ecologia fatorial foi objeto de inúmeras críticas que o livrou de inconsistências, tornando-o mais adequado para o estudo da segregação residencial em diferentes contextos socioculturais. Assim Hawley e Duncan (1957) argumentam sobre a inadequação dos setores censitários como unidades de pesquisa, uma vez que não são homogêneas, além da ausência de uma teoria social explicativa sobre a concentração de grupos sociais homogêneos em uma dada área. Udry (1964), por sua vez, argui que análises realizadas com as variáveis propostas por Shevky e Bell para unidades observacionais distintas, setores censitários, áreas metropolitanas e regiões, revelaram resultados diferentes, evidenciando que as proposições de Shevky e

Bell são adequadas para as análises com base em setores censitários, nos quais os três fatores podem emergir, o mesmo não se verificando em relação às outras duas escalas.

De importância para o estudo das áreas sociais nos países da periferia é a contribuição de McElrath (apud Timms, 1971) que enfatiza a industrialização e urbanização como as bases da diferenciação social, afetando, a primeira, a posição social e a situação familiar, e a segunda o *status* do migrante e *status* étnico. Há, assim, quatro dimensões básicas da diferenciação social, e não três.

Os estudos realizados, tanto ratificando como rejeitando as proposições de Shevky e Bell, possibilitaram a construção de modelos alternativos que incluem novos fatores e a junção de variáveis em fatores distintos daqueles para os quais foram originalmente concebidas. Um dos modelos propostos é o de Rees (1971), com a sua tipologia de cidades. Outro é o de Timms (1971) que apresenta seis tipos de cidade em termos de espaço social: cidade moderna, cidade feudal, cidade colonial, cidade de imigrantes, cidade pré-industrial e cidade em industrialização. Esta tipologia sugere inúmeras questões quando se considera a cidade brasileira.

Concluímos esta terceira parte considerando que as áreas sociais e a ecologia fatorial constituem importante quadro teórico e útil metodologia operacional para descrever a segregação residencial de uma dada cidade, contribuindo para evidenciar a divisão social do seu espaço. As áreas sociais e a ecologia fatorial são também importantes para estudos comparativos, procurando evidenciar semelhanças e diferenças entre cidades de uma região ou país.

COMENTÁRIOS FINAIS

Os comentários finais têm o objetivo de sumariar o conteúdo deste texto e apresentar uma proposição geral, visando tornar sistemático o conhecimento da segregação residencial nas cidades brasileiras no que tange ao seu conteúdo social e sua espacialidade.

- Entendemos a segregação residencial como processo espacial que se manifesta por meio de áreas sociais, relativamente homogêneas internamente e heterogêneas entre elas.
- Reflexo, meio e condição, a segregação residencial e as áreas sociais tornam efetivas a existência diferenciada e a reprodução dessas diferenças.
- Existente em todos os tipos de sociedade é no capitalismo que a segregação residencial manifesta-se de modo mais intenso, gerando um complexo e mutável mosaico social.
- A espacialidade da segregação residencial é complexa e está inscrita na história e geografia da cidade. Kohl, Sjoberg, Burgess e Hoyt construíram tipos ideais, cada um com a sua própria lógica, podendo, no entanto, coexistir de modo justaposto no espaço, mas caracterizado por distintas temporalidades.

- As contribuições de Yujnovsky e de Bähr e Mertins são fundamentais para se compreender a espacialidade da segregação residencial na cidade latino-americana.
- A temática em pauta desemboca em inúmeros outros temas, entre eles os diferentes movimentos sociais, a jornada para o trabalho, as diversas representações sobre as diferentes áreas sociais e as práticas dos diversos agentes sociais da produção do espaço.
- A análise de áreas sociais pode ser resgatada, incorporando-se as críticas já estabelecidas, como um quadro conceitual para descrever o mosaico social da cidade brasileira. A ecologia fatorial é o modelo operacional a ser adotado.

A proposição a seguir considera que as áreas sociais devem ser vistas com base em variáveis agrupadas conceitualmente de acordo com *status* social, estrutura familiar e imigração, que constituem o conjunto mínimo para a sua identificação. A religião pode participar de outro grupo conceitual. Ressalte-se a importância da utilização das mesmas variáveis visando à comparação entre cidades. O setor censitário é a unidade observacional mais adequada para a identificação de áreas sociais.

Na relação de cidades a serem analisadas é importante que sejam considerados alguns critérios, de modo que possíveis efeitos de algumas características possam emergir, sugerindo o papel de algumas características na constituição de possíveis variações no espaço social. Os critérios são os seguintes:

I – Tamanho demográfico, que pressupõe maior ou menor heterogeneidade social. Exemplos: Porto Alegre, Uberlândia, Santarém e Patos de Minas.

II – Crescimento demográfico, que implica correntes migratórias mais ou menos intensas e demandas por espaço. Exemplos: cidades da Campanha gaúcha e cidades de fronteira de povoamento ou de modernização.

III – Funções, que pressupõem estruturas sociais mais complexas ou mais simples, com diferentes implicações. Exemplo: cidades industriais, lugares centrais, cidades portuárias e capitais político-administrativas.

IV – Antiguidade, que pode implicar a morfologia urbana, influenciando a espacialidade das áreas sociais. Ressalte-se que uma mesma cidade pode apresentar setores antigos, de origem colonial, e setores modernos. São Luís e Palmas são exemplos.

V – Sítio urbano, que pode influenciar a espacialidade das áreas sociais em virtude do relevo e da rede de drenagem ou de áreas planas. Petrópolis e cidades dos chapadões das áreas de cerrado podem ser exemplos.

Ressalta-se, finalmente, que as cidades a serem selecionadas combinam, cada uma, traços específicos de cada critério. A seleção não precisa envolver um grande número de cidades, mas, sim, aquelas que combinam critérios pertinentes para cada pesquisador. Os resultados, de natureza descritiva, mas lastreados em reflexões teóricas, devem ser pontos de partida para novas pesquisas.

BIBLIOGRAFIA

ABREU. I. G. *O crescimento da Zona Leste de Teresina*: um caso de segregação? Rio de Janeiro, 1983. Dissertação (Mestrado em Geografia) – Departamento de Geografia, UFRJ.

ABREU, M. A. *Evolução da cidade do Rio de Janeiro*. Rio de Janeiro: Zahar-Iplanrio, 1987.

ABU-LUGHOD, Y. Testing the theory of social area analysis: the ecology of Cairo, Egypt. *American Sociological Review*, 34, 1969, pp. 198-212.

ALONSO, W. *Location and land use*: toward a general theory of land rent. Cambridge: The MIT Press, 1964.

ANDERSON, T. R.; EGELAND, J. Spatial aspects of social area analysis. In: SCHWIRIAN, K. R. (org.). *Comparative urban structure*: studies in the ecology of cities. Lexington: D.C. Heath and Company, 1974.

ARSDOL, M.; CAMILLERI, S. F.; SEHMID, C. F. La generalidad de los indices de area social urbana. In: THEODORSON, G. A. (org.). *Estudios de ecologia humana*. Barcelona: Editorial Labor, 1974, 2v.

BÄHR, J.; MERTINS, G. Un modelo de la diferenciación socioespacial de las metropolis de America Latina. *Revista Geografica* (IPGH), 98, 1983, pp. 23-9.

BELL, W. Economic, family and ethnic status: an empirical test. In: SCHWIRIAN, K. R. (org.). *Comparative urban structure*: studies in the ecology of cities. Lexington: D. C. Heath and Company, 1974. (1ª ed. 1955)

BERRY, B. J. L. Introduction: the logic and limitations of comparative factorial. *Ecology*: economic Geography, 47(2), 1971, pp. 209-19.

BULMER, M. *The Chicago school of sociology*: institucionalization, diversity and the rise of sociological research. Chicago: The University of Chicago Press, 1984.

BURGESS, E. W. El crecimiento de la ciudade: introdución a un proyecto de investigación. In: THEODORSON, G. A. (org.). *Estudios de Ecologia Humana*. Barcelona: Editorial Labor, 1974 (1ª ed. 1925), 2v.

CARDOSO, E. D. *O Capital imobiliário e a expansão da malha urbana do Rio de Janeiro*: Copacabana e Grajaú. Rio de Janeiro, 1986. Dissertação (Mestrado em Geografia) – Departamento de Geografia, UFRJ.

CASTELLS, M. *A questão urbana*. Rio de Janeiro: Paz e Terra, 1983.

CORRÊA, R. L. Processos espaciais e a cidade. *Revista Brasileira de Geografia*, 41(3), 1979, pp. 100-10, 1979. [Reproduzido em CORRÊA, R. L. Trajetórias Geográficas. Rio de Janeiro: Bertrand-Brasil, 1997].

_____. O espaço urbano: notas teórico-metodológicas. *Boletim de Geografia Teorética*, 21(42), 1991, p. 101-3. [Reproduzido em CORRÊA, R. L. Trajetórias Geográficas. Rio de Janeiro: Bertrand-Brasil, 1997].

_____. Análise de áreas sociais: avaliação e questões. *Relatório de Pesquisa CNPq*, 2004.

CORRÊA, R. L.; FRIEDRICH, O. *As áreas sociais de São José, Costa Rica*. (inédito).

ENGELS, F. *A situação da classe trabalhadora na Inglaterra*. Porto: Apontamentos, 1975. (1ª ed. 1845)

ENTRINKIN, J. N. Robert Park's human ecology and geography. *Annals of the Association of American Geographers*, 70(1), 1980, pp. 43-58.

FIREY, W. Sentimentos e simbolismo como variáveis ecológicas. In: CORRÊA, R. L.; ROSENDAHL, Z. (org.). *Cultura, espaço e o urbano*. Rio de Janeiro, EDUERJ, 2006. (1ª ed. 1945)

GRADUS, Y. Factorial ecology in a "controlled urban system": the case of metropolitan Haifa. *Geografiska Annaler*, B, 58(1), 1976, pp. 59-66.

GRIFFIN, D.; PRESTON, R. A restatement of the "transition zone" concept. *Annals of the Association of American Geographers*, 56(2), 1966, pp. 339-50.

HARRIS, R. Residential segregation and class formation in the capitalist city: a review and directions for research. *Progress in Human Geography*, 8(1), 1984, p. 26-42.

_____. Chicago's other suburbs. *The Geographical Review*, 24(4), 1994, p. 394-410.

HARRIS, R.; LEWIS, R. Constructing fault(y) zone: misrepresentations of american cities and suburbs: 1900-1956. *Annals of the Association of American Geographers*, 88(4), 1998, p. 621-39.

HARVEY, D. *Social justice and the city*. Londres: Edward Arnold, 1973.

_____. Class structure in a capitalist society and the theory of residential differentiation. In: PEEL, M.; CHISHOLM, M.; HAGGETT, P. (org.). *Processes in physical and human geography*. Londres: Heinemann Educational Books, 1975. [Reproduzido em HARVEY, D. The urban experience. Baltimore: The Johns Hopkins University Press, 1985.]

HATT, P. El concepto de area natural. In: THEODORSON, G. A. (org.). *Estudios de ecologia humana*. Barcelona: Editorial Labor, 1974 (1ª ed. 1946), 2v.

HAWLEY, A. M.; DUNCAN, O. D. Social area analysis: a critical appraisal. *Land Economics*, 33(42), 1957, p. 337-45.

HERBERT, D. *Urban geography*: a social perspective. New York, Praeger: 1972.

HOYT, H. The pattern of movement of residential rental neighborhood. In: MAYER, H. M.; KOHN, C. F. *Readings in urban geography*. Chicago: The University of Chicago Press, 1958. (1ª ed. 1939)

JACKSON, P.; SMITH, S. *Exploring social geography*. Londres: George Allen Unwin, 1984.

JOHNSTON, R. J. Some limitations of factorial ecology and social area analysis. *Economic Geography*, 47(2), 1971, pp. 314-23.

KATZNELSON. I. Capitalism, city space and class formation: a journey organized by Friedrich Engels. In: _____. *Marxism and the city*. Oxford: Clarendon Press, 1992.

LUKÁCS, G. *Introdução a uma estética marxista*: sobre a categoria da particularidade. Rio de Janeiro: Civilização Brasileira, 1978.

MAIA, C. E. S. *Segregação residencial*: o confronto entre a escola de ecologia humana e o marxismo. Rio de Janeiro, 1994. Dissertação (Mestrado em Geografia) – Departamento de Geografia, UFRJ.

MARCUSE, P. Cities in Quarters. In: BRIDGE, G.; WATSON, S. *A comparison to the city*. New York: Blackwell, 2003.

O'NEILL, M. M. V. S. *Segregação residencial*: um estudo de caso. Rio de Janeiro, 1983. Dissertação (Mestrado em Geografia) – Departamento de Geografia, UFRJ.

PARK, R. E. Sugestões para a investigação do comportamento humano no meio urbano. In: VELHO, O. G. (org.). *O fenômeno urbano*. Rio de Janeiro: Zahar Editores, 1967. (1ª ed. 1916)

_____. A comunidade urbana como configuração espacial e ordem moral. In: PIERSON, D. (org.). Estudos de ecologia humana. São Paulo: Martins Fontes, 1970 (1ª ed. 1925), 2v.

PIERSON, D. (org.) *Estudos de ecologia humana*. São Paulo: Martins Fontes, 1970 (1ª ed. 1925), 2v.

REES, P. H. Factorial ecology: extended definition, survey and critiques of the field. *Economic Geography*, 47(2), 1971, pp. 220-33.

REIS, C. B. – A Localização da População de Alto *Status* em Santo Ângelo – RS. Rio de Janeiro, 1993. Dissertação (Mestrado em Geografia) – Departamento de Geografia, UFRJ.

SCHWIRIAN, K. R. (org.). *Comparative urban structure*: studies in the ecology of cities. Lexington: D. C. Heath and Company, 1974.

SHEVKY, E.; BELL, W. Analisis de areas sociais. In: THEODORSON, G. A. (org.). *Estudios de ecologia humana*. Barcelona: Editorial Labor S.A., 1974. (1ª ed. 1955)

SJOBERG, G. *The pre-industrial city*: past and present. New York: The Free Press, 1960.

SMITH, N. New globalism, new urbanism: gentrification as global urban strategy. *Antipode*, 34(3), 2002, pp. 427-50.

SOUZA, M. L. *O desafio urbano*: um estudo sobre a problemática sócio-espacial nas metrópoles brasileiras. Rio de Janeiro: Bertrand Brasil, 2000.

STROHACKER, T. M. A zona periférica ao centro: uma revisão bibliográfica. *Revista Brasileira de Geografia*, 50(4), 1988, pp. 171-83.

SWEETSER, F. Factorial ecology: Helsinki, 1960. In: SCHWIRIAN, K. R. (org.). *Comparative urban structure*: studies in the ecology of cities. Lexington: D. C. Heath and Company, 1974.

THEODORSON, G. A. (org.). *Estudios de ecologia humana*. Barcelona: Editorial Labor S.A., 1974.

TIMMS, D. W. *The urban mosaic*: toward a theory of urban differentiation. Cambridge: Cambridge University Press, 1971.

UDRY, J. R. Increasing scale and spatial differentiation: new tests of two theories from Shevky and Bell. *Social Forces*, 42, 1964, p. 403-13.

VILLAÇA, F. *O espaço intraurbano no Brasil*. São Paulo: Studio Nobel, 1998.

YUJNOVSKY, O. *La estructura interna de la ciudad*: el caso latinoamericano. Buenos Aires: SIAP, 1971.

ZORBAUGH, H. W. Áreas naturais. In: PIERSON, D. (org.). *Estudos de ecologia humana*. São Paulo: Martins Fontes, 1970 (1ª ed. 1925), 2v.

SEGREGAÇÃO SOCIOESPACIAL E CENTRALIDADE URBANA

Maria Encarnação Beltrão Sposito

A opção por um texto que trata da relação entre segregação e centralidade urbana abre muitas possibilidades de análise.[1] Faço, assim, recortes, coloco foco em alguns pontos e passo mais rapidamente por outros. Em grande parte, minhas escolhas não trazem prejuízo maior para a análise, porque, neste mesmo livro, os leitores encontram outros textos em que as mesmas dimensões e outras do processo de segregação são analisadas, tanto de pontos de vista semelhantes, como a partir de visões que são diferentes. O par analítico que está explicitado no título do capítulo, foco deste texto, leva-me, ao final, a tentar oferecer alguns pontos para mostrar como o processo de segregação socioespacial se amplia e se transmuta no de fragmentação socioespacial. Deste ponto de vista, não apresento uma síntese sobre o caminho que percorri para desenvolver o tema, mas abro portas para algumas possibilidades analíticas sobre esses dois processos.

O CONCEITO DE SEGREGAÇÃO: LIMITES E POSSIBILIDADES

Partindo da ideia de que um termo só ganha o estatuto de conceito se compreendido no âmbito de uma teoria, já nos deparamos com o primeiro desafio em relação à compreensão do conceito de segregação. Ele tem sua origem com Park (1967[1916]) e se desenvolve na "Escola de Chicago", com as contribuições de Burgess (1974[1925]) e McKenzie (2005[1926]). Décadas depois, foi apropriado e repensado por outras perspectivas teóricas, entre elas a reconhecida como "Escola da Sociologia Urbana Francesa",[2] cuja leitura crítica teve grande importância nos anos 1960 e 1970.[3]

Esse aspecto já denota, claramente, que os conceitos podem mudar e mudam de conteúdo com o tempo. Neste caso, as alterações foram significativas tendo em vista os enfoques bastante diferentes que distinguem essas duas correntes de pensamento. Esta já é uma explicação para o uso difuso que o termo segregação tem, explicitando não apenas essas diferenças substanciais, mas, muitas vezes, certo descuido dos autores, no que se refere ao desconhecimento sobre (ou não explicitação de) qual concepção de segregação utilizam.

Não fosse esse já um ponto suficientemente complexo, há uma segunda questão que emergiu, entre nós, a partir do texto de Vasconcelos (2004), em que ele, de forma substanciada, mostra as origens do conceito e apresenta argumentos contrários à sua aplicabilidade à realidade brasileira. O debate levanta uma dúvida: os conceitos podem ter conteúdos diferentes, segundo formações socioespaciais[4] distintas e contextos diversos? Trabalho com a hipótese de que é possível tratar das especificidades da segregação, segundo os componentes de cada realidade socioespacial. Desenvolvo, assim, minhas ideias em direção diferente daquela adotada por Vasconcelos (2004), ainda que não radicalmente, visto que me apoio num pressuposto básico: o reconhecimento de distinções entre diferentes formações socioespaciais, de um lado, e de que os conteúdos de um conceito mudam com o tempo, do outro, não podem acarretar a negação dos princípios que fundamentaram, na origem, a proposição dele. Assim, a direção que tomo não é diametralmente oposta à deste autor, já que não implica adoção do conceito em quaisquer circunstâncias ou segundo a visão que cada autor quiser dar a ele.

Os conceitos, tomando a perspectiva que escolho, podem e devem ser atualizados, atingindo mesmo a situação de uma reconceitualização, desde que tais mudanças não resultem em negação ou descontinuidade profunda em relação à apreensão de processos e dinâmicas que o fundamentaram, no plano teórico. Em outras palavras, aplicar o conceito de segregação implica, necessariamente, reconhecer processos significativos e profundos de segmentação socioespacial,[5] ainda que possa haver divergências na explicação deles ou na força dada a uma dimensão ou outra (política, étnica, religiosa, socioeconômica etc.) deste processo.

Feitos esses preâmbulos, para dar início ao desenvolvimento do enfoque que adoto, parte dele apoiado em outros autores, parte como minha formulação, friso cinco pontos nos quais vou me apoiar:

- A segregação é um conceito polissêmico[6] e, por isso, corre o perigo de perder força explicativa. Ele merece, então, ser tratado com cuidado teórico e deve ser adotado com vistas a se alcançar precisão, à luz da realidade urbana latino-americana, uma particularidade importante no âmbito do modo capitalista de produção, com esforço para se reconhecerem, ainda, suas especificidades, segundo diferentes formações socioespaciais, tamanho e importância das cidades na composição do sistema urbano brasileiro.

- Deve haver preocupação em distingui-lo de outros conceitos ou noções que, por vezes, têm filiação teórica diferente, têm origens em tempos diversos do processo de urbanização e/ou, ainda, têm estatuto teórico menor porque são, apenas, termos genéricos ou, apenas, ferramentas metodológicas. A segregação é complexa e pode implicar ou incluir ou ter interfaces com várias dinâmicas, mas não pode ser confundida com elas: diferenciação espacial, produção de desigualdades espaciais, exclusão social e/ou espacial, discriminação social, marginalização, estigmatização territorial, para citar alguns.[7]
- A adoção do conceito de segregação, dados os dois pontos anteriores, exige todo o cuidado no sentido de delimitar seu conteúdo, deixando claro quais suas determinações (e não determinantes), suas formas de expressão espacial, as práticas espaciais que engendra, seus sujeitos sociais, bem como os elementos que lhe dão tonalidade quando nos voltamos à leitura de uma dada formação socioespacial.
- Parto da ideia de que, ao conceito de segregação, como a tantos outros de natureza geográfica, deve se associar uma escala geográfica de análise, sem a qual sua compreensão fica vaga. Para mim, a segregação se refere à relação entre uma parte e o conjunto da cidade. A partir deste pressuposto, ela já se distingue profundamente das ferramentas metodológicas que visam reconhecer áreas de inclusão/exclusão social. Estas colocam cada parcela do espaço urbano em comparação com todas as outras, para compreender a distribuição das condições socioeconômicas num dado conjunto espacial e, ainda, muitas vezes, comparam com os mesmos indicadores várias cidades, trabalhando na escala interurbana.
- A segregação pode e deve ser vista valorizando-se mais uma(s) do que outra(s) de suas múltiplas dimensões, para dar força às suas determinações em cada formação socioespacial e, até mesmo, em cada cidade. Assim, pode-se dar maior relevância às condicionantes e expressões econômicas, às políticas, às étnicas, às culturais, bem como se deve estar atento a múltiplas combinações entre elas – sociopolíticas, etnorreligiosas, socioeconômica etc.

A partir destes pontos, considero de grande valor teórico a aplicação do conceito de segregação socioespacial para compreender a realidade urbana atual e reforço este ponto, que vai orientar a linha de raciocínio em que me apoio daqui para frente. Como ela é mais complexa do que aquela que ensejou sua origem – as cidades estadunidenses das primeiras décadas do século XX –, penso ser importante avançar, como tantos autores vêm procurando fazer: superar o conteúdo original do conceito, em termos teóricos e em termos da realidade em que ele se apoia e procura explicar. Procuro me mover nesta direção, realizando um movimento que não tem objetivo de negar o conceito (algo no que a superação poderia redundar), mas incorporar os processos de segregação (no plural, pela diversidade e amplitude deles) ao processo contemporâneo e mais complexo de fragmentação socioespacial. Para isso, procurarei analisar a segregação em suas relações com a redefinição da centralidade urbana.

O CONCEITO DE SEGREGAÇÃO E SUA MULTIDIMENSIONALIDADE

Pelo exposto na seção anterior, já é possível depreender que não estamos diante de um objeto simples. A segregação, no plano conceitual, tem de ser compreendida em sua complexidade. Isso pode ser dito de todos os conceitos, visto que é preciso tratá-los sempre em suas relações com os outros e com as realidades a que se aplicam e que o colocam em questão ou o negam. No entanto, neste caso, as possibilidades são ainda maiores, quase sendo possível afirmar que há tantas segregações, de fato e em potencial, quantas cidades e situações urbanas com as quais nos deparamos. Essa constatação é, apenas, um ponto de partida que exige que estejam claras algumas balizas iniciais, sem as quais corremos o perigo de chegar a leituras vagas, dos tipos "tudo pode ser tudo" ou "tudo é a mesma coisa", que levam a simplificações: segregação seria sinônimo ou expressão de qualquer forma de diferenciação ou desigualdade nas cidades, perspectiva à qual me oponho, tanto por sua imprecisão, como pelo fato de que ela diminui a força explicativa do conceito.

Para tratar da multidimensionalidade do conceito friso, então, o primeiro ponto: NEM TODAS AS FORMAS DE DIFERENCIAÇÃO E DE DESIGUALDADES SÃO, NECESSARIAMENTE, FORMAS DE SEGREGAÇÃO. Assumi-lo obriga a se distanciar da proposta inicial elaborada no âmbito da Escola de Chicago,[8] para a qual a segregação resultaria de um processo de "competição" pela melhor área residencial. Isso ocorreria, segundo este enfoque, a partir de estratégias individuais que levam a processos de aproximação, segundo interesses, valores e condições dos moradores da cidade, o que explicaria que cada uma destas áreas seria marcada por grau forte de homogeneidade social, econômica e/ou cultural. Em grande medida, ainda que não exatamente filiado à perspectiva desta escola de pensamento, Villaça (1998: 142, destaque do autor) fez referência a uma ideia semelhante, ao afirmar que a "segregação é um processo segundo o qual diferentes classes ou camadas sociais tendem a se concentrar cada vez mais em diferentes *regiões gerais* ou *conjunto de bairros* da metrópole."[9] É fato que as parcelas do espaço urbano às quais se associa a segregação caracterizam-se por forte homogeneidade interna, mas essa constatação é insuficiente por duas razões: – pode haver grande homogeneidade interna e não ocorrer segregação – quando há segregação, a forte homogeneidade interna do espaço segregado não é a explicação deste processo.

Desta forma, a diferenciação tão própria do processo de urbanização e das cidades não acarreta sempre segregação,[10] ainda que toda segregação possa ser vista como a radicalização da diferenciação. Castells (1983[1972]: 210), de certo modo, já frisava este ponto ao estabelecer relações entre estratificação urbana e estratificação social, reconhecendo que, apenas, quando a "distância social tem uma expressão espacial forte", ocorreria a "segregação urbana". Pode-se, por essa ideia, observar que o autor distinguia processos de diferenciação do que ele concebe como segregação urbana.

Foi, no entanto, Lefebvre que, a meu ver, melhor fez a distinção entre diferenciação e segregação:

> *A diferença é incompatível com a segregação, que a caricaturiza.* Quem diz diferença diz relações e, portanto, proximidade – relações percebidas e concebidas, e, também, inserção em uma ordem espaçotemporal dupla: perto e longe. *A separação e a segregação rompem a relação.* Constituem por si mesmas uma ordem totalitária, cujo objetivo estratégico é romper a totalidade concreta, destroçar o urbano. A segregação complica e destrói a complexidade. (1983 [1970]: 139, tradução e destaques meus)

Este é, então, um ponto central: só cabe a aplicação do conceito de segregação quando as formas de diferenciação levam à separação espacial radical e implicam rompimento, sempre relativo, entre a parte segregada e o conjunto do espaço urbano, dificultando as relações e articulações que movem a vida urbana.

Um segundo ponto que respeita ao caráter multidimensional da segregação está nas MÚLTIPLAS FORMAS DE ADJETIVÁ-LA. Tratamos deste aspecto em Sposito e Goes (2013), apoiando-nos, inclusive, em Helluin (2001: 44-5), que mostra a pluralidade de adjetivos que se pode agregar ao conceito de segregação – social, espacial, socioespacial, urbana, residencial, étnica –, razão pela qual a segregação é, para ele, uma "noção-valise", com numerosas e profundas ambiguidades que são mobilizadas nos discursos e nas ações, revelando os sistemas de representação. Apesar da possibilidade de emergência dessas ambiguidades, considero que é cabível se tratar de "segregação residencial", como preferiram os autores da Escola de Chicago e mesmo outros não vinculados a esta corrente de pensamento ou Sabatini et al. (2004), tratando de cidades chilenas, para lembrar duas perspectivas bem diferentes; de fato, estamos analisando modos de apropriação e uso do espaço. Igualmente, há razão na escolha da expressão "segregação urbana" (entre outros, Castells, 1983; Pinçon-Charlot et al; 1986, Préteicelle, 2004 e 2005),[11] porque estamos tratando de processos relativos aos espaços citadinos e às práticas que lhe animam a vida. Quando o objeto de reflexão são as realidades urbanas marcadas por forte clivagem "étnica ou religiosa", por que não usar estes adjetivos, como fez Qadeer (2004) para tratar da cidade multicultural no Canadá? Ou preferir "segregação social urbana", como Roitman (2003) o fez? Olhando para a realidade urbana de várias das metrópoles latino-americanas, é pertinente a ideia de uma segregação que se distingue, mas é parte da fragmentação do tecido "sociopolítico-espacial", nos termos defendidos por Souza (2008), ou apenas "social" como preferiu Lojkine (1981[1977]). Assim, há muitas formas de segregação.

Tenho preferido "segregação socioespacial", pois considero que as duas dimensões mais importantes da sua constituição estão contidas nesta adjetivação.[12] O terceiro ponto advém desta posição. A SEGREGAÇÃO É SEMPRE DE NATUREZA ESPACIAL e, por esta razão, ela se distingue da discriminação, da estigmatização, da marginalização, da exclusão, da espoliação ou da pobreza urbana, que podem ter expressão espacial, mas se constituem, estruturalmente, em outros planos: o social, o econômico, o político, o cultural etc. A segregação é, dentre todos os conceitos e noções que tratam das dinâmicas de segmentação socioespacial nas cidades, o que tem maior grau de determinação no plano espacial: sem este ela não se constitui e somente nele pode se revelar.[13]

Acrescento um quarto ponto para caracterizar a multidimensionalidade da segregação. Embora muitas vezes seja tratada como fato, em grande parte por decorrência da perspectiva adotada na Escola de Chicago, ela É, NA ESSÊNCIA, UM PROCESSO. Como tal, sua espacialidade só pode ser apreendida na perspectiva temporal, ou seja, considerando-se as múltiplas temporalidades que ensejam a vida urbana, desde a longa duração até os tempos curtos do cotidiano na cidade. As razões que levam à segregação são, no geral, anteriores à existência e ao reconhecimento dela, bem como, por outro lado, podem ser superadas, minimizadas, sublimadas, sem que, efetivamente ou imediatamente, a segregação associada a uma área ou setor da cidade desapareça. Embora ela seja espacial, sua ocorrência não é intrínseca às formas espaciais ou explicadas por elas, muito ao contrário, como todo processo ela tem forte relação com as ações que a constituem e que colocam em marcha (tanto quanto representam) visões de mundo e de sociedade.

Seu caráter processual é que dificulta sua delimitação territorial, tornando um desafio a sua representação cartográfica. Entre os que trabalham com a ideia de exclusão/inclusão social, não cabe dúvida sobre a pertinência de elaboração de mapas, com clara delimitação de áreas, distinguindo-as a partir de gradientes de maior ou menor ocorrência de dadas condições de vida urbana, segundo dadas variáveis. Se nosso objeto é a segregação, os cuidados para a proposição de qualquer representação deste processo devem ser grandes.[14] Não por acaso, é mais comum elaborar com *croquis* ou indicar bairros ou setores da cidade onde a segregação ocorra, sem chegar a traçar seus limites.[15]

O quinto ponto é dos mais importantes: a segregação se estabelece, sempre, como uma MESCLA DE CONDICIONANTES E EXPRESSÕES OBJETIVAS E SUBJETIVAS. Não há dúvida de que fatos muito concretos, como a presença de um rio ou de uma ferrovia que separa uma parte da cidade da outra, pode induzir ou reforçar a segregação. Tampouco, duvida-se que os assentamentos residenciais realizados ilegalmente, em áreas ambientalmente degradadas ou não, o que se pode reconhecer objetivamente, também possam gerar segregação. Muito menos se coloca em questão, o fato de que a lei ou o uso da força, o que pode ser documentado ou registrado, ganhando ou guardando deste modo sua objetividade, também sejam, frequentemente, fonte e razão da segregação. O que quero ressaltar com a indissociabilidade entre objetividade e subjetividade na constituição e existência da segregação é que não sendo natural, mas, sim, social, ela revela os campos de ações e lutas que movem a sociedade, sendo esta a mais perversa entre suas faces.

A segmentação socioespacial, quando se radicaliza e se expressa como segregação socioespacial, não está dada pela linha férrea, não se estabelece por si na lei, não se configura porque resulta de uma ocupação inadequada. Esses fatos só ganham significado no modo como a sociedade os lê, decodifica-os e os representa, usando-os para, em suas ações, em suas práticas e em suas visões, constituir e reproduzir a segregação. Neste movimento, há razões e emoções, normas e transgressões, explicações e crenças, o estrutural e o ideológico, há identidade e intolerância, há o concreto e o abstrato, e muito mais.

Por estas razões, acrescento um sexto ponto, óbvio, mas nem sempre considerado por todos: A SEGREGAÇÃO VINCULA-SE AOS SUJEITOS SOCIAIS envolvidos no processo – os que segregam e os que estão segregados. Ela não resulta de dinâmicas da cidade em si, como se fossem resultado da competição "natural" entre diferentes grupos pelo uso do espaço. A cidade explica, apenas na medida em que revela os modos como, no âmbito de uma sociedade, as forças se estabelecem, as alianças se realizam, os conflitos emergem e se aprofundam, nos planos político, econômico e ideológico, conforme classes e segmentos de classes sociais. Ela denota, também, contradições mais amplas, as de natureza cultural, étnica e religiosa. Indica o fosso que se agiganta entre diferentes civilizações num mundo que se orienta pela internacionalização da economia e dos valores, como mostram todas as formas de segregação, que têm como base a intolerância de uma sociedade em relação aos valores das outras.

Assim, para compreender o processo de segregação socioespacial é preciso sempre perguntar quem segrega para realizar seus interesses; quem a possibilita ou a favorece, com normas e ações que a legalizam ou a legitimam; quem a reconhece, porque a confirma ou parece ser indiferente a ela; quem a sente, porque cotidianamente vive essa condição; quem contra ela se posiciona, lutando ou oferecendo instrumentos para sua superação; quem sequer supõe que ela possa ser superada e, desse modo, também é parte do movimento de sua reafirmação.

AS NOVAS SEGREGAÇÕES

Durante a primeira metade do século XX e grande parte da segunda, os estudos sobre segregação versaram sobre as dinâmicas que levaram à separação ou segmentação socioespacial de grupos sociais sobre os quais recaíam e recaem formas de discriminação política, religiosa, social ou cultural. Não por acaso, áreas e grupos segregados foram associados a processos de "guetização", sejam os de negros nos Estados Unidos, sejam os de razão religiosa na Irlanda, ou, ainda, os de natureza étnica e política na composição atual de várias metrópoles europeias ou estadunidenses.

No Brasil, o conceito foi e é instrumento importante para compreender formas de discriminação e/ou segmentação socioespaciais associadas aos processos intensos de favelização,[16] aprofundados nas duas últimas décadas pelo efetivo ou propagado domínio de grupos do tráfico sobre parcela desses espaços de ocupação ilegal.[17] De modo mais amplo, o conceito também vem sendo adotado para tratar de várias formas de segmentação socioespacial que levaram ao processo de periferização dos mais pobres, nas cidades brasileiras, processo esse comum à realidade urbana latino-americana.[18] No entanto, desde os anos de 1970,[19] mas com maior evidência a partir da década seguinte, como já se observava em outros países do mundo, as cidades brasileiras conheceram a ampliação da produção de espaços residenciais murados ou cercados, servidos ou não por sistemas de segurança e controle, que vamos denominar genericamente, neste texto, espaços residenciais fechados.[20] Eles têm tido grande presença nas formas contemporâneas de produção do espaço urbano, em toda a América Latina, como mostram, entre tantos, Caldeira (2000) para São Paulo; Svampa (2001) e Roitman (2003) para Buenos Aires; Cabrales Barajas (2002 e 2003) para Guadalajara, no México; Hidalgo e Borsdorf para Santiago (2005); Borsdorf (2002), abordando Quito, Santiago, e Lima; bem como Janoschka e Glasze (2003), ao proporem um modelo analítico para esses espaços residenciais fechados. Tais áreas não são uma exclusividade da realidade urbana latino-americana, muito ao contrário, estão em muitos subcontinentes, como mostra a obra organizada por Billard et al. (2005),[21] na qual há um balanço bastante amplo, em termos internacionais, sobre as modalidades destes *habitats,* em diferentes países.

O que interessa, neste texto, é enfocar como esses ambientes residenciais geraram novas formas de segregação socioespacial, que tornam mais complexos, ainda, os processos de estruturação do espaço urbano. Refiro-me ao fato de que eles representam forma peculiar de segregação, segundo a qual os que têm maior poder (geralmente, mas não exclusivamente, econômico) decidem se separar dos outros. Trata-se, numa primeira aproximação, da inversão da tendência que vigorou durante grande parte do século XX, desde a proposição do conceito de segregação. Antes, a maioria[22] engendrava ações, práticas e representações sociais, colocando em ação o processo de segregar, procurando isolar os de menor poder, qualquer que fosse a natureza deste poder.

Essa tendência tem continuidade nos dias atuais e é aprofundada pelas lógicas contemporâneas de produção do espaço urbano. Elas têm, de um lado, ampliado o tecido urbano promovendo uma cidade dispersa e uma urbanização difusa[23] e, de outro, aumentado as desigualdades socioespaciais, seja pela distribuição pouco equitativa dos meios de consumo coletivo, seja pelo baixo grau de mobilidade urbana no país, sobretudo para aqueles que não dispõem de transporte individual, ainda que não somente para estes, vistos que os problemas de tráfego têm se avolumado para todos.

Assim, vivemos um aparente paradoxo que pode, em dadas circunstâncias, retroalimentar a segregação: o poder médio de compra tem se elevado, aumentando a capacidade de consumo em termos de quantidade e qualidade, com destaque para os segmentos de menor poder aquisitivo na estrutura social; há mais recursos públicos para a produção e aquisição da moradia, com juros menores do que os praticados há uma década; mas os imóveis estão cada vez mais caros e a produção da habitação popular tende a se "sofisticar"[24] e se periferizar.

Essa dinâmica de afastamento socioespacial dos segmentos de médio baixo poder aquisitivo tem gerado, também, piora da situação geográfica[25] dos mais pobres, que tendem a se afastar mais e/ou a se precarizar[26] no processo de encontrar uma solução para seus problemas de moradia. Em grande parte, seja pelo afastamento espacial, seja pela piora das condições residenciais, essas lógicas de produção do espaço urbano convergem para situações em que, não sendo nunca uma consequência inexorável, a segregação socioespacial pode se estabelecer ou se aprofundar. A complexidade das dinâmicas que compõem a segregação socioespacial é tamanha, que além desta multiplicação de possibilidades de afastamento, segmentação, separação, muitas vezes quase isolamento socioespacial, que marca a trajetória da vida urbana dos mais pobres nas cidades brasileiras, temos, como já destacado no começo desta seção, o seu reverso – a opção dos "de cima" pelos espaços residenciais fechados –, movimento este que reforça o primeiro e a ele se articula.

A delimitação do grupo dos "de cima" ou dos "de baixo" é sempre relativa, por isso as duas faces – os que segregam aos outros e os que, por opção, segregam-se – compõem um mesmo processo. No período atual, o que é muito presente nas cidades médias que estamos estudando, conjuntos residenciais, cujos imóveis têm menos de 40 metros quadrados, estão sendo edificados para serem ocupados em regime condominial. São murados e têm pequenas áreas de lazer internas ao empreendimento, gerando espaços privados de uso coletivo (Sposito e Goes, 2013), que negam o sentido do espaço público. Vários moradores desses empreendimentos, depois de se deslocarem da cidade "aberta" para esses novos *habitats,* passam a se referir aos "outros", para falar dos que estão fora dos muros. Revelam, em seus discursos, o prestígio social que julgam alcançar ao se aproximarem das formas de moradia da elite e da classe média, mostram que desejam se distinguir dos que não moram em espaços residenciais fechados, embora há pouco tempo estivessem na mesma situação.[27]

A diversidade de formas de segregação que estão em curso ensejou a proposição de novas expressões para tratar desses novos modos de separação socioespacial. Caldeira (2000) cunhou o termo "enclaves fortificados".[28] Corrêa (1989) propôs autossegregação, bastante utilizada por Souza, que a desenvolveu em várias obras (1996, 2000, 2003 e 2008).[29] Este autor (Souza, 2000) também fez referência a "autoenclausuramento de uma parte crescente da classe média e das elites". Seabra (2004) alude à "formação de territórios exclusivos". Muitas outras expressões poderiam ser lembradas, tanto mais se ampliarmos o leque com a inclusão de termos cunhados em outras línguas, mas, neste texto, vamos ficar com ideia de autossegregação.[30]

Ela nos parece adequada para compor o par segregação ↔ autossegregação socioespaciais, porque um movimento, é o que me parece, vem alimentando o outro, como destaquei. Não se trata, assim, apenas de duas formas de segregação diametralmente opostas entre si, perspectiva que emerge, quando se consideram as ações dos sujeitos sociais envolvidos nas ações de segregar, de um lado, e a condição de ser e de se sentir segregado, de outro. Estamos diante de dinâmicas que se combinam, mesmo que não resultantes de uma orquestração deliberada, colocada em curso pelos mesmos agentes. O par segregação ↔ autossegregação implica pelo menos dois pontos de vista possíveis: os que segregam e os que são segregados, os que estão na área segregada e aqueles fora dela. Assim, considero a intensa articulação entre segregação e autossegregação, visto que, embora sejam movimentos que têm agentes diferentes e razões diversas, geram dinâmicas e representações sociais dos espaços, bem como práticas espaciais que se aproximam.

Ao enfocar os agentes responsáveis pela produção do espaço urbano, em grande parte responsáveis pelas situações socioespaciais que geram a segregação e a autossegregação, refiro-me aos proprietários de terras, incorporadores, corretores de imóveis, poder público etc. Os indivíduos ou grupos que se articulam para a implantação de espaços residenciais fechados têm poder econômico e político de diferentes matizes e alcances. Na esfera do poder público, é o nível municipal que tem maior peso, mesmo depois do Estatuto da Cidade, sobretudo porque até agora, no que concerne à implantação desses espaços, não houve a aprovação, no Congresso Nacional, da nova lei com os princípios que caracterizem e legalizem tais áreas residenciais. Assim, o legislativo municipal tem aprovado leis que "regularizam" essas iniciativas e/ou o executivo municipal tem propiciado condições favoráveis a esses novos assentamentos urbanos, tanto na aprovação dos projetos, como no que concerne a benfeitorias nos setores das cidades em que se instalam.[31]

No âmbito da iniciativa privada, temos desde pequenos incorporadores, que loteiam áreas de 10 mil metros quadrados, até capitais que operam em larga escala, como AlphaVille Urbanismo[32] e Damha Urbanizadora.[33] No que concerne à produção imobiliária propriamente dita, é de se destacar que a segunda maior construtora do mundo – a mexicana Homex – está edificando "condomínios residenciais" com imóveis pequenos, aproveitando-se do financiamento do *Programa Minha Casa, Minha Vida*, em cinco cidades brasileiras: Foz do Iguaçu (PR), Campo Grande (MS), Marília (SP), São José dos Campos (SP) e Marabá (PA).[34]

A característica comum a todas essas iniciativas de parcelamento e edificação é terem sido implantadas em descontínuo ao tecido urbano consolidado e estarem, pelo menos na fase de ocupação, muito distantes dos centros principais, bem como de outros equipamentos públicos e privados. Em quilômetros, as distâncias entre esses espaços residenciais fechados e as áreas centrais e pericentrais das metrópoles ou cidades em que se localizam são muito diferentes entre si, quando comparamos AlphaVille Barueri,[35] na área metropolitana de São Paulo, com o grande conjunto residencial que está sendo construído pela Homex, em Marília, para tomar dois exemplos. No entanto, estas diferenças não são apenas em km,[36] visto que, no primeiro caso, o elevado padrão da incorporação, o alto custo do metro quadrado edificado ou não, a qualidade dos equipamentos, infraestrutura e serviços, a extensão da metrópole paulista, agigantada pelas dificuldades do trânsito, bem como o prestígio decorrente do selo Conceito AlphaVille levaram à destinação desse espaço residencial aos segmentos médio alto e alto, o que significa uma população que se movimenta quase exclusivamente por transporte automotivo particular.[37] Para morar nesse espaço, é necessário ter condições socioeconômicas elevadas que possibilitem fazer essa escolha. Desse ponto de vista, o processo de separação, em relação ao conjunto da metrópole, configura claramente autossegregação socioespacial. No caso de Marília, o padrão da ocupação é outro. São imóveis voltados a segmentos de menor poder aquisitivo, financiados em longo prazo. A distância do centro principal é quase dez vezes menor do que o observado para o caso anterior, mas a acessibilidade é baixa. O transporte coletivo não atende adequadamente às demandas por deslocamento, sobretudo no sentido da frequência de serviço e da possibilidade de trajetos que não os do tipo radiais (bairro – centro). Lá, foi possível observar que a solução para grande parte das famílias é o uso de motocicletas. Neste caso, não se constituem as condições de escolha típicas da configuração da autossegregação socioespacial. Afastados que estão de escolas públicas, de postos de saúde, de comércio de vizinhança, conforme a demora na implantação desses equipamentos, poderão ser submetidos ao processo de segregação socioespacial, dado o isolamento relativo em que se encontram e as dificuldades que têm de ter acesso ao conjunto de meios de consumo coletivo que a cidade oferece.

A multiplicação de formatos, de tamanhos e de padrões de espaços residenciais fechados leva-me, assim, a repensar a associação imediata entre áreas residenciais muradas e autossegregação, que muitos pesquisadores faziam antes, entre eles eu. As iniciativas de implantação residencial desse tipo, mais recentes, e as pesquisas sobre elas mostram que, tratando-se de áreas residenciais muradas com imóveis de padrão médio baixo, a opção pela compra deste produto imobiliário decorre muito mais de ele ser oferecido no mercado, com financiamento total ou parcial, e não de seus adquirentes terem procurado ou preferido este tipo de *habitat* aos outros da cidade "aberta". Desse ponto de vista, eles não se enquadrariam no grupo dos que decidiram se isolar relativamente do restante da cidade, ou por razões (supostas ou efetivas) de segurança ou porque desejam "viver entre os seus", nos termos expostos por Billard et al (2005). No entanto, como já destaquei, morando nesses empreendimentos, assumem práticas semelhantes aos que optarem pela autossegregação, em vários casos, ao elaborarem discursos que distinguem ou discriminam os "outros", ao votarem nas reuniões condominiais pela implantação dos sistemas de segurança e controle etc.

O aprofundamento das diferenças é uma das decorrências dessa multiplicação de modalidades de produtos imobiliários. É preciso observar que há intensificação da tendência de afastamento espacial dos que sequer alcançam renda para morar, mesmo nos empreendimentos em que a unidade residencial tem menos de 40 metros quadrados, em áreas fechadas ou não.[38] Segundo essas perspectivas ilustradas com exemplos, dois pontos podem ser frisados. Primeiramente, a articulação entre segregação e autossegregação, que são tanto polos opostos de um mesmo processo, como se aproximam, por meio de suposto gradiente, segundo o qual se posicionam múltiplas formas de empreendimentos e diversos modos e intensidades de segregação socioespacial. Em segundo lugar, tal diversidade guarda também relação com o tamanho da cidade, porque dele dependem os custos da terra e do metro quadrado edificado, as condições de mobilidade, as possibilidades de acessibilidade ou não às áreas melhor equipadas da cidade.

A partir do aumento de iniciativas como as relatadas nesta seção e das lógicas empreendidas por seus agentes, algumas delas apresentadas sucintamente, é possível afirmar que velhos e novos modos de segregação, estabelecidos ou ensejados, compõem dinâmicas que orientam, sustentam e refletem a produção contemporânea do espaço urbano.[39]

CENTROS E CENTRALIDADES

Uma das mudanças mais importantes no processo de estruturação do espaço urbano é a redefinição do papel do centro das cidades, quando analisamos o processo de urbanização e, como parte dele, as cidades na longa duração. Em modos de produção pretéritos, tanto quanto em boa parte do desenvolvimento do modo capitalista de produção, as cidades tiveram suas estruturas espaciais articuladas em torno de um centro principal. Na maior parte das vezes, ele era ou é único, desempenhando todos os papéis de centralidade, tanto na escala da cidade, quanto na interurbana, quando tratamos dos espaços urbanos de maior importância nas redes urbanas.

A implantação de sistemas de transporte urbano, primeiramente por trilhos (bondes e trens suburbanos, seguidos pelo metrô) e depois, sobretudo, o de matriz automotiva (ônibus, carros, caminhões, motos etc.) geraram condições técnicas e funcionais para uma cidade mais expandida. Ela é menos densa, alcançando a situação de dispersão do tecido urbano e de diluição clara das formas urbanas em amálgamas em que elas se mesclam aos espaços rurais nas franjas deste tecido. Este processo foi acompanhado, claramente, de emergência de novas áreas comerciais e de serviços. Não se trata de considerar que a causa deste aparecimento sejam as mudanças técnicas nos sistemas de transporte, ainda que a expansão territorial urbana não tivesse sido possível sem elas e, tampouco, sem o aparecimento de tais áreas, gerando novas morfologias urbanas bastante mais complexas.

A bibliografia sobre os impactos dessa multiplicação de áreas centrais nas cidades é grande e não vou, neste texto, voltar aos autores que considero os mais importantes para compreender esta mudança de natureza estrutural nos espaços urbanos contemporâneos;[40] o foco aqui é apresentar alguns elementos essenciais que caracterizam a formação de áreas centrais e a constituição da centralidade urbana para, depois, discutir a relação entre tais dinâmicas e os novos processos de segregação e autossegregação socioespaciais.

Primeiramente, volto à distinção e à relação que estabeleço entre centro(s) e centralidade(s). Seria quase desnecessário tratar deste assunto, mas tenho visto, frequentemente, na literatura brasileira, a centralidade ser abordada como um lugar, por meio do uso de expressões como "nas novas centralidades", "na centralidade do novo *shopping center*" etc. Assim, começo por esse ponto – A CENTRALIDADE, PARA MIM, NÃO É UM LUGAR OU UMA ÁREA DA CIDADE, MAS, SIM, A CONDIÇÃO E EXPRESSÃO DE CENTRAL QUE UMA ÁREA PODE EXERCER E REPRESENTAR. Segundo essa perspectiva, então, a centralidade não é, propriamente, concreta; não pode ser vista numa imagem de satélite; é difícil de ser representada cartograficamente, por meio de delimitação de um setor da cidade; não aparece desenhada no cadastro municipal ou no plano diretor das cidades; não se pode percorrê-la ou mesmo vê-la, embora possa ser sentida, percebida, representada socialmente, componha nossa memória urbana e seja parte de nosso imaginário social sobre a vida urbana.

As múltiplas "áreas centrais"[41] da cidade, compreendidas como aquelas em que se concentram atividades comerciais e de serviços, podem, ao contrário, ser empiricamente apreendidas, de modo muito mais direto; por isso, trabalhamos nelas, passeamos por suas vias, sentamos em suas praças, participamos de atividades de múltiplas naturezas que nelas se realizam. AS ÁREAS CENTRAIS SÃO, ASSIM, ESPAÇOS QUE ANCORAM A CONSTITUIÇÃO DE CENTRALIDADES, MAS NÃO SÃO A MESMA COISA QUE ELAS.

Assim, retomo o que já propus:

> A multiplicação de áreas de concentração de atividades comerciais e de serviços revela-se através de nova espacialização urbana, permitindo-nos identificar o conceito de *centro* prevalentemente à dimensão espacial da realidade. [...]
> Essa redefinição não pode, no entanto, ser analisada apenas no plano da localização das atividades comerciais e de serviços, como já tem sido destacado por diferentes autores, mas deve ser estudada a partir das relações entre essa localização e os fluxos que ela gera e que a sustentam. Os fluxos permitem a apreensão da *centralidade*, porque é através dos nódulos de articulação da circulação intra e interurbana que ela se revela. [...]
> Desse ponto de vista, não há centro sem que se revele sua centralidade, assim como essa centralidade não se expressa sem que uma concentração se estruture. Se o *centro* se revela pelo que se localiza no território, a *centralidade* é desvelada pelo

> que se movimenta no território, relacionando a compreensão da centralidade, no plano conceitual, prevalentemente à dimensão temporal da realidade.
> O que é central é redefinido em escalas temporais de médio e longo prazo pela mudança na localização territorial das atividades. A centralidade é redefinida continuamente, inclusive em escalas temporais de curto prazo, pelos fluxos que se desenham através da circulação das pessoas, das mercadorias, das informações, das ideias e dos valores. (Sposito, 2001: 238; destaques no original)

Em segundo lugar, para ampliar esta abordagem, apoio-me na proposta de Santos (1996: 126) de olhar para um evento de modo diacrônico e sincrônico, ao mesmo tempo, trazendo essa perspectiva para analisar as relações entre centro e centralidade. Para o autor, "em cada lugar, os sistemas sucessivos do acontecer social distinguem períodos diferentes, permitindo falar de hoje e de ontem". Tal sucessão está clara nas áreas centrais, em que diferentes tempos materializam-se de forma intensa, num espaço denso, de elevado valor econômico e grande conteúdo simbólico. Como parte do mesmo movimento, essa materialização não representa igualmente todos os tempos pretéritos com a mesma importância e essa combinação difere de uma cidade para outra. No entanto, quando tomamos o que o autor denomina de o "viver comum de cada instante", a sucessão cede lugar para as coexistências, porque "os eventos não são sucessivos, mas concomitantes", gerando elementos para se apreender a centralidade, sempre associada ao conteúdo do que é central, sempre decorrente do acontecer social, bem como expressão das representações que sobre os espaços centrais se elaboram.

Um desafio grande é apreender as articulações entre as sucessões, mas afeitas ao entendimento do que é central, e as coexistências, mais apropriadas para ler a centralidade, de modo a se avaliar como as estruturas espaciais e, sobretudo, as práticas espaciais alteram-se sempre que a cidade se redefine, a partir destes nós que abarcam múltiplas interações espaciais. É o mesmo autor (Santos, 1996: 127) quem chama atenção para o domínio da Geografia, como "a simultaneidade das diversas temporalidades sobre um pedaço da crosta da Terra", mas advertindo que "não há nenhum espaço em que o uso do tempo seja idêntico para todos os homens, empresas e instituições".[42] Isto coloca em debate a constituição da centralidade e a apropriação dos centros também como movimentos que podem separar e, no limite, segregar, tendo em vista que as possibilidades de ir e vir, apropriar-se do que é central e viver tais espaços não são as mesmas para todos, chegando-se às situações-limite em que a interdição não está estabelecida, mas a possibilidade não pode se realizar, gerando um elemento para se pensar na segregação.

Um terceiro aspecto, ao qual volto, pois já o tratei em outros textos, é o atinente à distinção entre multicentralidade e policentralidade. Tenho usado o termo MULTICENTRALIDADE para me referir à conformação de mais de uma área de concentração comercial e de serviços nas cidades, influenciando a perda relativa do peso e da importância do centro "principal" em estruturas espaciais tipicamente monocêntricas até então. Assim, o aparecimento de subcentros e de eixos comerciais e de serviços especializados fora do centro tradicional; a implantação de galerias comerciais, reafirmando o centro ou fora dele; ou mesmo o crescimento dessas atividades em áreas pericentrais, antes estritamente residenciais, são formas de multiplicação dos setores que nas cidades concentram atividades, pessoas e fluxos, possibilitando se reconhecer "áreas centrais" (no plural, em função do número delas), ainda que o centro principal continue a exercer a centralidade que estrutura e expressa o conjunto da cidade. Esta tendência conforma a multicentralidade. O prefixo multi, de origem latina, é tomado no sentido de muitos.

Reservo a expressão POLICENTRALIDADE para tratar de dinâmicas mais recentemente observadas, que se combinam com as sinteticamente descritas no parágrafo anterior, contendo-as, mas superando a lógica que orienta sua formação. São atinentes ao aparecimento de grandes superfícies comerciais e de serviços, que redefinem, de modo profundo, a estrutura espacial que vinha se estabelecendo no decorrer do tempo. Não são todas as áreas centrais descritas na nota 41, mas, especialmente, hipermercados modernos de grandes grupos do setor, *shopping centers*, centros especializados de grande porte (de negócios, de serviços médico-hospitalares, de feiras, de festas etc.).

Eles se distinguem dos anteriores por três razões. Em primeiro lugar, porque exercem atração sobre todo o conjunto da cidade (o que um subcentro ou uma galeria não o exercem, por exemplo), bem como, muitas vezes, polarizam moradores de outras cidades que estão próximas àquela em que se instalam. Conformam, deste modo, uma centralidade que não é hierarquicamente inferior à do centro principal, em termos de oferta, diversidade ou grau de especialização dos bens e serviços que oferecem, mas, sim, que compete com o centro principal, num esforço de oferecer um *mix* muito diversificado de bens e serviços (é o caso dos *shopping centers*) ou muito especializado e sofisticado (como podemos notar com os centros empresariais ou de negócios, por exemplo).

Em segundo lugar, não resultam da somatória de iniciativas de comerciantes, prestadores de serviços, pequenos empreendedores e proprietários de imóveis ou terrenos que, no decorrer do tempo, fizeram novas escolhas locacionais e contribuíram para a recomposição da centralidade urbana, de modo paulatino e gradual, pois ocorrida em interregnos de dezena(s) de anos. Ao contrário, são grandes superfícies comerciais e de serviços planejadas, construídas e ocupadas, em conjunto, num intervalo temporal relativamente curto (alguns poucos anos para construção, bastando a inauguração para começarem a funcionar todas no mesmo dia). Têm, como objetivo, ampliar de modo profundo a centralidade que um ponto ou área já exerce na cidade em escala bem menor, ou, em grande parte dos casos, a escolha de área de preço baixo no mercado, para multiplicá-lo, em função da centralidade que ele exercerá, a partir do momento em que o empreendimento se inaugurar. Trata-se de processo de produção do espaço urbano que não resulta da história de uma cidade, no decorrer da média ou longa duração, mas que a redefine como resultado de ações deliberadas, planejadas e intencionais, pensadas por um pequeno grupo de interessados nelas. Provocam mudanças profundas num interregno de tempo curto, recompõem a história da estruturação espacial de uma cidade, a partir de ação de grande impacto.

Por último, toco no ponto que mais interessa ao debate que fazemos neste livro. Esses empreendimentos geram segmentação e seletividade socioespaciais, e, alguns casos chegando a ser uma das condicionantes de processos de segregação socioespaciais, porque reforçam ou radicalizam as lógicas de separação social do uso residencial do espaço urbano. Eles são produzidos para atender certos estratos sociais, conforme determinado padrão de consumo, e geram práticas espaciais novas. Por isso, como resultado não controlado (mas impossível de ser evitado), tanto quanto como condição, alteram o conteúdo social, econômico, político e cultural do centro tradicional. Geram o deslocamento de consumidores que, antes, frequentavam esse setor da cidade, para novos espaços mais modernos, mais bem equipados, com áreas de estacionamento, com prestígio e distinção social, garantindo-lhes certo grau de homogeneidade nos espaços de consumo, que é de matriz, sobretudo, socioeconômica, no caso brasileiro.

Essas dinâmicas combinadas entre si – a emergência do novo (mais no sentido da novidade) e a redefinição do tradicional (mais no sentido da perda de papéis e declínio do valor simbólico) – vão além da multiplicação de áreas comerciais e de serviços, o que também ocorre, promovendo multicentralidade. Estamos diante da diversificação das áreas centrais, no sentido das diferenças de padrão de consumo, de organização do uso dos espaços comerciais, de estratégias de *marketing*, de formas de acessibilidade (muito mais por transporte individual que coletivo) que se estabelecem. Todas elas representam, por sua própria natureza, dinâmicas de segmentação socioespacial e, por isso, de produção de desigualdades socioespaciais, no que concerne às possibilidades dos diferentes partilharem os mesmo espaços de consumo. Neste sentido, justifico a preferência pela ideia de POLICENTRALIDADE, tendo em vista o prefixo grego "poli", que significa muitos, mas no sentido de diversos ou diferentes entre si.

Em mais de um texto (Sposito, 1999, 2001) fiz referência ao fato de que a ideia de compreender as mudanças nas estruturas espaciais urbanas com a expressão "multi(poli)centralidade urbana" é tomada da análise muito mais ampla (incluso porque não se refere apenas às estruturas espaciais) que Lefebvre faz:

> [...] à *policentralidade,* à oniscentralidade, à ruptura do centro, à desagregação, tendência que se orienta seja em direção à constituição de *diferentes centros* (ainda que análogos, eventualmente complementares), seja no sentido da dispersão e da segregação. (1983[1970]:125-6; destaques do autor; tradução nossa)[43]

A relação que o autor estabelece entre policentralidade, dispersão e segregação oferece elementos para a próxima seção.

CENTROS, CENTRALIDADES E SEGREGAÇÃO SOCIOESPACIAL

A cidade monocêntrica e a que, historicamente, sucedeu-lhe, a multicêntrica, eram muito semelhantes entre si em dois planos principais. Ambas tinham estruturas espaciais articuladas em torno de um centro (chamado de histórico, tradicional ou principal), ainda que a segunda conhecesse o aparecimento de subcentros e de outras áreas comerciais e de serviços. Tal surgimento não implicava, como procurei mostrar, a ruptura da lógica anterior de estruturação dos espaços urbanos, visto que as novas áreas centrais eram hierarquicamente menos importantes que a primeira a desempenhar papéis centrais e, além disso, geravam e geram fluxos de menor abrangência espacial e menor densidade, em termos do número de pessoas e capacidade de consumo.

Um segundo plano destaca-se, na medida em que ambas resultavam e resultam, sobretudo, da somatória de ações e iniciativas que decidiram, no decorrer do tempo, por múltiplas localizações que conformaram a concentração e com ela, tanto quanto por meio dela, a centralidade. Assim, quando a Macy's em Nova York, ou as Galeries Lafayette em Paris, ou o Mappin e a Sears em São Paulo fizeram estudos para se instalarem, orientaram-se pela procura da "melhor localização", como aquela em que havia mais transeuntes que, potencialmente, seriam seus consumidores. Eles procuravam a condição central e a centralidade por ela exercida, onde estivesse. Reforçavam, com suas escolhas, outras tantas de menor ou mesma importância que foram feitas no decorrer de um longo tempo: a estação ferroviária, o mercado principal, a catedral, o teatro, a sede do poder legislativo, as lojas mais elegantes, as menos etc. As vias de comunicação (desde os rios, passando pelos trilhos de bonde e chegando às grandes avenidas e viadutos), bem como os sistemas de transportes, que a elas se associam, orientaram a redefinição da morfologia das áreas centrais. Igualmente, influenciaram sua expressão e representação em termos de centralidade, com todos os seus atributos, dos mais funcionais aos mais simbólicos, mas isso tudo ocorreu de modo gradual, como já frisei.

O que se tem com a policentralidade é, justamente, o contrário: as escolhas locacionais não são orientadas pela cidade que já existe, embora ela não seja totalmente negada, ao contrário, seja considerada, uma vez que as infraestruturas e os sistemas que garantem mobilidade são parte das condições para as novas opções de implantação. Assim, se anteriormente os fatores de localização eram próprios do setor comercial e de serviços (mais gente circulando, acessibilidade alta, prestígio social historicamente construído etc.), agora eles são muito mais atinentes ao imobiliário (terras com preços baixos que serão substancialmente elevados, potencial de agregação de outros valores ao preço do metro quadrado etc.). Para sintetizar, procurando simplificar o que é mais complexo, posso considerar que: AS NOVAS ESCOLHAS, AQUELAS REALIZADAS

PELAS GRANDES INCORPORAÇÕES RESPONSÁVEIS PELA IMPLANTAÇÃO DAS NOVAS SUPERFÍCIES COMERCIAIS E DE SERVIÇOS, NÃO PROCURAM A CIDADE, MAS ESPERAM E REALIZAM AÇÕES PARA QUE A CIDADE E OS CITADINOS AS PROCUREM.

Para que essa nova lógica possa se realizar não são suficientes, nem interessantes pequenos e vários lotes bem localizados, mas, sim, a existência de áreas maiores[44] contínuas que possam abrigar muitos estabelecimentos, compondo um *mix* que atenda determinado perfil de consumo, associado a dada forma de mobilidade – aqui a segmentação socioespacial impõe-se sobre a diversidade funcional, embora possa contê-la e dela se apropriar. Com o objetivo de que essas condições se reúnam numa dada área, o mais frequente tem sido, no caso brasileiro, as novas escolhas locacionais levarem a cidade para "fora", acompanhando a tendência dos novos empreendimentos imobiliários para fins residenciais.

Deste modo, estamos assistindo à superação da lógica "centro ↔ periferia", que, durante todo o século XX, orientou o crescimento do tecido urbano e a divisão econômica e social do espaço da cidade. Essa superação é sempre relativa, tanto porque a cidade do passado permanece e, sobre ela, as novas ações se estabelecem, como porque as novas ações se combinam com outras que reafirmam a estrutura espacial pretérita. O resultado é uma redefinição do processo de estruturação da cidade, justificando a adoção do termo <u>re</u>estruturação, porque há reorientação das escolhas locacionais, porque há diversificação delas e, sobretudo, porque o processo em curso é muito mais complexo do que aquele que vigorou até o terceiro quartel do século XX.[45]

Quais as implicações do processo de reestruturação sobre o de segregação? São múltiplas as codeterminações entre eles. A dispersão do tecido urbano, pela combinação de novas áreas residenciais para todos os padrões com novas superfícies comerciais, nos anéis em que antes predominava a "periferia" dos mais pobres, amplia as distâncias que todos têm de percorrer nas cidades. Agora mais espraiada, mais dispersa e menos densa, a cidade multi(poli)cêntrica se evade:

> Durante séculos a cidade teve o monopólio da infraestrutura, necessária à edificação e à organização urbana. Hoje a infraestrutura percorre territórios imensos facilitando um processo de colonização urbana onde o edificado se conecta diretamente com a estrada. Ao contrário da cidade, o território urbano é um "exterior", uma nebulosa, uma mancha extensiva e diversa que tudo mistura em densidade e diversidade formal e funcional. (Domingues, 2009: 17)

Este território urbano a que se refere o autor oferece uma condição espacial mais limitada, no caso brasileiro, para os que se movimentam por meio de transportes coletivos, pelo tempo maior necessário aos deslocamentos. Esse fato é reforçado por outro: estão mais restritos aos itinerários estabelecidos por outrem e nem sempre favoráveis a minimizar o afastamento espacial a que se submeteram e se submetem largas fatias dos estratos de menor poder de compra. Estão, um pouco mais, cativos do centro principal e dos subcentros, ainda os nós de organização do sistema de transportes por ônibus, de trem metropolitano e de trem suburbano. São muito mais, ainda que não exclusivamente, citadinos da cidade monocêntrica e multicêntrica. Desse ponto de vista, apartam-se ou têm muito mais dificuldades para viver e se movimentar na cidade policêntrica.

Os que se locomovem por transporte individual, ao contrário, têm muito mais oportunidades de fazer escolhas, de consumir nos espaços e de consumir os espaços que lhes convier, bem como de morar onde suas condições socioeconômicas puderem alcançar. Podem ir aos eventos culturais nas áreas centrais, tanto quanto escolher o *shopping center* que lhes aprouver. Selecionar os bares da moda, do outro lado da cidade, ou optar pelos pequenos restaurantes do bairro. Levar seus filhos às escolas com as quais se identificam e, em alguns casos, fazer o mesmo para realizar um tratamento estético de pele ou os exames médicos de rotina. Estes são os citadinos da cidade multi(poli)cêntrica, mesmo que também e, paradoxalmente, sejam eles "prisioneiros" de seus pedacinhos, pois, no caso brasileiro, o "imaginário das cidades inseguras" (Magrini, 2013), de um lado, e o tráfego cada vez mais congestionado, de outro, têm arrefecido a mobilidade dos que têm mais recursos. Quando caracterizamos a cidade segundo esses dois grupos, estamos simplificando bastante o que é extremamente complexo. Ressalto, neste parágrafo, um conjunto de razões objetivas que ajudam a explicar a maior mobilidade daqueles que têm mais recursos e a menor entre os que dependem do transporte coletivo. Elas não são suficientes, porque outros elementos contam, alguns de ordem subjetiva e poderíamos fazer alusão a várias situações em que citadinos "pobres" têm mais autonomia e liberdade em seus trajetos, em suas escolhas, em suas formas de apropriação do espaço urbano, do que alguns citadinos "ricos". É preciso, então, relativizar a caracterização apresentada, mas não deixar de considerá-la como tendência e prevalência.

Todas essas dinâmicas destacadas levam a possibilidades (e elas se realizam) de que os processos de segregação se aprofundem, ampliem-se em número e se diversifiquem, em qualidade e perfil, segundo múltiplas combinações que podem se efetivar. O processo de segregação é mais intenso e mais complexo, a meu ver, pela relação entre esse espaço multi(poli)cêntrico e as formas de circulação urbanas. Este não é o único movimento, porque se combina com muitos outros: as condições políticas, os interesses culturais, as possibilidades socioeconômicas, as representações sociais ancoradas em velhas discriminações e as novas apoiadas em fatos reais ou impostos pela mídia, como a própria associação entre cidade e violência (não importando de que cidade se trata).[46]

A ampliação do uso do transporte individual em todos os estratos sociais, como a evolução crescente da venda de veículos automotivos mostra, nos últimos anos, é fator primordial de segregação. O automóvel,[47] ele mesmo segrega, porque separa com vidros fumês e com seus sistemas de segurança ou de blindagem; porque passa pelos espaços públicos, sem que isso signifique apropriação deles; porque propicia um nível de velocidade na circulação que os meios de transporte coletivo não oferecem. É secundado pelas motocicletas, ágeis e rápidas, favorecendo mais a velocidade, ainda que seus usuários não tenham o mesmo prestígio e seus corpos não estejam tão isolados do espaço em que trafegam. Outras características poderiam ser arroladas, mas friso o essencial, reforçando o que já foi escrito: o transporte automotivo individual[48] oferece relativa liberdade de escolha para seus motoristas, que se tornam "donos" dos itinerários que efetuam, propiciando a segmentação socioespacial, na realização de todos os âmbitos da vida urbana.

Para terminar esta seção, acrescento novo ingrediente ao debate. Destaco que as novas segregações são mais abrangentes, porque não se restringem ao uso residencial do espaço, como, inicialmente, foi concebido o conceito pela Escola de Chicago. As separações socioespaciais se aprofundam, gerando segmentações muito mais demarcadas no que se refere ao *habitat* urbano, como os novos empreendimentos imobiliários muito bem exemplificam. Entretanto, e este é o ponto principal, a diversificação dos espaços de consumo, as novas práticas e percursos urbanos geram segmentações de outras ordens que incluem todas as esferas da vida urbana. Assim, podemos (e devemos) trabalhar na direção da adoção muito mais adequada da ideia de fragmentação socioespacial, o que inclui a segregação, mas vai além dela, tema da última seção deste capítulo.

MÚLTIPLAS FORMAS DE SEGREGAÇÃO, CENTRO E CENTRALIDADE, FRAGMENTAÇÃO SOCIOESPACIAL

No decorrer deste capítulo, procurei oferecer alguns elementos para mostrar que a segregação, adjetivada como socioespacial, tem matrizes diversas em termos das dinâmicas de produção do espaço urbano, dos valores que a orientam, das práticas espaciais que a revelam e a redefinem, bem como das representações sociais que sobre ela se elaboram. Tal diversidade está ancorada tanto nas diferenças de formação socioespacial, o que a distingue entre cidades de países e regiões diferentes, tanto no espaço como no tempo, como na combinação das dimensões que lhes são prevalentes: há as de razão socioeconômica, política, étnica, religiosa, expressas em combinações que se multiplicam, revelando o imbricado conjunto de dinâmicas que gera, afirma e redefine formas radicais de segmentação socioespacial.

O desafio proposto pelo GEU para que eu tratasse a segregação nas suas relações com os centros das cidades e a centralidade urbana apresentou-me uma dificuldade que estou procurando enfrentar e que explica, em grande parte, a proposta de incluir esta última seção do texto. Este desafio pode ser explicitado por algumas questões: Sendo a segregação um processo que, na origem do conceito, refere-se ao uso residencial do espaço urbano, como tratá-lo nas relações com o centro e a centralidade? Seria possível ampliar o sentido dado historicamente para designar e explicar as formas aprofundadas de segmentação do uso e apropriação dos espaços de consumo, por meio do mesmo conceito? Essa ampliação não enfraqueceria o conceito, visto que ele passaria a se referir a formas (sempre relativas) de segmentação socioespacial, que têm níveis de abrangência muito diferentes, uma restrita ao uso residencial, a outra se estabelecendo na direção de incorporar o conjunto das formas de uso do espaço urbano? Sendo a segregação socioespacial um conceito atinente à escala da cidade, como trabalhá-lo nas relações com a centralidade, que se constitui, é percebida e representada também na escala interurbana?

Para formular algumas ideias na direção de contribuir para as respostas às indagações feitas, proponho a seguinte perspectiva: o conceito de segregação socioespacial não é suficiente para tratar as relações entre as formas radicais e aprofundadas de segmentação socioespacial, no plano residencial, e a tendência contemporânea de multiplicação, diversificação e diferenciação das áreas de consumo de bens e serviços, que são base importante para a constituição de uma multi(poli)centralidade urbana. De certa maneira, o modo como foram formuladas as questões, no parágrafo anterior, já implica as respostas ou as justificativas que tenho para adotar a ideia[49] de fragmentação socioespacial, o que sintetizo, retomando análises apresentadas neste capítulo, nos seguintes pontos:

- As formas de estruturação espacial que se constituem, no último quartel do século XX, e se estabelecem cada vez mais fortemente nas primeiras décadas do século XXI são mais COMPLEXAS, resultam de lógicas de produção do espaço urbano que têm especificidades, em relação às anteriores do tipo centro-periféricas, e que geram a existência de morfologias urbanas que revelam a sobreposição das cidades mono e multicêntricas pelas ESTRUTURAS MULTI(POLI)CÊNTRICAS. Dinâmicas que levam à radical separação social no uso residencial do espaço, configurando processos de segregação socioespacial, continuam a ocorrer, mas agora se combinam com outras que denotam ações e valores que levam à autossegregação socioespacial e a justificam, numa combinação entre esses dois movimentos, impossível de, em várias situações, distinguir onde termina um e começa o outro.
- Se a segregação podia ser vista, de modo principal, como processo de separação nos espaços de moradia de determinados segmentos sociais (grupos étnicos, religiosos, econômicos etc.), A AUTOSSEGREGAÇÃO VAI ALÉM DE DINÂMICAS RADICAIS DE SEGMENTAÇÃO SOCIOESPACIAL, NO PLANO RESIDENCIAL. Sendo atinente, principalmente, aos "de cima" e, no caso brasileiro,[50] orientada muito mais por formas de segmentação socioeconômica,[51] ela está apoiada na capacidade de compra, como propriedade ou como apropriação, efetiva

ou simbólica, definitiva ou transitória dos melhores espaços urbanos, o que inclui não apenas os de uso residencial, mas, também, e cada vez mais, os espaços de consumo.

- A autossegregação, de modo diferente da segregação, é um processo que combina duas naturezas de ações no processo de produção do espaço urbano: – os interesses dos que produzem esses espaços (proprietários de terras, incorporadores, corretores imobiliários e o capital financeiro), que se interessam em oferecer um produto imobiliário, ao qual se agregam novos "valores"; – aqueles que consomem esse produto, vivem nesses espaços e redefinem suas formas de relação com a cidade, no plano espacial e temporal, em grande parte motivados pelos "valores" de distinção social e segurança, no caso brasileiro, reproduzindo e ampliando desigualdades que são históricas, bem como reforçando diferenças que, em grande parte, são os novos pilares da segmentação socioespacial nas cidades brasileiras.
- Como essa segmentação não se aprofunda, apenas, nos espaços residenciais, mas inclui progressivamente outros espaços da vida social, especialmente os relativos ao consumo de bens e serviços, com destaque para os atinentes ao lazer, ela tem associação direta com a redefinição da centralidade, tanto na escala da cidade, como no plano interurbano, porque as possibilidades de mobilidade espacial e de comunicação são bastante diferentes, no caso brasileiro, segundo as condições socioeconômicas de diferentes segmentos sociais. Não por acaso, *shopping centers,* hipermercados, centros de eventos e negócios, grandes hotéis e outros espaços de oferta de bens e serviços de maior preço no mercado têm estratégias de localização espacial que se orientam por essas possibilidades e reforçam as distâncias sociais. Geram uma cidade em que diminuem os espaços de convívio entre todos e na qual a esfera da vida pública se realiza em grande parte em espaços que não são públicos, embora sejam de uso coletivo.

São estes os elementos essenciais que me levam a reconhecer nas relações entre múltiplas formas de segmentação socioespacial e centralidade um movimento mais amplo que não é apenas o de reforço, em certas circunstâncias espaçotemporais, do processo anterior de segregação socioespacial, embora ele também esteja ocorrendo e se diversificando por meio da autossegregação.[52] Para incluir a compreensão das mudanças contemporâneas em todas as esferas da vida social nas cidades, com ênfase nas articulações entre elas e observando-as no espaço e no tempo, vale a pena a adoção da ideia de fragmentação socioespacial,[53] em que pesem os cuidados que são necessários ao se fazer esta escolha.

Um deles refere-se ao uso amplo e, de certo modo, difuso, dessa expressão, o que, aliás, também destacamos em relação ao conceito de segregação. Vários autores já demarcaram este aspecto. Vidal (1994), Souza (2000), Janoschka e Glasze (2003), Prévôt-Schapira e Pineda (2008), ainda que adotem a ideia de fragmentação, tomam cuidado para explicitar seus conteúdos, tanto quanto inúmeros outros autores o têm feito: Santos, 1990; Vidal, 1994; Salgueiro, 1998; Hiernaux-Nicolas, 1998; Prévôt-Schapira, 1999, 2000, 2001a, 2001b, 2002, 2008; Prévôt-Schapira e Pineda (2008); Carlos, 2001; Janoschka, 2002; Janoschka e Glasze, 2003; Hidalgo e Borsdorf, 2005; Saraví, 2008; Sposito, 2011; Dal Pozzo, 2011; Catalão 2013 e Magrini, 2013.[54] Entre eles, nota-se, ainda, que há diferenças grandes de concepção sobre o que seja a fragmentação, conforme a formação socioeconômica a partir da qual a temática é abordada.

O segundo cuidado é o de esclarecer que, neste texto, atenho-me a tratar das formas de uso da expressão na América Latina, onde se insere a formação socioeconômica brasileira, a partir do destaque feito por Prévôt-Schapira e Pineda (2008: 75) para quem a fragmentação é vista, neste subcontinente, como: estudo de políticas públicas e novos modos de governança nas metrópoles dele; transformações associadas à globalização e às novas formas de ação empresarial; análise das relações entre mudança social e evolução da estrutura urbana. É, justamente, esta terceira concepção que tomo neste texto, considerando, inclusive que ela tem relação com as outras duas.[55] A mim interessa, ainda, frisar a perspectiva de Souza (2000: 179). De outro ponto de vista,[56] ele também utiliza fragmentação para compreender os espaços urbanos e indica que as três direções enunciadas têm articulações entre si, pois lembra que o termo

> [...] popularizou-se, desempenhando um papel de *pendant* do processo de globalização, com isso indicando-se que, por trás de processos de relativa homogeneização cultural e de costuramento econômico e "compressão espaçotemporal", têm lugar também exclusão e segmentação sociais.

O cuidado de tomar como referência as especificidades da América Latina não exclui a necessidade e o desejo de dialogar com pesquisadores que se debruçam sobre outras realidades. Este ponto me parece importante, porque um terceiro cuidado que ressalto é o relativo à importância de circunscrever, neste texto, a fragmentação socioespacial, no plano analítico, aos enfoques que consideram o espaço um nível da determinação deste processo, e não apenas seu resultado ou reflexo. A partir desta perspectiva, não se trata apenas de constatar a cidade fragmentada (fato), em função de descontinuidades territoriais no tecido urbano[57] ou da presença de muros e de sistemas de segurança, o que podem ser indicadores fortes, mas não são, *de per si*, o processo de fragmentação, visto que para entendê-la são necessárias, de um lado, a perspectiva do tempo, de outro, a observação das articulações entre escalas e, por fim, o mais importante, deve-se frisar que os aspectos observados podem resultar em redefinição das ações econômicas e sociais, das práticas espaciais, bem como dos valores que sobre o urbano são reformulados.

Salgueiro (2001: 116), analisando Lisboa, oferece quatro características principais que contemplam as perspectivas que fui enunciando nos parágrafos anteriores, ao tratar da "cidade fragmentada em construção", passando assim a ideia de processo. Resumo estes pontos: a) é um território policêntrico; b) contém áreas mistas, com usos diferentes, que compõem megacomplexos imobiliários; c) é composta por "enclaves socialmente dissonantes", gerando "contiguidade sem continuidade"; d) indivíduos e atividades participam de redes de relações à distância, gerando "dessolarização do entorno próximo". Todos esses elementos podem ser observados nas cidades brasileiras, com maior ou menor intensidade.

Capron (2006: 15) considera que a cidade não seria mais somente segregada, mas igualmente fragmentada, porque está dividida por fronteiras de todos os gêneros, visto que seus "enclaves" se ignoram mutuamente. Estamos diante de uma posição um pouco radical da autora, uma vez que, de fato, os citadinos nunca se ignoram completamente, pois a necessidade de se separar é, ela mesma, decorrência da possibilidade do encontro, o que os levar a desejar o evitamento. No entanto, ela toca num ponto que quero reforçar neste capítulo: as relações entre segregação e fragmentação. Ao afirmar que a cidade não seria mais somente segregada, mas igualmente fragmentada, considera que a fragmentação não anula ou substitui a segregação.

Trata-se, assim, a meu ver, de processos que se sucedem no tempo, sendo o de fragmentação socioespacial mais recente e mais abrangente,[58] visto que resulta de um arco amplo de dinâmicas, envolvendo diferentes formas de uso e apropriação do espaço. Assim, não se poderia aplicar esta ideia à cidade do começo do século XX, a partir da qual se enunciou o conceito de segregação, sendo, entretanto, possível tratar tanto da segregação socioespacial como da fragmentação socioespacial, na cidade atual, reservando-se esta última expressão para analisar o conjunto das formas de diferenciação e segmentação socioespacial presentes nos espaços urbanos contemporâneos, incluindo-se entre elas o par segregação ↔ autossegregação, este muito mais atinente ao uso residencial do solo.

Do ponto de vista da abrangência, a fragmentação socioespacial é mais ampla, porque abarca o conjunto da cidade e só pode ser apreendida pelo conjunto das suas relações, as realizadas e as não realizadas. Do ponto de vista da profundidade, o par segregação ↔ autossegregação é mais radical, porque associa-se a formas materiais e imateriais de separação, contendo em muitos casos o direito à interdição do ir e vir, que muros e sistemas de segurança tornam evidentes e que controles de outras naturezas efetivam, ainda que de modo mais subliminar.

Tais processos implicam redefinição da centralidade, tanto quanto a refletem. As distâncias entre um ponto e outro, numa cidade progressivamente mais dispersa, dificultam a acessibilidade de todos os citadinos a todos os espaços urbanos, sendo esta uma das razões, mas não a única, de reafirmação das distâncias sociais. A constituição da centralidade depende, sobremaneira, do ir e vir, do direito ao acesso, como possibilidade e realização, bem como do acontecer efetivo ou simbólico do que é central. À medida que as áreas de consumo de bens e serviços não são as mesmas para todos e que o tempo de deslocamento até elas também é razão de diferenciação, fica mais difícil se elaborar uma representação de centralidade (e, portanto, de cidade) que seja a base da construção de identidades ou de uma memória urbana, nos termos destacados por Abreu (1998).

Estamos, deste modo, diante de um duplo movimento que fundamenta a fragmentação socioespacial, pois ele exige o entrecruzamento das dimensões espacial e temporal para ser compreendido. O afastamento socioespacial dos citadinos, gerando ou não segregação, resulta em desigualdade dos direitos de acesso à cidade, no sentido de dela se apropriar e de participar completamente, como compartilhamento de territórios e experiências comuns. Os tempos desiguais dos citadinos, sobretudo em termos de mobilidade, tornam-se, deste modo, mais um plano que condiciona e orienta o processo de fragmentação socioespacial.

NOTAS

[1] Parte das análises apresentadas neste texto reflete a primeira etapa de observações da pesquisa "Lógicas econômicas e práticas espaciais contemporâneas: cidades médias e consumo", apoiada pela Fundação de Amparo à Pesquisa do Estado de São Paulo (Fapesp), embora o esforço, neste caso, tenha sido o de considerar o conjunto das cidades em suas relações, e não apenas o que é particular a um grupo delas. Agradeço as contribuições que recebi dos colegas do Grupo de Estudos Urbanos, que estiveram presentes ao debate sobre este texto, em novembro de 2012. Procurei incorporar algumas contribuições nesta versão publicada; outra parte dos pontos levantados ficou para continuar a reflexão sobre o tema.

[2] Ainda que esta denominação seja bastante genérica, é a que permaneceu. Madoré (2004: 25) destaca que os trabalhos precursores que adotam este conceito na França são de Pierre George, em 1950, e Marcel Roncayolo, em 1952, ambos geógrafos.

[3] Dentre os que trabalharam com o conceito de segregação e são representativos da perspectiva teórico-metodológica de base marxista, os destacados por Madoré (2004) são: Manuel Castells, Francis Godard, Henri Lefebvre e Jean Lojkine.

[4] Adoto aqui a perspectiva de Santos (1977), para o qual o conceito de "formação socioeconômica" é insuficiente, porque não há sociedade a-espacial. Sua proposição da noção de "formação socioespacial", para mim, é fundamental para compreender o Brasil (Sociedade, Estado e país), sobre o qual se pode reconhecer a unidade da formação socioeconômica, mas, por outro lado, pode se apreender as diferentes formações socioespaciais. Elas são reveladoras de diferentes momentos históricos e economias regionais que geraram e, ainda, geram a ocupação do território nacional, integrando-o ao modo capitalista de produção.

[5] A expressão "segmentação socioespacial" está sendo usada, neste texto, para abarcar todos os processos, mais ou menos radicais, que levam à distribuição desigual da população no espaço urbano, não tendo, portanto, valor conceitual. Deste modo, reservo o uso do termo segregação para as situações em que cito seu uso por outros autores e/ou que considero adequada sua aplicação para explicar o processo em análise.

[6] Madoré (2004) trata desta polissemia.

[7] No texto de Vasconcelos, contido neste livro, há uma larga discussão sobre esse ponto. No número 45 da revista *Espaço & Debates* há, na seção Debate (Sposati et al., 2004), uma reflexão que ajuda a compreender interfaces e distinções entre diferentes termos e diversas dimensões de um mesmo processo. Neste texto, não farei, assim, uma análise de cada um deles, embora pudesse ser útil para expor minha posição a respeito de cada noção ou conceito.

[8] Para ler mais sobre as origens do conceito de segregação, ver Vasconcelos (2004), além dos capítulos de Corrêa e Vasconcelos neste mesmo livro.

[9] Embora o autor tenha iniciado com esta afirmação o subcapítulo de seu livro que trata do conceito de segregação, nas páginas subsequentes ele apresenta mais elementos e avança em direção que mais se aproxima da que defendo. No entanto, grande parte dos que o citam, em dissertações e teses a que tenho tido acesso, fica com esta "definição"

inicial, que pode levar a simplificações ou generalizações exacerbadas, não respeitando mesmo a concepção mais ampla do autor.

[10] No capítulo 5 de seu livro, Caldeira (2000: 211) parte da ideia de que "as regras que organizam o espaço urbano são basicamente padrões de diferenciação social e de separação", que segundo ela variam cultural e historicamente para, em seguida, descrever e analisar "três padrões de segregação espacial" no espaço urbano de São Paulo. Para mim, sua análise é pouco precisa, do ponto de vista conceitual, na medida em que associou todos os padrões de diferenciação a processos de segregação, aproximando-se, assim, mais da Escola de Chicago do que da maior parte dos autores da pesquisa urbana ocupados com uma leitura crítica das formas capitalistas de produção do espaço, como ela mesma o faz em grande parte do livro.

[11] Eu mesma, em texto de 1994, adotei o conceito de segregação urbana.

[12] É bastante provável que eu pudesse fazer outra escolha, se as pesquisas que desenvolvo ou oriento não estivessem fortemente voltadas à compreensão de espaços não metropolitanos, ou se elas tomassem como referência outras formações socioespaciais, que não a resultante da conformação do complexo cafeeiro no estado de São Paulo.

[13] Esse fato torna a segregação o mais geográfico dos conceitos que tratam da diferenciação, embora não seja o único, razão pela qual a reflexão sobre ele merece destaque entre nós, embora seja objeto de atenção de pesquisadores de outras áreas, no campo das Ciências Sociais.

[14] Faço sérias restrições à proposta de Perren (2011), que desenvolveu uma metodologia para avaliar a segregação, segundo diferentes índices, cada um deles relativo a uma variável ou conjunto de variáveis mensuradas. Essa linha de raciocínio passa a ideia de que todos estão segregados, havendo apenas distinções nos graus dessa segregação. Faço referência a esse autor, em função de ele tratar de formação socioespacial que se aproxima da nossa, mas friso que há inúmeros outros autores que adotam a mesma perspectiva e não estão sendo citados neste texto.

[15] Há exceções, é claro. Quando a segregação é uma política de Estado, apoiada na força ou na lei, a separação é radical e pode ser delimitada espacialmente com precisão, tomando-se como referência o que foi normatizado, embora as práticas segregativas não se restrinjam a tais áreas. Sendo práticas, são próprias dos agentes que a efetivam ou dos que delas são objeto e, por isso, movimentam-se com eles no espaço urbano. Foi este o caso da África do Sul, com seus sistema de *apartheid*, ou, mais radicalmente, os expressos por meio dos guetos para judeus estabelecidos pelos nazistas.

[16] Somente esta associação – segregação e favelização – já mereceria um artigo. Fazer alusão a ela não implica, de minha parte, reconhecê-la como adequada, do ponto de vista de aplicar o conceito a todas as formas de ocupação residencial deste tipo. Aqui, apenas faço referência à alusão a formas de segregação, quando se estudam favelas.

[17] Souza (2008: 68) mostra que o poder dos chefes do tráfico de varejo "constitui um dos mais fortes sintomas de que a fragmentação do tecido sociopolítico-espacial da cidade é um fenômeno que não se deixa reduzir, simplesmente, à segregação residencial". Esta posição antecipa, por outro caminho, a discussão que farei na última seção deste texto.

[18] Sobre este tema ver, entre outros, o número temático "Periferia Revisitada" de Espaço & Debates, especialmente o depoimento de Martins (2001).

[19] Em Sposito (2005), há um histórico da origem desses empreendimentos no Brasil, bem como a referência aos autores que, primeiramente, no âmbito da Geografia, chamaram a atenção para o aparecimento deles. Em São Paulo, foi o caso de Carlos (1994).

[20] Há uma bibliografia considerável que trata de mostrar as diferenças entre várias formas de *habitat* urbano deste tipo: condomínios residenciais, condomínios horizontais, loteamentos murados, loteamentos fechados etc. As distinções maiores são feitas entre aqueles de natureza jurídica condominial e os que foram implantados com base na mesma normativa que alicerça a implantação de loteamentos "abertos" (Lei Federal 6.766 e as que contêm emendas a ela). Como foge ao escopo deste texto, não vamos tratar destas distinções, razão pela qual optamos pela expressão genérica que não tem força conceitual, bem como não corresponde a qualquer definição jurídica, mas serve para nomear diferentes feições desses espaços residenciais: "espaços residenciais fechados". Para conhecer mais sobre o tema, procurar a bibliografia discutida em Sobarzo e Sposito (2003) e em Sposito e Goes (2013). Neste livro, o texto de Arlete Moysés Rodrigues trata desta dimensão do processo.

[21] Billard et al., em 2011, retomam o tema e ampliam a análise para a França.

[22] Nem sempre a "maioria", nos termos aqui adotados, refere-se à maior parte dos moradores da cidade. Para contraditar esta relação, basta lembrar o caso sul-africano, em que os "brancos" estavam e estão longe de compor a maioria demográfica, mas foram capazes de realizar e legalizar práticas segregativas bastante fortes.

[23] A bibliografia sobre o tema também é extensa e não vamos tratar dela aqui. Há inúmeras expressões, algumas delas com estatuto de conceito que têm procurado se consolidar como ferramentas para a análise dessa tendência de espraiamento da cidade, acompanhada de redefinição de seus processos de estruturação urbana. Sobre o tema, recomendo Bauer e Roux (1976), Indovina (1990, 1997 e 1998), Gama (1992), Dematteis (1985 e 1998), Ascher (1995), Monclús (1998), Domingues (1998), Amendola (2000), Secchi (2005), Bourdin (2005) e Portas (2007). Para o caso do estado de São Paulo, ver Reis Filho (2006, 2007 e 2009) e Sposito (2005 e 2009).

[24] O uso deste verbo vem no sentido figurado para fazer referência a estratégias, tais como: publicidade cada vez mais cara, que se embute no preço do produto imobiliário (*folders* coloridos, páginas inteiras nos jornais, campanhas pela televisão e em *outdoors* com artistas "globais" etc.); imóveis cada vez menores, que são maquiados e apresentados como produtos de alto padrão (*show rooms* com apartamentos decorados gerando a ilusão de que essas residências seriam menos exíguas do que são, a escolha da subdivisão interna com as plantas opcionais das incorporadoras etc.); agregação no preço dos imóveis de valores que são muito mais simbólicos do que efetivos, antes associados aos imóveis mais caros (sistema condominial, portaria, área de lazer, sistemas de segurança etc.).

[25] Compreende-se a situação geográfica como a posição ocupada por um imóvel, um bairro, uma empresa, uma família, uma instituição, um indivíduo etc. em relação ao conjunto do espaço que se toma como referência. Assim, quando tratamos de espaços urbanos, a situação geográfica é melhor se aquela posição propicia acessibilidade ao conjunto dos meios de consumo coletivo, demandando menor tempo e melhores condições de mobilidade; ao contrário, ela é pior, se as interações espaciais que ela possibilita são precárias ou incompletas ou não têm condições de se realizar.

[26] Aumento da parcela da renda familiar destinada à solução da necessidade de morar; passagem da situação de locatário ou proprietário, para a situação de partilhar moradias (vem crescendo o número de residências que abrigam mais de um domicílio); ampliação do número de moradias classificadas oficialmente como subnormais e/ou de áreas de ocupação ilegal.

[27] Na pesquisa realizada por Ikuta (2008), em mais de uma entrevista gravada com moradores de condomínios com casas de pequeno porte e padrão, houve referências como: "os outros", "nós e eles", "aqui é diferente de lá" etc.

[28] Para Marcuse (2004), o termo "enclave" é adotado em sentido bastante diverso. Em Souza (2006), há uma análise da abordagem de Marcuse, mostrando as distinções importantes entre suas perspectivas e outras.

[29] Em publicação de 2000, Souza apresenta cinco fatores que têm contribuído para a autossegregação, tomando como referência os espaços metropolitanos. Em Sposito e Goes (2013), procuramos cotejá-los às condicionantes que observamos nas cidades médias estudadas por nós, apontando as diferenças entre elas.

[30] Marcuse (2004) faz restrições à adoção da expressão "autossegregação" para tratar dos casos em que a separação foi opção dos grupos que a promovem. Ele propõe "amuralhamento" e "enclave excludente".

[31] Em todos os casos, estas iniciativas municipais negam, às vezes, preceitos da legislação nacional. Como exemplo, há a aprovação de implantação de loteamentos com base na lei 6766, elaborada para loteamentos "abertos" e depois, por meio de lei específica, para aprovar o direito de fechamento concedendo aos proprietários e moradores o direito de uso exclusivo das áreas, que, por força da lei federal, são de uso público. Por isso a ideia de regularização aqui foi adotada com as devidas aspas.

[32] Esta incorporadora atua em 44 cidades brasileiras, totalizando um conjunto de 73 empreendimentos, assim distribuídos: 12 na Região Sul, 24 na Região Sudeste, 22 na Região Nordeste, 7 na Região Norte e 8 na Região Centro-Oeste. Inicialmente, suas operações localizavam-se nas principais áreas metropolitanas do país. Atualmente, inclui, em suas frentes de negócio, várias cidades de porte médio, como Pelotas, Maringá, Foz do Iguaçu, Araçatuba, Bauru, Itu, Campina Grande, Feira de Santana e Anápolis, entre outras. Fonte: <http://www.alphaville.com.br/portal/empreendimentos>.

[33] É associada ao Grupo Encalso um conglomerado empresarial com diversos segmentos: Engenharia Civil Pesada, Agronegócios, Shopping Center, Concessão de Rodovias e Empreendimentos Imobiliários. A Damha Urbanizadora tem espaços residenciais fechados em 11 cidades, com 38 empreendimentos, sendo que alguns deles já são vendidos com os imóveis residenciais incorporados. Ao contrário de AlphaVille Urbanismo, iniciou essa frente de ação em cidades de porte médio, como Presidente Prudente, São Carlos, Limeira, entre outras, mas já tem negócios estabelecidos em três capitais brasileiras: Campo Grande, São Luís e Brasília. Fontes: <http://www.grupoencalso.com.br> e <http://www.damha.com.br>.

[34] Trata-se de grandes empreendimentos, na maior parte dos casos, compostos por dezenas de pequenas edificações, denominadas quadriplex, com dois imóveis residenciais no térreo e dois no primeiro pavimento, cada um deles com metragem entre 40 e 45 metros quadrados. À exiguidade da área construída, soma-se a das áreas livres entre as edificações, espaços em que há pequenos sistemas de lazer coletivos, que se misturam ao pouco espaço disponível para circulação e estacionamento de veículos. Compõem áreas residenciais extensas, fechadas por cercas metálicas e contendo, na entrada, em mais de um caso, espaços para a montagem de futuras portarias. Em trabalho de campo em Marília, realizado em agosto de 2012, pude observar que grande parte do empreendimento já está ocupada e é composta de uma tipologia diversificada, pois, além dos quadriplex citados, há casas individuais, cujos adquirentes, apesar dos terrenos exíguos, isolam-nas com muros altos, mesmo havendo o cercamento externo que abarca toda a grande área residencial. Para conhecer as plantas dos imóveis, os projetos arquitetônicos e a localização desses empreendimentos, ver: <http://www.homexbrasil.com.br/index.php?option=com_wrapper&view=wrapper&Itemid =60>.

[35] É o primeiro empreendimento da série que recebe o selo "Conceito AlphaVille", mas não consta mais na lista dos empreendimentos da AlphaVille Urbanismo. Localiza-se em extensa área que abarca terras dos municípios

de Barueri e Santana do Parnaíba, na área metropolitana de São Paulo, ao longo da Rodovia Castelo Branco. Ele "[...] abriga mais de 12 mil residências, 42 edifícios residenciais e 16 comerciais. Totalmente urbanizado e com segurança própria, sendo independente. Possui uma população fixa estimada em 50 mil habitantes e uma flutuante de 150 mil pessoas por dia, formada por quem ali trabalha ou visita o bairro, a passeio ou a negócios. A região conta com cinco hospitais 24 horas e muitas clínicas, seis laboratórios, 16 agências bancárias, oito hotéis e flats, cinema (no Shopping Tamboré e Iguatemi AlphaVille) e quatro supermercados". Fonte: <http://pt.wikipedia.org/wiki/Alphaville>.

[36] A distância entre o Residencial 1 de AlphaVille Barueri e a Praça da Sé no centro de São Paulo é de 39,3 km. A distância entre o empreendimento da Homex e o centro de Marília é de 4,2 km.

[37] Inclua-se o transporte aéreo, por helicópteros, que tem crescido na metrópole de São Paulo. No Jornal de AlphaVille, saiu a seguinte notícia, em 4 de novembro de 2010: "Santana de Parnaíba sente o efeito de fazer parte da região metropolitana que possui a segunda maior frota de helicópteros do mundo, atrás apenas de Nova York. A Câmara Municipal deve iniciar em breve a análise de uma proposta para regulamentar a circulação destas aeronaves, cujo trânsito já gera transtorno pontual para alguns moradores de Alphaville e Tamboré". Fonte: <http://www.alphavillenegocios.com.br/alphaville/noticias/regulamentacao-helicopteros-alphaville.asp>.

[38] Em São José do Rio Preto, várias famílias de baixo poder aquisitivo estão procurando morar na área rural, em imóveis alugados em pequenas propriedades ou em lotes desmembrados dessas unidades rurais, em que edificam pequenas casas, de dois ou três cômodos. Diariamente, deslocam-se de motocicleta para trabalhar na cidade, gerando um novo segmento: o de uma população urbana, do ponto de vista das práticas e das atividades que desenvolve, mas que habita na área rural e é, por isso, contabilizada como população rural (informações concedidas pela Secretaria Municipal de Planejamento, em entrevista realizada em 2009). O grau de segregação a que estão submetidos é de tal ordem, que sequer têm direito a morar na cidade.

[39] Esta produção compreende uma gama significativa de outras mudanças, e não apenas a segregação e a autossegregação, mas não vamos tratar delas aqui. No texto de Angelo Serpa, neste livro, uma dimensão importante do sentido dado à produção do espaço urbano, no período atual, é tratado, por meio da análise do espaço público. Nos textos de Isabel Alvarez e Ana Fani Alessandri Carlos outras dimensões e perspectivas analíticas são valorizadas.

[40] Como já escrevi um pouco sobre o tema, sugiro ao leitor, caso tenha interesse, a verificação da bibliografia disponível em Sposito (1991, 1998, 1999, 2001, 2005) e Rio Fernandes e Sposito (2013), neste último caso, contendo as referências de todos os autores que têm seus artigos nesta coletânea.

[41] Refiro-me aqui ao centro principal (e ao histórico se eles não se sobrepõem), aos subcentros, aos eixos especializados, aos *shopping centers*, grandes hipermercados, aos centros de eventos, negócios e feiras, aos centros empresariais e a outras novas modalidades de implantação de atividades, incluindo as de lazer e turísticas que, em função do porte, redefinem a estruturação dos espaços urbanos, pela reorientação da afluência de pessoas, veículos, informações e mercadorias.

[42] Este mesmo aspecto pode ser considerado na análise, que fazemos neste texto, sobre as diferentes formas de transporte na cidade.

[43] No original: "[...] *policentralidad*, a la omni-centralidad, a la ruptura del centro, a la disgregación, tendência orientabe, ya sea hacia la constitución de la *diferente*: centros (aunque análogos, eventuamente complemetarios), ya sea hacia la dispersión y la segregación."

[44] De preferência não edificadas, para não entrar em seus custos os preços dos imóveis já incorporados, que teriam que ser adaptados ou demolidos. Nas áreas urbanas em que a escassez de terras é maior, como nas metrópoles, sobretudo as que o sítio urbano impõe limites à expansão ou ao adensamento, as opções incluem políticas de revitalização e renovação urbana, *gentrification*, muitas vezes por meio da associação entre iniciativas e inversões do poder público e dos capitais privados.

[45] É um enorme risco fazer qualquer tipo de periodização. Essas mudanças tiveram início nos Estados Unidos nos anos 1930 (Rybczynski, 1996). Começaram a se delinear no Brasil, em São Paulo, com a inauguração do primeiro *shopping center* nos anos de 1960 (Pintaudi, 1992), apareceram em muitas outras metrópoles brasileiras, nas duas décadas seguintes e, nas duas últimas, começaram a ocorrer em cidades médias. Outros intervalos temporais podem ser notados, se quisermos tratar da Europa Ocidental, das cidades do sudeste asiático ou as do Oriente Médio...

[46] Na pesquisa que realizamos (Sposito e Goes, 2013), procuramos mostrar o papel da mídia no processo de transposição da ideia de violência para o conjunto das cidades, ainda que os fatos que sustentem as notícias veiculadas refiram-se às grandes metrópoles.

[47] Sobre este tema, ver Schor (1999) e Domingues (2009).

[48] Para refletir mais sobre a tendência de individualização da sociedade, ver Bourdin (2005) e Ascher (2005).

[49] Denomino-a genericamente como uma ideia, porque não estou segura, ainda, para considerar que "fragmentação socioespacial" seja um conceito, em função, sobretudo, da combinação entre dois motivos: não foi formulada no âmbito de uma teoria, embora tenha como referência as leituras sobre a realidade contemporânea que têm caráter crítico e origem no materialismo histórico; tem sido aplicada para designar situações e contextos que se relacionam

entre si, mas não são os mesmos, o que torna difuso o objeto a que se refere a fragmentação. Isso não quer dizer que não haja iniciativas de valor na direção de pontuar, explicitar, delimitar seus conteúdos, o que contribui para o processo de sua construção no plano conceitual.

[50] Em várias passagens deste capítulo, em que chamo atenção para especificidades dos processos de segregação e autossegregação socioespaciais no Brasil, poderia fazer generalizações para outras formações socioeconômicas da América Latina, em que as mesmas condicionantes e os mesmos valores ancoram esses processos. Fico na alusão ao caso brasileiro, por não haver espaço aqui para pormenorizar a análise, trazendo para o texto os autores que têm tratado do tema nos outros países.

[51] Não seria preciso lembrar, mas o faço, que nunca as condicionantes e os valores que orientam um processo são exclusivamente econômicas ou políticas ou culturais etc. Há sempre uma combinação deles, mas trato de frisar o que prevalece. Os discursos que se elaboram para vender a autossegregação, da parte dos que produzem estes espaços, e para justificar essa opção da parte de seus moradores estão eivados de concepções de mundo e sociedade que revelam múltiplas formas de preconceito, inúmeros estigmas, valores de segmentação cultural e racial, enfim, dimensões do processo que estão longe de ser apenas econômicas.

[52] Entre vários autores que chamam atenção para isto, está Seabra (2004: 194), que trata da autossegregação como estratégia para a "formação de territórios exclusivos", como um "recurso estratégico que visa administrar a separação consumada", indicando que ela pode e se revela em múltiplas direções.

[53] Muitas, entre as ideias apresentadas nesta seção, já foram elaboradas em Sposito e Goes (2013). Há, contudo, esforços, no caso deste capítulo, de dar ênfase nas relações entre segregação e fragmentação socioespaciais e centralidade urbana, o que não é o objetivo precípuo da outra formulação. É inevitável, entretanto, fazer uso dos mesmos autores e da mesma linha de raciocínio, embora, no que respeita a Sposito e Goes (2013), a referência empírica tenham sido as cidades médias.

[54] Já destacamos em Sposito e Goes (2013) que "[...] Soja (2008), mesmo não utilizando a noção de fragmentação tal como os autores citados, descreve e problematiza inúmeros processos contemporâneos que coadunam com a discussão, inclusive para propor a necessidade de pensar sobre a noção de justiça espacial, que pouquíssimos dentre os outros autores mencionam. Jaillet (1999) também aborda as mesmas problemáticas, mas faz apenas uma breve referência à fragmentação como sendo uma metáfora; ela utiliza, em lugar, o termo secessão para descrever e explicar os processos de autofechamento dos segmentos de alto padrão socioeconômico".

[55] Tanto Prévôt-Schapira e Pineda (2008) como Souza (2000) destacam que é de Santos (1990) a primeira aplicação da "noção" de fragmentação para descrever, no Brasil, as características da economia metropolitana, nos marcos da globalização. Ao estudar as relações entre fragmentação e constituição de uma "metrópole corporativa", este autor já oferecia elementos para se analisar mudanças no tradicional modelo de estruturação centro-periferia, incluindo-se o aparecimento de novas formas de segregação urbana.

[56] Ele tem adotado a ideia de "fragmentação do tecido sociopolítico-espacial" (Souza, 2000: 216). Para tal, toma como base "[...] territórios cuja formação é conduzida no âmbito da sociedade civil ou mesmo a territórios ou microterritórios ilegais" (Souza, 2000: 217), mostrando as relações, não relações e conflitos entre eles.

[57] "A descontinuidade do tecido urbano constitui a nosso ver uma das determinantes do processo de fragmentação da cidade, que é na essência uma das formas contemporâneas através das quais se origina ou se acentua a segregação sócio-espacial." (Sposito, 1994: 27). No entanto, constatar que há descontinuidade não implica reconhecer, imediatamente, que há segregação ou fragmentação socioespaciais. Este caminho resultaria de tomar a forma pelo processo e, justamente, é isso que estamos querendo evitar, ainda que este possa levar àquela.

[58] Souza (2006: 474) também entende que a fragmentação é um processo mais complexo que o de segregação: "As favelas, ao se 'fecharem' entre si e em relação ao 'asfalto' [...] vão contribuindo para algo que, de um ângulo sociopolítico, ultrapassa os limites da segregação usual, e merece o nome, apropriadamente, de fragmentação, uma vez que se estabelecem 'fraturas' e, até certo ponto, uma notável ruptura com o passado anterior aos anos 80. Com isso, não se quer afirmar que a descontinuidade seja 'total', pois a fragmentação, como já foi dito, *se acrescenta* à segregação e a *agrava*".

BIBLIOGRAFIA

Abreu, Mauricio de Almeida. Sobre a memória das cidades. *Território*. Rio de Janeiro, n. 4, 1998, pp. 5-26.

Amendola, Giandomenico. *La ciudad postmoderna*. Madri: Celeste, 2000.

Ascher, François. *Métapolis*. Paris: Odile Jacob, 1995.

______. *La société hypermoderne*. Paris: Éditions de l'Aube, 2005.

Bauer, Gerard; Roux, Jean Michel. *La rurbanisation ou la ville eparpillée*. Paris: Seuil, 1976.

Billard, G.; Chevalier, J.; Madoré, F. *Ville fermée, ville suerveillée*. Rennes: Presses Universitaires de Rennes, 2005.

BILLARD, G.; CHEVALIER, J.; MADORÉ, F.; VUAILLAT, F. *Quartiers sécurisés*: un nouveau défi pour la ville? Paris: Les Carnets de l'Info, 2011.

BORSDORF, Axel. Barrios cerrados em Santiago de Chile, Quito y Lima: tendencias de la segregación sócio-espacial em capitales andinas. In: CABRALES BARAJAS, Luís Felipe (coord.). *Latinoamérica*: países abiertos, ciudades cerradas. Guadalajara: Universidade de Guadalajara, Paris: Unesco, 2002, pp. 581-610.

BOURDIN, Alain. *Le metrópole des individus*. Paris: Éditions d l'Aube, 2005.

BRUN, Jacques; RHEIN, Catherine (eds.). *La ségrégation dans la ville*. Paris: L'Harmattan, 1994.

BURGESS, E.W. El Crecimiento de la Ciudade: introdución a un proyecto de investigación. In: THEODORSON, G. A. (org.). *Estudios de ecologia humana*. Barcelona: Editorial Labor, 2 v., 1974. (1ª ed. 1925)

CABRALES BARAJAS, Luís Felipe (coord.). *Latinoamérica*: países abiertos, ciudades cerradas. Guadalajara: Universidade de Guadalajara, Paris: Unesco, 2002.

______. Ciudades cerradas, libros abiertos. *Revista Ciudades*. RNIU, Puebla, México, n. 59, pp. 58-64, jul./set. 2003.

CALDEIRA, Tereza. *Cidade de muros*: crime, segregação e cidadania em São Paulo. São Paulo: Ed. 34; Edusp, 2000.

CAPRON, Guénola (org.). *Quand la ville se ferme*. Quartier résidentiels sécurisés. Paris: Bréal, 2006.

CARLOS, Ana Fani A. *A (re)produção do espaço urbano*. São Paulo: Edusp, 1994.

______. *Espaço-tempo na metrópole*: a fragmentação da vida cotidiana. São Paulo: Contexto, 2001.

______. Diferenciação socioespacial. *Cidades*. Presidente Prudente, GEU, v. 4, n. 6, 2007, p. 45-60.

CASTELLS, Manuel. *A questão urbana*. Rio de Janeiro: Paz e Terra, 1983. (1ª ed. 1972)

CATALÃO, Igor de França. *Diferença, dispersão e fragmentação socioespacial*: explorações metropolitanas em Brasília e Curitiba. Presidente Prudente, 2013. Tese (Doutorado em Geografia) – Faculdade de Ciências e Tecnologia, Universidade Estadual Paulista.

CHIGNIER-RIBOUTON, Franck. *Les quartiers entre espoir et enferment*. Paris: Ellipses Éditions, 2009.

CHIVALON, Christine. Postmodernisme britannique et études sur la segregation. *Espaces et sociétés*. Paris: L'Harmattan, n. 104, pp. 25-41, 2001.

CORRÊA, Roberto L. *O espaço urbano*. São Paulo: Ática, 1989.

______. Diferenciação sócio-espacial, escala e práticas espaciais. *Cidades*. Presidente Prudente, GEU, v. 4, n. 6, 2007, pp. 61-72.

DAL POZZO, Clayton Ferreira. *Territórios de autossegregação e de segregação imposta*: fragmentação socioespacial em Marília e São Carlos. Presidente Prudente, 2011. Dissertação (Mestrado em Geografia) – Faculdade de Ciências e Tecnologia, Universidade Estadual Paulista.

DELICATO, Claudio T. Condomínios horizontais: a ilusão de viver juntos e isolados ao mesmo tempo. *Urbana* (Dossiê: Cidade, Imagens, História e Interdisciplinaridade). Campinas, ano 2, n. 2, 2007.

DEMATTEIS, Giuseppe. Contro urbanizzazione e strutture urbane reticolari. In: BIANCHI, G.; MAGNANI, I. *Sviluppo multiregionale*. Milà: Franco Angeli, 1985.

______. Suburbanización y periurbanización. Ciudadades anglosajonas y ciudades latinas. In: MONCLÚS, F. J. (ed.). *La ciudad dispersa*. Barcelona: Centre de Cultura Contemporânea de Barcelona, 1998. Disponível em: <http://www.etsav.upc.es/personals/monclus/cursos 2002/dematteis.htm>. Acesso em: 24 mar. 2003.

DOMINGUES, Álvaro. Formes i escales d'urbanització difusa. Interpretació en el NO de Portugal. *Geografia*. Barcelona, n. 33, 1998, p. 33-55.

______. *A rua estrada*. Porto: Dafne Editora, 2009.

D'OTTAVIANO, Maria Camila Loffredo. *Condomínios fechados na Região Metropolitana de São Paulo*: fim do modelo centro rico *versus* periferia pobre? São Paulo, 2008. 290 f. Tese (Doutorado em Arquitetura e Urbanismo) – Faculdade de Arquitetura e Urbanismo, Universidade de São Paulo.

GAMA, António. Urbanização difusa e territorialidade local. *Revista Crítica de Ciências Sociais*. Girona, n. 34, fev. 1992, pp. 161-72.

GARREAU, Joel. *Edge city*: life on the new frontier. Nova York: Doubleday, 1991.

GOMES, Paulo C. C. Espaços públicos: um modo de ser do espaço, um modo de ser no espaço. In: CASTRO, Iná E., GOMES, Paulo C. C., CORRÊA, Roberto L. (org.). *Olhares geográficos*. Rio de Janeiro: Bertrand Brasil, 2012, pp. 19-41.

HELLUIN, Jean-Jacques. Entre quartiers et nations: quelle integration des politiques territoriales de lutte contre les segregations socio-spatiales en Europe. *Espaces et Sociétés*. Paris: L'Harmattan, n. 104, 2001, pp. 43-62.

HIDALGO, R; BORSDORF, A. Barrios cerrados y fragmentación urbana en América Latina: estudio de las transformaciones socioespaciales en Santiago de Chile (1990-2000). In: HIDALGO, R.; TRUMPER, R; BORSDORF, A. *Transformaciones urbanas y procesos territoriales*: lecturas del nuevo dibujo de la ciudad latinoamericana. Santiago: Instituto de Geografía – UC, Academia de Ciencias Austriaca y Okanagan University Collage, 2005, pp. 105-22.

HIERNAUX-NICOLAS, Daniel. Tempo, espaço e apropriação social do território: rumo à fragmentação na mundialização. In: SANTOS, Milton; SOUZA, Maria Adélia Aparecida de; SILVEIRA, María Laura (org.). *Território, globalização e fragmentação*. São Paulo: Hucitec/ANPUR, 1998, pp. 85-101.

IKUTA, Fabrícia Mitiko. *Novos* habitats *urbanos*: análise dos condomínios horizontais fechados populares em Presidente Prudente. Presidente Prudente, 2008. Iniciação científica (Arquitetura e Urbanismo) – Faculdade de Ciências e Tecnologia, Universidade Estadual Paulista.

INDOVINA, Francesco (ed.). *La città diffusa*. Venezia: DAEST-IUAV, 1990.

______. La città diffusa: che cos'è e come si governa. *Lettura 6.1* (Position Paper). Veneza, pp. 124-31, 1997.

______. Algunes consideracions sobre la "ciutat difusa". *Doc. Anàl. Geogr.* Venezia, n. 33, 1998, pp. 21-32.

______. *Dalla città diffusa all'arcipelago metropolitano*. [S.l.]: Franco Angeli Edizioni, 2009.

JAILLET, M. C. Peut-on parler de sécession urbaine à propos des villes européennes? In: *Esprit*. Paris, n. 258, nov. 1999, pp. 145-67.

JANOSCHKA, Michael. El nuevo modelo de la ciudad latinoamericana: fragmentación y privatización. EURE. Santiago, v. 28, n. 85, dic. 2002, 13 p.

JANOSCHKA, Michael, GLASZE, Georg. Urbanizaciones cerradas: um modelo analítico. *Ciudades*. RNIU, Puebla, México, n. 59, pp. 9-20, 2003.

LEDRUT, Raymond. *La révolution cachée*. Tournai: Castermann, 1979.

LEFEBVRE, Henri. *O pensamento marxista e a cidade*. Lisboa: Ulisseia, 1972.

______. *La production de l'espace*. Paris: Antrophos, 1986.

______. *La revolución urbana*. Madri: Alianza Editorial, 1983. (1ª ed. 1970)

LOJIKNE, Jean. *O estado capitalista e a questão urbana*. São Paulo: Martins Fontes, 1981. (1ª ed. 1977)

MADORÉ, François. *Ségrégation sociale et habitat*. Rennes: Presses Universitaires de Rennes, 2004.

MAGRINI, Maria Angélica. *Vidas em enclaves*: imaginário das cidades inseguras e fragmentação socioespacial em contextos não metropolitanos. Presidente Prudente, 2013 Tese [Doutorado em Geografia] – Faculdade de Ciências e Tecnologia, Universidade Estadual Paulista.

MARCUSE, Peter. Enclaves, sim; guetos, não: a segregação e o Estado. *Espaço & Debates*, São Paulo, v. 24, n. 45, 2004, pp. 24-33.

MARTINS, José de Souza. Depoimento, *Espaço & Debates*, São Paulo, v. 22, n. 42, 2001, pp. 75-84.

MARTINEZ RIGOL, Sergi (ed.). *La cuestión del centro, el centro em cuestión*. Lleída: Milênio, 2009.

MCKENZIE, Roderick. O âmbito da Ecologia humana. *Cidades*. Presidente Prudente, GEU, v.2, n. 4, 2005 (1ª ed. 1926), p. 341-53.

MITCHELL, William J. *E-topia*: a vida urbana, mas não como a conhecemos. São Paulo: Senac, 2002.

MONCLÚS, Francisco Javier. Suburbanización y nuevas periferias. Perspectivas geográfico-urbanísticas. In: ______. *La ciudad dispersa*. Suburbanización y nuevas periferias. Barcelona: CCCB, 1998 pp. 5-15.

PARK, Robert. A cidade: sugestões para a investigação do comportamento humano no meio urbano. In: VELHO, O. G. (org.). *O fenômeno urbano*. Rio de Janeiro, Zahar Editores, 1967 (1ª ed. 1916), p. 26-67.

______. A comunidade urbana como configuração espacial e ordem moral. In: PIERSON, D. (org.). *Estudos de ecologia humana*. São Paulo, Martins Fontes S.A., 2 v., 1970. (1ª ed. 1925)

PERREN, Joaquim. Segregación residencial socioeconómica en una ciudad de la Patagonia: una aproximación al caso de Neuquén. *Estudios socioterritoriales. Revista de Geografia*. Tandil, n. 10, jul. dec. 2011, pp. 65-100.

PINÇON-CHARLOT, M.; PRETECEILLE, E.; RENDU, P. *Ségrégation urbaine*. Paris: Anthropos, 1986.

PINTAUDI, Silvana M. O shopping center no Brasil: condições de surgimento e estratégias de localização. In: PINTAUDI, Silvana M., FRÚGOLI Jr., Heitor (org.). *Shopping centers*: espaço, cultura e modernidade nas cidades brasileiras. São Paulo: Editora da Unesp, 1992, pp. 15-43.

PORTAS, Nuno. *Uma história, algumas hipóteses de trabalho e reflexão*. In: REIS FILHO, Nestor Goulart; PORTAS, Nuno; TANAKA, Marta (orgs.). *Dispersão urbana*: diálogo sobre pesquisas Brasil-Europa. São Paulo: LAP – Laboratório de Estudos sobre Urbanização, Arquitetura e Preservação da FAU/USP, 2007. pp. 49-58.

PRÉTECEILLE, Edmond. Ségrégations urbaines. *Sociétés contemporaines*. n. 22-23, 1995, p. 5-14.

______. A construção social da segregação urbana: convergências e divergências. *Espaço & Debates*, São Paulo, v. 24, n. 45, 2004, pp. 11-23.

______. Changement social et ségrégation spatiale dans les grandes villes européennes. In: Ministère de la Recherche. Quatre ans de recherches urbaines 2001-2004. Rennes: Presses Universitaires François-Rabelais, 2005, pp. 339-45.

PRÉVÔT-SCHAPIRA, Marie-France. *Amérique Latine:* la ville fragmentée. Esprit. Paris, 1999, pp.128-44.

______. Segregación, fragmentación et secessión: hacia una nuova geografía social en la aglomeración de Buenos Aires. *Economía, sociedad y territorio*. México, v. 2, n.7, 2000, pp. 405-31.

______. Fragmentación espacial y social: conceptos e realidades. *Perfiles latinoamericanos*, FLCS, DF-México, n.19, dez. 2001a, pp. 33-56.

______. Buenos Aires: métropolisation et nouvel ordre politique. *Hérodote*. Paris, n. 101, 2001b, p. 121-51.

______. Buenos Aires en los años 90: metropolización y desigualdades. *Eure*. Santiago, vol. 8, n. 85, 2002. Disponível em: <http://www.scielo.cl/scielo.php?script=sci_arttext&pid=S0250-71612002008500003>. Acesso em: 15 jan. 2013.

______; Marie-France; PINEDA, Rodrigo C. Buenos Aires: la fragmentación em los interstícios de uma sociedad polarizada. *Eure*, v. XXXIV, n.103, dez. 2008, pp. 73-92.

QADEER, Mohammad A. Segregação étnica em uma cidade multicultural, Toronto, Canadá. *Espaço & Debates*. São Paulo, v. 24, n. 45, 2004, pp. 47-55.

REIS FILHO, Nestor Goulart. *Notas sobre a urbanização dispersa e novas formas de tecido urbano*. São Paulo: LAP – Laboratório de Estudos sobre Urbanização, Arquitetura e Preservação da FAU/USP, 2006.

______. Sobre a dispersão urbana em São Paulo. In: ______; PORTAS, Nuno; TANAKA, Marta (orgs.). *Dispersão urbana*: diálogo sobre pesquisas Brasil-Europa. São Paulo: FAU/USP, 2007. pp. 35-47.

______ (org.). *Sobre a dispersão urbana*. São Paulo: Via das Artes/FAU/USP, 2009.

RIO FERNANDES, José Alberto, SPOSITO, M. Encarnação B. (org.). *A nova vida do velho centro nas cidades portuguesas e brasileiras*. Porto: CEGOT, 2013.

ROITMAN, Sonia. Barrios cerrados y segregación social urbana. *Scripta Nova*, Barcelona, Universidad de Barcelona, v. VII, n. 146 (118), ago. 2003.

RYBCZYNSKI, Witold. *Vida nas cidades*: expectativas urbanas no novo mundo. Rio de Janeiro: Record, 1996.

SABATINI, Francisco; CÁCERES, Gonzalo; CERDA, Jorge. Segregação residencial nas principais cidades chilenas: tendências das três últimas décadas e possíveis cursos de ação. *Espaço & Debates*. São Paulo, v. 24, n. 45, 2004, pp. 60-74.

SABATINI, Francisco; BRAIN, Isabel. La segregación, los guetos y la integración social urbana: mitos y claves. *Eure*. Santiago do Chile, vol. XXXVI, n. 103, pp. 5-26, dez. 2008.

SALGUEIRO, Tereza Barata. Cidade pós-moderna: espaço fragmentado. *Território*. Rio de Janeiro, ano 3, n. 4, pp. 39-53, jan./jun. 1998.

______. *Lisboa*: periferias e centralidades. Oeiras: Celta, 2001.

SANTOS, Milton. Sociedade e espaço: a formação social como teoria e como método. *Boletim Paulista de Geografia*. São Paulo, n. 56, pp. 81-99, 1977.

______. *Metrópole corporativa fragmentada*: o caso de São Paulo. São Paulo: Nobel, 1990.

______. *A natureza do espaço*. São Paulo: Hucitec, 1996.

SARAVÍ, Gonzalo A. Mundos aislados: segregación urbana y desigualdad en la ciudad de México. *Eure*, Santiago do Chile, vol. XXXIV, n. 103, dez. 2008, pp. 93-110.

SCHOR, Tatiana. *O automóvel e a cidade de São Paulo*: a territorialização do processo de modernização (e de seu colapso). São Paulo, 1999. Dissertação (Mestrado em Geografia) – FFLCH – Universidade de São Paulo.

SEABRA, Odete C. de Lima. Territórios do uso: cotidiano e modo de vida. *Cidades*. Presidente Prudente, v. 1, n. 2, 2004, pp. 181–206.

SECCHI, Bernardo. *La città del ventesimo secolo*. Roma: Laterza, 2005.

SOBARZO, Oscar; SPOSITO, M. Encarnação. Urbanizaciones cerradas: reflexiones e desafíos. *Revista Ciudades*, RNIU, Puebla, México, n. 59, pp. 37-43, 2003.

SOJA, Edward. *Postmetrópolis*: estudios críticos sobre las ciudades y las regiones. Madrid: Traficantes de Sueños, 2008.

SOUZA, Marcelo L. *Urbanização e desenvolvimento no Brasil atual*. São Paulo: Ática, 1996.

______. A expulsão do paraíso: o "paradigma da complexidade" e o desenvolvimento sócio-espacial. In: CASTRO, Iná de, GOMES, Paulo C. da C., CORRÊA, Roberto L. *Explorações geográficas*. Rio de Janeiro: Bertrand Brasil, 1997, pp. 43-87.

______. *O desafio metropolitano*. Rio de Janeiro: Bertrand Brasil, 2000.

______. *ABC do desenvolvimento urbano*. Rio de Janeiro: Bertrand Brasil, 2003.

______. *A prisão e a ágora*. Rio de Janeiro: Bertrand Brasil, 2006.

______. *Fobópole*. Rio de Janeiro: Bertrand Brasil, 2008.

SPOSATI, Adailza et al. Debate. A pesquisa sobre segregação: conceitos, métodos e medições. *Espaço & Debates*, v. 24, n. 45, 2004, pp. 87-109.

SPOSITO, M. Encarnação B. O centro e as formas de centralidade urbana. *Revista de Geografia*. São Paulo: Unesp, v. 10, 1991, pp. 1-18.

______. Reflexões sobre a natureza da segregação espacial nas cidades contemporâneas. *Revista de Geografia*. Dourados, n. 4, set./dez. 1994, pp. 71-85.

______. A gestão do território e as diferentes escalas de centralidade urbana. *Território*. Rio de Janeiro, v. 3, 1998, pp. 27-37.

______. Multi(poly)centralité urbaine. In: FISCHER, André; MALEZIEUX, Jacques (dir.). *Industrie et aménagement*. Paris: L'Harmattan, 1999. pp. 259-86.

______. Novas formas comerciais e redefinição da centralidade intraurbana In: ______ (org.). *Textos e contextos para a leitura geográfica de uma cidade média*. Presidente Prudente: Pós-graduação em Geografia da FCT/Unesp, 2001. p. 235-54.

______. *O chão em pedaços:* cidades, economia e urbanização no Estado de São Paulo. Presidente Prudente, 2005. 508 f. Tese (Livre Docência) – Faculdade de Ciências e Tecnologia, Universidade Estadual Paulista.

______. Urbanização difusa e cidades dispersas: perspectivas espaçotemporais contemporâneas In: Reis Filho, Nestor Goulart (org.). *Sobre dispersão urbana.* São Paulo: Via das Artes, 2009, pp. 35-54.

______. A produção do espaço urbano: escalas, diferenças e desigualdades. In: Carlos, Ana Fani A.; Souza, Marcelo L., Sposito, M. Encarnação B. (org.). *A produção do espaço urbano*: agentes e processos, escalas e desafios. São Paulo: Hucitec, 2011, pp. 123-45.

______; Goes, Eda M. *Espaços residenciais fechados e cidades*: insegurança urbana e fragmentação socioespacial. São Paulo: Editora da Unesp, 2013.

Svampa, M. *Los que ganaron*: la vida en los countries y barrios privados. Buenos Aires: Editorial Biblos, 2001.

Vasconcelos, Pedro de A. A aplicação do conceito de segregação residencial ao contexto brasileiro da longa duração. *Cidades.* Presidente Prudente, geu, v.1, n. 2, 2004, p. 259-74.

______. *Contribuição para o debate sobre os processos e formas sócio-espaciais das cidades.* Texto para a reunião do geu, 2011.

Vidal, Laurent. Les mots de la ville au Brésil, un exemple: la notion de "fragmentation". *Cahiers des Amériques Latines.* Paris, n. 18, jui/déc. 1994, pp. 161-81. Disponível em: <http://www.iheal.univ-paris3.fr/IMG/CAL/cal18-ist1.pdf>. Acesso em: 31 jan. 2012.

Villaça, Flávio. *O espaço intraurbano no Brasil.* São Paulo: Studio Nobel, 1998.

A PRÁTICA ESPACIAL URBANA COMO SEGREGAÇÃO E O "DIREITO À CIDADE" COMO HORIZONTE UTÓPICO

Ana Fani Alessandri Carlos

LOCALIZANDO O DEBATE

A reflexão desenvolvida neste capitulo[1] parte de uma tese: a segregação – característica fundamental da produção do espaço urbano contemporâneo –, em seus fundamentos, é o negativo da cidade e da vida urbana. Seu pressuposto é a compreensão da produção do espaço urbano como condição, meio e produto da reprodução social – portanto um produto histórico e de conteúdo social. Submetida à lógica da acumulação, essa produção realiza a acumulação capitalista cujos objetivos se elevam e se impõem à vida e aos modos de uso do espaço. Deste modo, o espaço urbano produzido sob a égide do valor de troca se impõe ao uso social da cidade. Este processo realiza a desigualdade na qual se assenta a sociedade de classes, apoiada na existência da propriedade privada da riqueza que cria acessos diferenciados dos cidadãos à metrópole, em sua totalidade, a partir da aquisição da moradia. A produção do espaço urbano funda-se, assim, na contradição entre a produção social da cidade e sua apropriação privada. A existência da propriedade privada da riqueza apoiada numa sociedade de classes e a constituição do espaço como valor de troca geram a luta pelo "direto à cidade".

A produção da metrópole, em sua monumentalidade, evidencia-se como espaço de constrangimentos, interditos, regras e normas. No plano da prática socioespacial,[2] ela é vivida como estranhamento, revelando a pobreza do mundo humano, na medida em que sua produção como valor de troca orienta e define todos os momentos da vida, privando o indivíduo de seu conteúdo social. Nesse processo, a metrópole aparece como uma potência estranha (sua produção, apesar de social, é exterior ao homem), o cidadão destituído da atividade criativa constitutiva do humano. Na metrópole contemporânea brasileira – onde a segregação ganha sua dimensão mais profunda –, constata-se a passagem que vai do mundo estranho dos objetos (o processo de produção de mercadorias orientando as relações sociais) à reprodução do espaço urbano em fragmentos como extensão do mundo da mercadoria a todas as esferas da vida como condição de realização da reprodução capitalista. Neste momento, o espaço passa a ser produzido como mercadoria, em si, como momento necessário de efetivação da acumulação.[3]

A segregação vivida na dimensão do cotidiano (onde se manifesta concretamente a concentração da riqueza, do poder e da propriedade) apresenta-se, inicialmente, como diferença, tanto nas formas de acesso à moradia (como a expressão mais evidente da mercantilização do espaço urbano), quanto em relação ao transporte urbano como limitação de acesso às atividades urbanas (como expressão da separação do cidadão da centralidade), bem como através da deterioração/cercamento/diminuição dos espaços públicos (como expressão do estreitamento da esfera pública). Esta diferenciação ganha realidade como separação/apartamento, condicionando as relações sociais, assim como o modo como cada cidadão se apropria do espaço. Deste modo, a segregação surge em contradição à reunião (sentido mais profundo da prática urbana) como porta de entrada para a compreensão da condição urbana, hoje, na metrópole. Seu entendimento, todavia, situa-se e explica-se no movimento do processo de produção do espaço urbano como momento da reprodução da vida humana no plano da prática socioespacial – tal processo imerso na totalidade da reprodução social.

Sob o capitalismo, a produção do espaço realiza-se na contradição fundante do próprio ato de produzir: uma produção social (que, nesta dimensão, revela-se como momento de criação e realização do ser social) em conflito frontal com sua apropriação privada (o espaço tornado mercadoria subsume, no processo capitalista, as formas de apropriação ao mercado como momento de alienação). Esta contradição, no processo de produção, pressuposta na estruturação da sociedade capitalista, se desenvolve no movimento da constituição da propriedade, bem como sua forma jurídica, o contrato social que determina quem é o dono da propriedade, auferindo-lhe direitos e acessos à vida urbana. Isso significa afirmar que como mediação necessária entre cidadão-cidade nos deparamos com a propriedade privada da riqueza social, incluindo-se o espaço socialmente produzido.

A produção do espaço envolve vários níveis da realidade como momentos diferenciados da reprodução geral da sociedade: o da dominação política, o das estratégias do capital objetivando sua reprodução continuada e o das necessidades/desejos vinculados à realização da vida humana. Esses níveis correspondem à prática socioespacial real que se revela produtora dos lugares, encerrando, em sua natureza, um conteúdo social dado pelas relações que se realizam num espaço-tempo determinado, na qualidade de processo de produção/apropriação/reprodução dos indivíduos em sociedade. Tal prática, ao se realizar no plano do lugar, expõe a construção de uma história coletiva nas atividades e nos atos da vida cotidiana como modo de apropriação que se realiza por meio das formas e possibilidades de acesso e uso dos espaços-tempos.

Este é o caminho necessário para encontrar os fundamentos da segregação socioespacial como forma das desigualdades (desdobrada na contradição do espaço entre valor de uso/valor de troca) e como especificidade da cidade contemporânea, o que será analisado aqui a partir da metrópole. Portanto, se a propriedade dos meios de produção e da terra atravessa a história, no capitalismo ela se torna abstrata e, em sua forma jurídica, naturalizada. Convém não esquecer que as constituições burguesas do século XVIII colocam a propriedade como direito, situação esta que vigora até hoje, orientando e determinando as relações sociais de produção e o lugar de cada um na cidade.

A prática espacial se apoia na determinação dos valores de uso dos lugares cuja origem se situa no culto da religião. Deste modo, nota-se que seu sentido subjetivo não se separa da materialidade objetiva que permite que as relações sociais se realizem, mas, pelo contrário, liga-se dialeticamente a ela, revelando um conjunto articulado de lugares – espaços-tempos de realização da vida urbana. No mundo moderno, esta prática aponta o movimento de passagem, na história, da cidade produzida como lugar da vida – portanto como uso – para a cidade reproduzida sob os objetivos da realização do processo de valorização: a cidade como valor de troca sob a lógica que a torna mercadoria. Assim, a segregação é expressão do desdobramento da contradição que produz o espaço urbano (decorrente da dupla determinação do trabalho de gerar valor e de satisfazer uma necessidade) que é, ao mesmo tempo e dialeticamente, valor de uso (condição necessária à realização da vida) e valor de troca (mercadoria cujo uso está submetido ao mercado imobiliário visando à produção do valor). Com isto quero dizer que se a segregação está posta como fenômeno urbano que acompanha a criação das cidades em vários momentos de sua história, sob o capitalismo ela ganha outra forma: a produção do espaço – mercadoria como momento de realização do processo de acumulação. No plano da produção do espaço urbano, portanto, a segregação aparece como forma lógica da separação dos elementos constitutivos da cidadania ligados ao capital, que hierarquiza e separa como forma positiva de diferenciação.

Seria impossível, entretanto, analisar essa realidade contraditória sem nos atentarmos ao fato de que a urbanização brasileira realiza-se num quadro histórico de dependência em relação às economias centrais do capitalismo. A produção das metrópoles latino-americanas criadas no processo de urbanização decorrente da industrialização poupadora de mão de obra, assentada em altas taxas de exploração da força de trabalho e com extrema concentração de riqueza, deixou à margem do processo industrial (todavia produto dele) um contingente de mão de obra que se abrigou no setor informal da economia e obrigou imensas parcelas da sociedade a ocupar lugares acessíveis às suas rendas irrisórias. Coube a essa parcela ocupar as periferias, com seus terrenos baratos pela ínfima ou total falta de infraestrutura ou construindo as favelas nas áreas onde a propriedade do solo urbano não vigorava – isto é, terrenos em litígio ou de propriedade pública. Esse processo produziu a explosão da cidade antiga com a extensão do tecido urbano, amontoando pessoas em habitações precárias, submetidas à lógica e ao tempo linear e abstrato da esfera produtiva.

Sob a orientação da industrialização, a cidade se tornou força produtiva do capital com a concentração de capital fixo capaz de permitir que os momentos de realização do ciclo econômico pudessem constituir-se em sua totalidade, realizando-se no espaço e no tempo em sua continuidade e simultaneidade. De um lado, a produção do espaço urbano, comandada pelas necessidades sempre acrescidas da realização do processo de acumulação e da generalização do mundo da mercadoria, torna o uso do espaço da cidade cada vez mais dominado pelo valor de troca. De outro lado, com o desenvolvimento do capitalismo (cuja acumulação requer um movimento constante de realização do lucro, trazendo com isso a necessidade de ampliação de sua base social) o processo de industrialização, aos poucos, vai se constituindo e se impondo à vida cotidiana. Pelo desenvolvimento do mundo da mercadoria, que, ao se realizar, cria o cidadão como consumidor e usuário de serviços, elimina-se aos poucos o sentido da cidade como obra, espaço de criação e gozo. Isto porque a acumulação do capital tem, no espaço, uma condição primordial; sob a industrialização, ele é condição de realização do ciclo de produção da mercadoria envolvendo processos de produção e de circulação necessários à distribuição e consumo da mercadoria, como movimento necessário à realização do lucro. Assim, ao produzir e realizar a mercadoria, como movimento do processo de valorização, o capitalismo produz um espaço que lhe é próprio, mas também produz o espaço como mercadoria. Deste modo, o sentido do espaço redefine-se à medida que os lugares da cidade se produzem por meio de um processo de trabalho gerador de mais-valia. Neste processo, a cidade implodida-explodida em periferias é a gênese da metrópole.

Como decorrência disso, redefinem-se os usos do espaço que passa a depender por inteiro das condições e necessidades desta realização; daí a aliança entre as esferas/planos político e econômico na elaboração das políticas públicas que orientam a ocupação do espaço, a construção da infraestrutura, a distribuição do orçamento visando à realização do processo de valorização onde o solo urbano ganha centralidade. Dominando a vida urbana, a indústria produziu o mundo da mercadoria, submetendo toda a sociedade a sua lógica reprodutiva fora do ambiente da fábrica. Para uma imensa parcela da sociedade, a vida urbana constitui-se pela precariedade absoluta, envolvida num processo de trabalho dividido e sem conteúdo, numa cidade que não lhe pertence e com a qual não se identifica.

DA MORFOLOGIA SEGREGADA À SEGREGAÇÃO COMO FORMA DA DESIGUALDADE

O caminho da reflexão propõe o movimento que vai das formas da metrópole (a paisagem diferenciada, a morfologia fragmentada, a monumentalidade com a qual a arquitetura espetacular se impõe à mobilidade, as vias de trânsito que se elevam como barreiras intransponíveis aos passos, a deterioração e o cercamento dos espaços públicos), passando pelas representações de uma imagem de caos criada pela mídia, aos conteúdos que fundamentam a prática socioespacial fragmentada no espaço e no tempo. As formas propõem a) diferenciações no uso por meio das diversas formas de acesso ao espaço urbano, que se expressam na diferenciação entre centro e periferia e dentro de cada um deles; b) apontam os contrastes entre o "rico" e o "pobre" e entre este e a "miséria absoluta" (aqueles que moram embaixo das pontes ou nos bancos das praças e erram pela cidade durante dia). Numa primeira aproximação (insuficiente, mas necessária), apontam a metrópole como mosaico de lugares diferenciados em seus contrastes profundos entre arquiteturas, materiais construtivos, densidade de infraestrutura, que sumariamente distingue a pobreza da riqueza e hierarquiza os indivíduos na cidade. Vai-se assinalando, assim, a diferenciação na acessibilidade dos membros da sociedade ao espaço urbano socialmente produzido, e, com isso, a existência da propriedade do solo urbano delimitador dos acessos, mas também das separações que se fazem nos lugares. As faixas e seguranças limitam os passos e apartam os corpos com sua presença, recriam no lugar a hierarquização social – definida pelo poder de classe e pelo dinheiro.

A cidade, produto e obra,[4] encontra-se sob as determinações do capitalismo, que tornou a própria cidade uma mercadoria e determinou seu uso pela lógica das relações que envolvem e permitem a criação da mercadoria no movimento do processo de valorização do valor. O espaço urbano tornado mercadoria faz com que seu acesso seja determinado pelo mercado imobiliário; deste primeiro acesso redefinem-se outros – por exemplo, o acesso a bens e serviços urbanos, à centralidade –, uma vez que os usos (tanto produtivos quanto improdutivos) submetidos ao valor de troca se articulam a partir do lugar da moradia. Essa diferença revela-se numa apropriação privada determinada pela distribuição da riqueza, portanto da posse da riqueza gerada sob sua forma privada envolvendo, diferencialmente, toda a sociedade. Nesta condição, o espaço revela-se como homogêneo em função da intercambialidade imposta a ele, ao mesmo tempo que fragmentado pela existência do mercado imobiliário que divide a cidade em pedaços para vendê-la. Por sua vez, a contradição homogeneidade-fragmentação constitui a hierarquização dos lugares na metrópole definindo os usos por meio de suas funções determinadas pela divisão do trabalho (social e técnica). Assim, se o processo de homogeneização vincula-se à generalização do espaço como mercadoria, a fragmentação pelo mercado revela a existência, no espaço, da propriedade privada do solo urbano que se realiza no desenvolvimento do capitalismo, no mercado imobiliário.

A realização da propriedade privada significa a divisão e parcelarização da metrópole e, com isso, a desigualdade do processo de produção do espaço urbano que se percebe de forma clara e inequívoca no plano da vida cotidiana, inicialmente no ato de morar, que coloca o habitante em confronto com a existência real da propriedade privada do solo urbano. À medida que a acumulação segue seu curso, o espaço produzido como prática socioespacial vai se fragmentando, apontando a propriedade da riqueza social gerada, que subsume o espaço socialmente produzido. A fragmentação se explica, assim, pelo fato de que a extensão do valor de troca do solo urbano divide e parcela o espaço, disponibilizando-o para o mercado de moradia e, nesta condição, a propriedade privada do solo, associada à existência de rendas diferenciadas no seio da sociedade, justapõe morfologia social/morfologia espacial (produto da subordinação ao valor de troca e à realização do mundo da mercadoria).

Deste modo, o sentido da cidade como reunião de todos os elementos definidores da vida humana e simultaneidade dos atos e atividades de sua realização, como possibilidade do uso dos espaços-tempos que compõem a vida, contém aquilo que a nega: a produção da segregação como separação e apartamento implicando uma prática social cindida como ato de negação da cidade. Este fenômeno gera na metrópole contemporânea um desdobramento. O movimento da reprodução do espaço, fundado na fragmentação das parcelas da cidade, ganha uma dimensão mais ampla: o que esta à venda, além de suas parcelas, é a própria metrópole através do planejamento estratégico e do *marketing* urbano. Essa estratégia do capital situa-se na necessidade de criar novas fronteiras de acumulação. Um exemplo disso é a "renovação urbana", principalmente das áreas centrais, como estratégica para a superação da contradição entre a necessidade de áreas passíveis de incorporação pelo mercado imobiliário numa metrópole superedificada e a condição de raridade do espaço produzida pelo próprio desenvolvimento do capitalismo.

A CONTRADIÇÃO CENTRO-PERIFERIA

Na metrópole contemporânea, a contradição centro/periferia se complexifica sem superar-se, atualizando-se por meio da contradição integração/desintegração dos lugares ao capitalismo mundial. Essa contradição aprofunda a separação entre os lugares do negócios com sua arquitetura global – caso da constituição de um eixo empresarial-comercial, sob a orientação do capital financeiro, que se estende a partir do centro da metrópole paulistana[5] – e as periferias heterogêneas e dispersas.

A centralidade é elemento constitutivo da cidade, seu fundamento teórico e prático,[6] e contempla os conteúdos e significados da cidade como processo civilizatório. A reunião/concentração como conteúdo cria um referencial espaçotemporal que orienta a realização da vida, posto que determina as relações sociais a partir da construção de referenciais que criam e sustentam a identidade. Historicamente, a cidade constitui reunião de um conjunto de elementos que governam e tornam a vida, em sociedade, possível. Reunião mas também simultaneidade das relações sociais e das ações dos grupos, esses elementos permitem a participação de cada um nos destinos da cidade. Nó de tudo que é passível de ser reunido, o centro é a concretização da participação dos indivíduos e da realização da cidadania como exercício da esfera pública, daí a importância dos espaços públicos que materializam esta possibilidade. Ele é a probabilidade sempre acrescida do encontro, que permite a construção de uma história coletiva a partir das histórias particulares. Encerra, também, um sentido lúdico, já que é campo de encontro e de troca social além da festa e da comemoração. É, também, o tempo acumulado que constitui, em cada momento, possibilidade real de apropriação e manifestação essencial da vida urbana, o que é inerente à urbanidade. Reveste-se, também, de um caráter simbólico não negligenciável. A centralidade, todavia, produz também a hierarquia dos lugares e dos usos. Mas esta aproximação do sentido da cidade como o da centralidade e da existência de um centro material e concreto das ações dos cidadãos, demonstra que os usos possíveis deste espaço guardam normatizações e interditos que implicam seu esvaziamento.

No seu movimento constitutivo, a centralidade também produziu seu negativo, isto é, ao concentrar todos os momentos essenciais à vida urbana ela libera atividades que lhe são próprias, construindo pequenos centros em geral monofuncionais (ou englobando os já existentes em função da expansão do tecido urbano). O centro deteriora-se com o deslocamento de atividades econômicas e de serviços, centros de lazer, lugares de festa no espaço metropolitano como movimento da centralidade que se espraia. Este esvaziamento real e simbólico acompanha o crescimento do tecido urbano e da centralização do capital. Há, no entanto, dois movimentos: o primeiro é o deslocamento de algumas atividades contidas no centro histórico da metrópole e de deslocamento da população de alto poder aquisitivo e o segundo é o espraiamento desse centro, como extensão física da centralidade. Esse desenvolvimento contraditório do centro é resultante de seu congestionamento, bem como da escassez dos lugares passíveis de serem ocupados pelos setores novos da economia, vinculados ao setor financeiro.

Na contrapartida, a perifeira é o outro da centralidade, ela a nega. O processo de urbanização expulsa e segrega parcela significativa da sociedade sem acesso ao solo urbano. A industrialização produziu uma urbanização que gerou a implosão/explosão[7] da cidade histórica, sob a industrialização, o que produziu periferias desmedidas separando imensos contingentes sociais do centro e dos conteúdos da centralidade constitutivas da urbanidade e da vida de relações. Ela constitui, inicialmente, isolamento e separação. Portanto, o uso da cidade como suposto primeiro da realização da vida se inverte sob a lógica capitalista que se impõe, tornando todos os seus produtos mercadorias cujo acesso se realiza, necessariamente, por meio do mercado. A produção do espaço urbano, ao ser subsumido ao valor de troca, reduz a metrópole a uma função econômica, fonte de investimento, portanto geradora de lucro; o espaço, como atividade constitutiva da prática social, submetido ao império da lei do valor, redefine os horizontes reais e concretos da realização da vida. A construção da periferia se realiza concretizando esse processo.

A constituição da metrópole como concentração/centralização do capital e do poder, em sua extensão desmesurada, amplia e transforma continuadamente as imensas periferias, que ao se consolidarem perdem o caráter homogêneo, dispersando-se e englobando, em seu tecido urbano, antigos centros. Nesse processo de expansão, o espaço realiza-se como valor de troca, fonte de valorização, material e socialmente, pela realização da propriedade privada do solo urbano, como expressão da riqueza social. Esta expansão desigual do tecido urbano realiza outra desigualdade: a periferia cria lugares de concentração/dispersão. Portanto, no movimento da reprodução do espaço a periferia, hoje, se complexifica contemplando isotopias – os grandes condomínios fechados, os *clusters* industriais – e heterotopias – espaços-tempos da vida cotidiana acessados de forma diferenciada em função do lugar e da classe que cada um ocupa nesta sociedade. Se a forma heterogênea aponta, contraditoriamente, uma sociedade de desiguais separados claramente pela arquitetura cujos muros e cercas não deixam dúvidas, esta fragmentação dos tecidos social e espacial aponta a necessária convivência entre classes diferenciadas. A submissão extremada às necessidades de sobrevivência relaciona pessoas e classes diversas por meio da relação de trabalho entre patrões e empregados (nos condomínios murados, por exemplo).

A periferia se produz, em si, de forma contraditória, se constituindo de imensas áreas ocupadas por autoconstrução, em que as favelas e as "ocupações" mostram, de forma dramática, a existência da propriedade privada do solo urbano como condição e pressuposto da construção da moradia. Seu negativo são as áreas de construção dos "condomínios fechados", apontando a contradição entre o espaço homogêneo (consequência da extensão do mundo da mercadoria que cria as bases de uma identidade abstrata em contradição com identidades locais produzidas por particularidades históricas que se fundam numa prática socioespacial vivida) e o espaço fragmentado pela propriedade privada do solo.

Na contradição centralidade/dispersão, uma estrutura urbana impõe uma ordem e uma norma que se materializa nas relações de imediaticidade ligadas a um modo de viver, de habitar, de modular o cotidiano em suas conexões diversas impondo, no plano do vivido, as determinações do global. No curso do desenvolvimento social, como resultado do trabalho social geral que introduz na produção do espaço a lógica do mercado imobiliário, a ocupação do solo urbano aparece como um momento do processo produtivo de valorização do capital preso à racionalidade do processo de produção de mercadorias. Aqui as políticas públicas ganham papel preponderante criando infraestrutura necessária ao crescimento, orientando a produção/ocupação do espaço urbano. Com essas transformações, especializam-se as funções, aprofundando a divisão espacial do trabalho e o "apartamento" da sociedade no espaço urbano, pois as estratégias que percorrem o processo de reprodução espacial (que são de classe) se referem a grupos sociais diferenciados, com objetivos, desejos e necessidades específicos, o que tornam as estratégias conflitantes. É deste modo que o espaço aparece como instrumento político intencionalmente organizado e manipulado e um poder nas mãos de uma classe dominante.

A prática espacial urbana, no momento do processo de implosão/explosão, vai manifestando a extrema separação/dissociação dos elementos de uma vida fragmentada, na separação dos espaços da realização da vida cotidiana entre lugar de moradia-lugar de trabalho. Isso exige tempo de deslocamento, subtraído do tempo de não trabalho, e cria lugares específicos de lazer à medida que as ruas dos bairros se esvaziam de seu sentido lúdico e de ponto de encontro. A vida cotidiana realiza a contradição homogêneo/fragmentado ao mesmo tempo que se apresenta invadida por um sistema regulador que formaliza e fixa as relações sociais reduzindo-as a formas abstratas. Deste modo, a segregação difunde-se no processo de extensão do tecido urbano no movimento da produção do espaço urbano sob a ordem do capital.

O ESPAÇO URBANO COMO VALOR DE TROCA

O que aparece e se confunde com a segregação é o espaço dos condomínios fechados. Trata-se de espaço constrangedor, homogêneo, uniforme, cercado e vigiado, que mutila o urbano. O que ele esconde por meio do discurso da natureza, da segurança e da exclusividade é uma estratégia imobiliária capaz de realizar a propriedade privada da riqueza e a lógica da realização do lucro, por meio do uso e da ocupação do espaço. Oposições e contrastes vão estabelecendo conflitos ao mesmo tempo que revelam uma ordem autoritária sob o domínio do capital. Isto porque, como já apontamos, a produção do espaço sob o capitalismo tornou, ele próprio, uma mercadoria e nesta condição encerra a contradição entre valor de uso e valor de troca, cujo acesso ocorre através do mercado. Neste sentido, a reprodução do espaço urbano sinaliza, em seu desdobramento, a produção da metrópole subordinada aos interesses particulares do grande capital, delineando a tendência da submissão dos modos de apropriação do espaço ao mundo da mercadoria e à propriedade, sob a égide do capital financeiro. No urbano, portanto, o desenvolvimento da propriedade apresenta novos usos e impõe normas objetivas, criando os limites e interditos físicos a partir das articulações entre os espaços-tempos de lazer, do trabalho e da vida privada em lugares estabelecidos com funções rígidas e, como consequência, expõe, espacialmente, a hierarquia social. Esse processo revela-se como fundamento da segregação que caracteriza o espaço urbano, onde a desigualdade socioespacial se aprofunda, pela incorporação de todo o espaço como condição da extensão do mundo da mercadoria.

Consequentemente, tal processo pressupõe e realiza a desigualdade como fundamento, imanente ao capitalismo. Na sociedade capitalista, ela aparece como manifestação de um bem alienado, o que pressupõe uma hierarquia de classes diferenciada numa estrutura de poder que alija como forma contratual abstrata, enquanto privada, e que se universaliza como equivalente da mercadoria. Isto é, a propriedade como monopólio de uma parcela do planeta faz da posse privada a condição da produção capitalista com vistas à realização do lucro, tornando a cidade uma força de trabalho para o capital e uma fonte de lucro, subsumindo o uso às condições econômicas que se orientam pela lógica da valorização. Assim, a propriedade, ao longo do processo de constituição capitalista, participa do processo de valorização do capital como necessidade de expansão de sua base produtiva e como implicação de fragmentos da cidade produzidos pela lógica do mercado imobiliário que faz do solo urbano um momento do processo de valorização do capital. Esses fragmentos se articulam e se fundam na produção de um espaço homogêneo dado pela sua condição de intercambialidade. Dessa forma, a produção capitalista, ao incorporar o solo urbano como mercadoria, transforma-o em valor de troca; nesta condição o espaço torna-se produtivo e, dessa forma, redefine a produção da cidade. Portanto, a extensão do capitalismo, longe de prescindir do espaço, faz dele meio e condição de seu constante processo de valorização.

No plano da prática socioespacial é o momento em que o valor de troca a) subordina as relações na cidade; b) normatiza as atividades; c) redireciona a prática socioespacial; d) impõe a racionalidade da ordem econômica, invadindo e determinando o social com a funcionalização dos lugares da cidade; e e) realiza a cisão dos elementos da vida urbana esvaziando-a dos seus conteúdos. Na sua relação imediata com a propriedade, funda as relações sociais, coagindo e dominando a troca (que é uma relação elementar da vida social), definindo o encadeamento das relações sociais.

Se a existência da propriedade esfacela a cidade limitando seu acesso, promovendo separações de usos e funções, restringindo a prática socioespacial, o que une e dá sentido a estes fragmentos é a existência do Estado, normatizando o cotidiano, legitimando a propriedade privada do solo como direito (no plano do jurídico), direcionando o processo de valorização/desvalorização dos lugares por meio de políticas públicas e da manipulação dos orçamentos, da cooptação do conhecimento que produz o saber técnico (o que revela o caráter utilitário da ciência produtora de informação), criando o discurso que funda a lógica do crescimento e justifica a distribuição dos recursos aplicados nos espaços produtivos visando à reprodução do lucro. O sentido da intervenção no urbano une o político e o econômico a partir de estratégias que visam permitir a realização do valor que tem o Estado como orientador dos investimentos por meio da construção de infraestrutura e de normas, viabilizando a reprodução do capital. Há, portanto, uma violência inerente a esse processo de produção do espaço urbano sob o capitalismo.

A segregação, como forma da desigualdade inerente à produção do espaço urbano, está na base do conflito na metrópole, permitindo por seu intermédio decifrar a) os conteúdos do processo histórico que a produz como condição de realização da reprodução social fundada na propriedade privada e sua extensão e b) o modo como a produção capitalista metamorfoseia a metrópole existente determinando a reprodução do espaço como momento necessário a sua acumulação.

Portanto, a segregação desvenda, como fundamento, a propriedade como fonte de riqueza numa sociedade apoiada num conjunto de relações sociais, as quais, como afirma Martins,[8] têm na propriedade da terra uma base sólida e uma orientação social e política que freia firmemente as possibilidades de transformação social profunda da sociedade.

A metrópole, situando-se no movimento mais amplo da reprodução do espaço é, assim, condição/meio e produto da reprodução social em sua totalidade (enquanto materialização das relações sociais).

A PRÁXIS FRAGMENTADA

O final do século XX, no Brasil, aponta uma passagem da produção à reprodução do espaço urbano, isto é, da metrópole industrial (produzida sob a hegemonia do capital industrial e fundada na relação capital-trabalho, das relações sociais definidas no estrito âmbito da fábrica e das lutas em torno da jornada de trabalho) à metrópole financeira sob a hegemonia do capital financeiro (da vida submetida ao cotidiano urbano, da constituição do homem como consumidor de signos e espetáculos que a vida metropolitana permite em escala cada vez mais ampliada). Ao longo deste período, uma urbanidade, subsumida ao dinheiro e ao objeto de posse, pontua as relações sociais e povoa o imaginário. Constata-se no período, também, o movimento que vai da internacionalização do capital ao da mundialização da sociedade como sociedade urbana. A extensão deste processo, ao ganhar potência produtiva – criando a metrópole pós-moderna –, adquire força destrutiva ao esvaziar os lugares da vida e a participação na orientação do governo urbano em detrimento da lógica de reprodução dos espaços produtivos.

A mobilização da riqueza comanda o sentido das intervenções no espaço urbano pela união entre o político e o econômico a partir de estratégias que visam permitir a realização do valor, viabilizando a acumulação do capital. A expansão da propriedade como extensão no espaço toma todos os lugares, subjugando-os a uma nova ordem. Uma hierarquia se reproduz em suas minúcias estabelecendo os limites definidos entre estratos de poder, de renda, círculo de amizades etc., revelando-se em todas as possíveis formas de uso. No plano da prática, a extensão da propriedade vai da residência e seu entorno ao acesso aos estádios esportivos, arenas de shows e espetáculos e shopping centers, passando pelas condições de mobilidade no espaço urbano. A restrição de transporte isola, fixa, imobiliza e aparta da sociedade as pessoas que moram na periferia, enquanto a constante necessidade de fluidez no espaço, imposto pelo aumento da velocidade no tempo de valorização, produz uma rede de circulação, densa mas localizada, que aprofunda separações impedindo o movimento dos corpos no espaço.

A propriedade privada da riqueza e, consequentemente do solo urbano, como forma natural advinda da existência de sua forma contratual, se põe entre a vida humana e a apropriação do espaço urbano (como construção social). Da estrutura social fundada na propriedade privada como direito, não só dos meios de produção, mas da riqueza e de tudo que ela garante e legitima, a metrópole se fragmentada e a vida se desintegra realizando-se nestes fragmentos subsumidos à lógica da mercadoria e de seu mundo (promovidos pela mercantilização dos pedaços do solo urbano). Os usos e funções dos lugares impõem-se com naturalidade pela força invisível das normas e convenções. A prática cindida numa metrópole fragmentada encobre os significados da produção do espaço metropolitano como um momento constitutivo da sociedade. Fundada numa estratégia de classe, a segregação que daí decorre, apoiada pelas instituições em todos os níveis da vida, submete as relações sociais em todos os espaços-tempos da vida cotidiana, destruindo a cidade, esvaziando sociabilidades, ameaçando a vida urbana e as ações possíveis em direção à participação de todos nos rumos definidores da cidade.

O encolhimento da esfera pública no mundo moderno e da expansão da esfera privada é uma realidade que vem se impondo na metrópole. Com ela, reduzem-se as possibilidades da vida humana definida no âmbito da sociabilidade, das trocas como consequência da reunião diante de espaços públicos deteriorados ou de parques/áreas verdes como espaço da contemplação passiva, mais do que da ação cívica. Para esta situação, contribuem as representações que assumem papel importante na dissimulação da participação do indivíduo no projeto coletivo da cidade. O espaço público saturado de imagens, signos do urbano e da vida moderna, age como elemento norteador dos comportamentos e definidor dos valores que organizam a troca, hierarquizando os indivíduos por meio de seu acesso aos lugares da cidade. Nesse sentido, a produção da metrópole contemporânea também aponta a passagem do espaço do consumo ao consumo do espaço, momento este em que o uso e as formas de apropriação do espaço da realização da vida se submetem e se orientam sob os desígnios da troca mercantil e das representações da mercadoria (e seu mundo) como condição da reprodução da sociedade imersa no mundo do espetáculo da sociedade de massas, como consciência alienada.

No âmbito da vida privada, permanece a privação (que é para Lefebvre o sentido da palavra privado), ou melhor, opera-se a re-privatização da vida e pelos mesmos meios o poder e a riqueza se personalizam. A construção de uma cidadania restrita se revela neste movimento em que a vida se fecha nas simulações da vida social por meio da cultura e do esporte, por exemplo "Espetacularização" (do espaço) e "celebrização" (do indivíduo) marcam este empobrecimento, revelando novos conteúdos da urbanidade. O mundo vem camuflar as frustrações, os exemplos são notórios: os BBBs estimulam e realizam o voyeurismo, simulando a participação do público nas decisões de quem fica ou sai do programa, enquanto o *Facebook* propõe a "celebrização" de indivíduos absolutamente normais, num glamour e importância forjados pela postagem de cenas banais e pela quantidade de seguidores. Neste movimento, a vida metropolitana, de um lado, na constituição de uma *identidade abstrata* – que transfigura o cotidiano impondo os signos de um modelo manipulador e organizando as relações sociais direcionadas pelo consumo dos signos e do espetáculo – e, de outro, na privação dos direitos – que fundam e orientam as relações sociais –, apresenta a condição subalterna da sociedade como reprodutora mecânica ampliando as condições da privação. Esta prática nega a realização da essência humana, que é resultado da totalidade do processo social. Ao ser destituído desta totalidade, o indivíduo dela se perde e a prática socioespacial segregada repõe, constantemente, a negação do humano e da cidade.

DA DESIGUALDADE À LUTA PELO DIREITO À CIDADE

O movimento da reprodução, realizando-se por meio do espaço urbano, produz a metrópole como negócio, num movimento que se orienta pela realização do valor de troca como momento de valorização do capital, o que torna o espaço produtivo – isto é, o espaço como condição da reprodução econômica sob a hegemonia do capital financeiro. Nesse processo, as políticas públicas ganham relevância uma vez que só o poder público pode desapropriar, regular o mercado e criar infraestrutura, bem como leis de remoção da população de áreas nobres ou tornadas nobres com a extensão do tecido urbano, de modo a garantir incentivos para que os capitais se reproduzam sem sobressaltos. Deste modo, a re-produção do espaço repõe constantemente a questão da propriedade privada da riqueza sob a forma da terra ou do solo urbano e de sua realização como contradição valor de uso/valor de troca. Um processo que não ocorre sem violência.

A existência da propriedade privada da riqueza cria situações inumanas de existência na metrópole, como bem o provam a realidade dos cortiços na área central, das favelas, das ocupações nas franjas sempre afastadas da mancha urbana apontando os traços mais visíveis desta condição inumana. Mas o inumano[9] não se reduz à simples presença e ao domínio do econômico; revela-se numa dimensão mais ampla, que envolve um conjunto de mediações que vão da educação aos meios de comunicação midiáticos até o modo como a democracia representativa se desenvolve, eliminando a participação e apontando o homem privado de direitos. Esse processo integra, dialeticamente, a luta em torno dos usos do espaço, que é inseparável da luta contra a lógica despótica do capital e da regulação do Estado em sua relação com o espaço e de sua dominação sob a mediação de políticas direta ou indiretamente espaciais.

A metrópole como fonte de privação explica a existência das lutas em torno do espaço como produto da constatação das contradições que estão na base da construção do urbano no Brasil, explodindo em conflitos que questionam suas estruturas. O desenvolvimento da propriedade e da apropriação privada da riqueza social gerada encontra seus limites na existência social, na consciência que surge da massacrante desigualdade. Trata-se do trabalho do negativo que surge da práxis e aposta na construção de um projeto de "uma outra sociedade" capaz de contestar a propalada "missão civilizatória do capital", questionando a ideia de cidadania no momento em que o cidadão desaparece, envolvido no mundo das coisas, transformado em consumidor de bens e serviços, e, nesta condição, reduzido à passividade.

Os movimentos sociais que vão surgindo em vários pontos da metrópole apontam as necessidades urgentes de superação desta situação, mas também a necessidade de transformação radical da sociedade, como aposta de uma mudança mais profunda numa metrópole vivida como privação, estranhamento e caos. As lutas pela apropriação do espaço urbano que surgem no cotidiano questionam o sentido da metrópole produzida sob a égide do processo de valorização que aprofunda e encobre os mecanismos de segregação. Essas lutas sinalizam a consciência da extrema privação, mas sua leitura não se fecha na esfera dos bens necessários a sua vida, pois refere-se, também, à escala da realização dos desejos de um projeto muito mais complexo capaz de mudar a vida. Sua existência ilumina a contradição valor de uso-valor de troca adquirindo potência negativa. Ao se definirem pela recusa a esta situação, muitos colocam o "direito à cidade" no centro da luta, orientando-a.

Mal definidos, os conteúdos sobre o que se espera e se pensa dos "diretos à cidade" exigem uma reflexão profunda. Nos termos apontados por Henri Lefebvre, ele coloca em xeque a totalidade da sociedade submetida à economia e à política que a sustenta e apoia. Para o autor, o direito à cidade manifesta-se como forma superior dos direitos, na condição de direito à liberdade, à individualização na socialização, ao habitat e à habitação. O direito à obra (atividade participante) e o direito à apropriação (bem distinto da propriedade) se imbricam dentro do direito à cidade, revelando plenamente o uso.

Nesta orientação, é possível entender o "direto à cidade" como uma necessidade prática de superação da contradição valor de uso-valor de troca, que só se resolveria na superação daquilo que funda o capitalismo: a propriedade privada. Como produto de um "carecimento radical",[10] ele surgiria na contramão da história que transforma a propriedade comunal em propriedade privada, potência abstrata na sociedade capitalista, dominando a vida. Assim, nos deparamos com o horizonte delineado por Marx na *Questão judaica*, na qual a exigência da transformação radical da sociedade apoiar-se-ia na negação da política, porque: a) ela reduz o homem a membro de uma sociedade civil submetido ao egoísmo e à propriedade privada); b) encontra-se submetida ao controle burocrático que escapa ao controle democrático; e c) o partido político está submetido a suas alianças. Dessa forma, *o direto à cidade* propõe a construção de uma nova sociedade, colocando em questão a própria sociedade urbana – suas estruturas – e a segregação como forma predominante da produção do espaço urbano capitalista.

O *direito à cidade*, portanto, aponta a negação do mundo invertido, aquele das cisões vividas na prática socioespacial, das representações que criam a identidade abstrata (na indiferença da constituição da vida como imitação de um modelo de felicidade forjado na posse de bens); da preponderância da instituição e do mercado sobre a vida; do poder repressivo que induz à passividade pelo desaparecimento das particularidades; da redução do espaço cotidiano ao homogêneo, destruidor da espontaneidade e do desejo.[11] Assim, a superação da segregação socioespacial encontra seu caminho na construção do *direto à cidade*, como projeto social.

NOTAS

[1] Este capítulo contém uma argumentação que sintetiza um caminho de longo tempo de pesquisa sobre a metrópole e sobre São Paulo, objetivando localizar, nas contradições que fundam a produção do espaço metropolitano, a desigualdade do processo que orienta a "luta pelo espaço" como necessidade de construção de um projeto de sociedade centralizada na ideia do "direito à cidade", proposta por Henri Lefebvre em muitas de suas obras.

[2] Nesse texto a palavra *socioespacial* refere-se "às relações sociais e ao espaço, simultaneamente (levando em conta a articulação dialética de ambos no contexto da totalidade social, mas preservando a individualidade de cada um)", conforme citação na "Introdução" deste livro.

[3] Ideia desenvolvida em "A produção da metrópole: o novo sentido do solo urbano na acumulação do capital", em *Desafios do planejamento*, Ribeiro, A. C., Limonad, Gusmão, P. (org.)., Letra Capital/Anpur, Rio de Janeiro, 2012.

[4] Nos termos expostos por Henri Lefebvre em várias de suas obras, tais como *O direto à cidade* e *A revolução urbana*.

[5] Ana Fani Carlos, *Espaço-tempo na metrópole*, São Paulo, Contexto, 2001.

[6] Henri Lefebvre, *Le droit à la ville*, Paris, Éditions Antrhropos, 1968.

[7] Henri Lefebvre, op. cit.

[8] José de Souza Martins, *O poder do atraso*, São Paulo: Hucitec, 1994.

[9] O predomínio do econômico é justamente o inumano, a essência do homem restrita a uma coisa, ao dinheiro, a uma estrutura social fundada na propriedade.

[10] Nos termos propostos por Agner Heller em *Filosofia radical*.

[11] Ana Fani Alessandri Carlos, "O direto à cidade e a construção da metageografia", em *O espaço urbano*, Edição eletrônica. Disponível em: <www.gesp.fflch.br>.

BIBLIOGRAFIA

Ansay, P.; Schoonbrodt, R. *Penser la ville*. Bruxelles: AAM Editeurs, 1989.

Arendt, H. *A condição humana*. 10. ed. Rio de Janeiro: Forense Universitária, 2000.

Ascher, F. *Métapolis: ou l'avenir des villes*. Paris: Éditions Odile Jacob, 1995.

Auriac, F.; Brunet, R. *Espaces, jeux et enjeux*. Paris: Fayard (Fondation Diderot), 1986.

Baudrillard, J., et al. *Citoyennété et urbanité*. Paris: Ed. Esprit, 1991.

Bensaid, D. *Cambiar el mundo*. Madrid: La Catarata, 2004. (Serie Viento Sur)

Brunet, R. *Le déchiffrement du monde*. Paris: Belin, 2001.

Burgel, G. *La ville aujourd'hui*. Paris: Hachette Pluriel Reference, 1993.

Caldeira, T. P. *Cidade de muros*: crime, segregação e cidadania em São Paulo. São Paulo: Editora 34; Edusp, 2000.

Capel, H. *La morfología de las ciudades*. Barcelona: Ediciones del Serbal, 2002, v. 1.

Carlos, A. F. A. Da organização à produção do espaço no movimento do pensamento geográfico. In: *A produção do espaço urbano*: agentes e processos, escalas e desafios. São Paulo: Contexto, 2011, pp. 53-74.

______. Desafios do planejamento. Rio de Janeiro: Letra Capital, 2012.

______. O direito à cidade e a construção da metageografia. *Revista Cidades*. Presidente Prudente, v. 2, n. 4, 2005, pp. 221-47. (Grupo de Estudos Urbanos – GEU)

______. *Espaço-tempo na metrópole*. São Paulo: Contexto, 2001.

______. *O espaço urbano*. São Paulo: Contexto, 2004. Edição eletrônica disponível em: <www.gesp.fflch.br/>. (FFLCH Edições).

______. Morfologia e temporalidade urbana: o "tempo efêmero e o espaço amnésico". In: Vasconcelos, P.; Silva, S. B. M. (orgs.). *Novos estudos de geografia urbana brasileira*. Salvador: Ed. da Universidade Federal da Bahia, 1999, pp. 161-72.

______. A produção da metrópole: o novo sentido do solo urbano na acumulação do capital. In: *Desafios do planejamento*. Ribeiro, A. C., Limonad, Gusmão, P. (org.) Letra Capital/Anpur, Rio de Janeiro, 2012.

______. A reprodução da cidade como "negócio". In: Carlos, A. F. A.; Carreras, C. *Urbanização e mundialização*: estudos sobre a metrópole. São Paulo: Contexto, 2005, pp. 29-37.

Chombart de Lauwe, P. H. *La fin des villes*: mythe ou réalité. Paris: Editions Calmann Lèvy, 1982.

Debord, G. *La société du spetacle*. Paris: Gallimard, 1992.

Gomes, P. C. da C. *A condição urbana*. Rio de Janeiro: Betrand Brasil, 2002.

Harvey, D. *Los limites del capitalismo y la teoría marxista*. México: Fondo de Cultura, 1990.

Heller, A. *A filosofia radical*. São Paulo: Brasiliense, 1983.

Lefebvre, H. *Le droit à la ville*. Paris: Éditions Anthropos, 1968.

______. *Élements de rythmanalise*. Paris: Éditons Syllipes, 1996.

______. *La révolution urbaine*. Paris: Gallimard, 1970.

______. *La survie du capitalisme*. Paris: Anthropos, 1973.

Le Goff, J. *Crise de l'urbain, futur de la ville*. Colloque de Royaumont. Paris: Economica, 1986.

Lussault, M. *De la lutte des classes à la lutte des places*. Paris: Grasset, 2009.

Maricato, E. *Metrópole na periferia do capitalismo*. São Paulo: Hucitec, 1996.

Marques, E. *Redes sociais, segregação e pobreza*. São Paulo: Editora Unesp; CEM, 2010.

Marques, E.; Torres, H. (org.). *São Paulo*: segregação, pobreza e desigualdades sociais. São Paulo, Editora Senac, 2005.

Martins, J. S. *O poder do atraso*. São Paulo: Hucitec, 1994.

______. *A sociabilidade do homem simples*. São Paulo: Hucitec, 2000.

Marx, K. *A questão judaica*. S.l.: Editora Moraes, 1987.

Monclus, J. *La ciudad dispersa*. Barcelona: Centro de Cultura Contemporânea de Barcelona, 1999.

Pacquot, T. *L'homo urbanus*. Paris: Éditions du Félin, 1990.

Revista Cidades. São Paulo: Grupo de Estudos Urbanos (GEU), v. 1, n. 1, jan./jul. 2004.

Revue Espace et Societes. Infrastructures et formes urbaines. Paris: L'Harmattan, n. 95 e 96, 1998.

Ribeiro, L. C. (org.). *Metrópoles*: entre coesão e a fragmentação, a cooperação e o conflito. Rio de Janeiro: Editora Perseu Abramo, 2004.

Ribeiro, F. V. *A luta pelo espaço*: da segurança da posse à política de regularização fundiária de Interesse social. São Paulo, 2012. Tese (Doutorado em Geografia) – FFLCH – Universidade de São Paulo.

Roncayolo, M. *Formes des villes*: ville, recherche, diffusión. Nantes: Université de Nantes, (mimeografado), s. d.

______. *Les grammaires d'une ville*: essai sur la genèse des structures urbaines à Marseille. Paris: EHESS, 1996.

______. *La ville et ses territoires*. Paris: Gallimard, 1990.

Sampaio, R. *Da noção de violência urbana à compreensão da violência do processo de urbanização*: apontamentos para uma inversão analítica a partir da geografia urbana. São Paulo, 2011. Dissertação (Mestrado em Geografia) – FFLCH – Universidade de São Paulo.

Soja, E. *Geografias pós-modernas*: a reafirmação do espaço na teoria social crítica. Rio de Janeiro: Jorge Zahar, 1993.

Sposati, A. *Cidade em pedaços*. São Paulo: Brasiliense, 2001.

Telles, V. *Pobreza e Cidadania*. São Paulo: Editora 34, 2001.

Vilaça, F. *Espaço intraurbano no Brasil*. São Paulo: Studio Nobel, 2001.

Volochko, D. *Novos espaços e cotidiano desigual nas periferias da metrópole*, São Paulo, 2011. Tese (Doutorado em Geografia Humana) Faculdade de Filosofia, Letras e Ciências Humanas, USP.

A SEGREGAÇÃO COMO CONTEÚDO DA PRODUÇÃO DO ESPAÇO URBANO

Isabel Pinto Alvarez

O tema da segregação urbana convida a uma reflexão sobre o processo de produção da cidade e do urbano; seus conteúdos e sentidos. Neste capítulo, desenvolvemos a ideia de que a segregação constitui um dos fundamentos da produção do espaço urbano capitalista e o urbanismo, uma mediação para sua reprodução. Nas últimas décadas, com a crise estrutural do capital e a maior articulação entre o setor imobiliário e o financeiro, o urbanismo ganha um papel especial no processo de reprodução do espaço. O capítulo está dividido em duas partes: no primeiro momento, exporemos a argumentação teórica em torno do tema. Por sua vez, no segundo momento, apresentaremos um projeto urbanístico proposto em 2005 num fragmento do centro da metrópole de São Paulo que, do nosso ponto de vista, revela o papel do urbanismo como mediação necessária para a reprodução do espaço urbano capitalista, sendo a segregação não apenas o resultado deste processo, mas como parte de seu conteúdo.

PRESSUPOSTOS

Nas últimas décadas, as grandes cidades vivem um conjunto de transformações que, a nosso ver, revela a sua importância no desenvolvimento capitalista recente, marcado por uma forte crise de produção e realização do valor, tal como apontado, dentre outros, por Harvey (2004) e Chesnais (1996; 1999).

Entre essas transformações, inclui-se a desativação e introdução de novos usos em antigas áreas industriais e portuárias, projetos de revitalização de centros urbanos, expansão de área urbanizada, valorização de áreas periféricas, adensamento da verticalização, desvalorização de ativos imobiliários, remoção de populações, que, além de expressarem novas morfologias, usos e funções, também sinalizam para mudanças estruturais na reprodução social. Tendo em vista o papel das cidades e do processo de urbanização no desenvolvimento capitalista, a situação de crise macroestrutural, o agravamento da desigualdade e supressão de direitos, inclusive nos países centrais do capitalismo, muitos pesquisadores de vários países têm se colocado o desafio de buscar referenciais teóricos, coletar e sistematizar dados empíricos na tentativa de desvelar estes processos e refletir sobre as possibilidades de sua superação. Tal esforço tem revelado as dificuldades em compreender a complexidade do fenômeno urbano na sua totalidade, especialmente na busca por articular os diferentes níveis de análise: do privado (habitat) ao global, bem como os limites da fragmentação científica. Reconhecendo esses limites, a reflexão apresentada aqui parte do conhecimento produzido no âmbito da ciência geográfica, numa perspectiva teórico-metodológica que não é única nem verdadeira, mas que, a nosso ver, possibilita a compreensão dos conteúdos do processo, uma vez que o espaço é entendido como parte da reprodução social.

Partimos da compreensão do espaço geográfico como produto histórico e social, de modo que o sentido do espaço urbano ultrapassa o da concentração-distribuição de pessoas, equipamentos coletivos, infraestrutura e atividades produtivas; o espaço é entendido aqui como produto e condição de práticas e relações sociais que são também espaciais, o que envolve, necessariamente, a dimensão do uso, da presença e da possibilidade da apropriação. Por outro lado, o espaço na sociedade capitalista, tal como vem discutindo Carlos (1994; 2011), constitui não apenas produto, mas também condição e meio da reprodução do capital.

Nesta perspectiva, a urbanização se insere como momento do processo geral de valorização do capital e da universalização da forma mercadoria. A generalização da forma mercadoria no capitalismo ultrapassou os muros das fábricas, atingindo cada vez mais bens não produzidos pelo homem (água, ar) e momentos e lugares de realização da vida (para além do tempo de trabalho), de modo que o uso do/no espaço, sob a égide da propriedade privada dos meios de produção e da terra, supõe a mediação da troca e do valor de troca. Neste sentido, na urbanização capitalista, a apropriação do espaço – que envolve a presença do corpo, os movimentos, o uso, a possibilidade da sociabilidade, da identidade, da politização, da centralidade lúdica – supõe o momento do conflito. Lefebvre (2004) aponta o habitar como um importante nível de realidade e de análise, aquele no qual a relação do homem com sua natureza, seus sentidos e desejos se abrem como possibilidades de negação às relações mais abstratas. Na urbanização do pós-guerra, a produção em massa de moradias mascarou a tendência, levada a termo pelo urbanismo, de reduzir o habitar apenas "a alguns atos elementares: comer, dormir, reproduzir-se" (2004: 80), transformando-se o habitar em habitat. No entanto, cabe considerar que o drama de não conseguir realizar o urbano (enquanto encontro, sociabilidade, diferença, centralidade) a partir do habitar é muito mais intenso nas cidades de países periféricos, nas quais os altos níveis de exploração do trabalho e as políticas de Estado não garantem acesso à mobilidade, aos espaços públicos e coletivos de produção de sociabilidade e cultura e, especialmente, à moradia, de modo que, muitas vezes, sequer a possibilidade do habitat existe de fato, reduzindo ainda mais as possibilidades de apropriação. As lutas se direcionam, num primeiro momento nestes países, pelo direito de ficar na cidade.

Tais considerações nos remetem a pensar na segregação urbana como conteúdo intrínseco à constituição do espaço urbano capitalista, fundamentado na propriedade privada da terra e na valorização do capital como sentido último da reprodução social. A paisagem urbana revela desigualdades que são socioespaciais, porque fundamentadas num processo contraditório de produção social do espaço, no qual a valorização/circulação de capitais de diferentes níveis (locais, regionais e globais) pressupõe a produção da cidade (da metrópole, do urbano) como condição e meio de sua própria realização, o que implica a adoção de estratégias e alianças (no plano econômico e no econômico e político) que buscam viabilizar seus objetivos, qual seja, a reprodução ampliada. De forma inerente, é preciso considerar a realização da vida neste processo e as limitações impostas à sua efetivação, na medida em que, ao mesmo tempo que o espaço é produzido socialmente, sua apropriação é privada, o uso se subordina à troca, já que a apropriação é mediada pela propriedade privada, e para ter acesso a um "pedaço" da cidade é preciso pagar por ele. Assim, a segregação urbana se expressa, por exemplo, na morfologia profundamente desigual das habitações, na dificuldade e/ou impossibilidade de acesso à centralidade urbana e aos serviços, e hoje, marcadamente pela quase impossibilidade da presença na cidade, para grande parte dos seus habitantes[1]. Evidentemente, o processo se realiza com ritmos e condições diferenciadas, guardando as particularidades do modo como, historicamente, o processo de urbanização particular (e o papel do Estado neste processo) se situa no contexto de urbanização e desenvolvimento capitalista global. Não é nosso objetivo desenvolver esta discussão aqui, apenas se quer chamar atenção para o fato de que se reconhecemos que a segregação é produto e condição da urbanização capitalista, ela o é de maneira mais profunda nos países da periferia do capitalismo, no qual o monopólio da propriedade da terra exerce um papel fundamental nas condições de reprodução das relações de dominação e da desigualdade socioespacial.

Entendemos que a propriedade da terra não é em si capital, mas pelo monopólio de sua posse, por meio da forma jurídica da propriedade, ela possibilita a capitalização de parte da mais-valia como renda, o que confere aos seus detentores não apenas a possibilidade do uso, mas a de absorver parte da riqueza social por intermédio da troca, liberando este capital imobilizado para entrar no circuito geral de valorização do capital. Desta maneira, a propriedade se configura não apenas como possibilidade de formação do patrimônio, mas também como capital em potencial. Segundo Ferreira, no Brasil, "a questão do acesso à propriedade da terra está no cerne dessa enorme desigualdade socioespacial" (2005, CD-ROM).

Conforme o exposto, entendemos como fundamentos da segregação urbana os processos mais gerais de reprodução do capital, que guardam a necessidade intrínseca da produção e realização de mais-valia, e a urbanização como âncora desse processo. Como salienta Harvey (1990), o processo de reprodução do capital é pleno de contradições e irracionalidades e inclui os momentos de desvalorização e destruição, nos quais a expropriação e a exploração se intensificam, com consequências sociais profundas. Ao mesmo tempo, o capital busca possibilidades de reinvestimento, nas quais seja possível acumular nas taxas almejadas ou simplesmente garantir a absorção do capital e da mão de obra excedente. A expansão e a reprodução do urbano emergem como esta possibilidade, mas o que se coloca como horizonte é a produção e/ou reprodução de um espaço produtivo, no sentido de que o seu uso seja mediado pelo valor de troca, o que implica a seleção, via mercado, dos sujeitos sociais capazes de acessá-lo. No pós-guerra, a suburbanização nos EUA e a urbanização extensiva de parte dos países periféricos não apenas "drenou" parte do capital, mas foi o alicerce da constituição de um modo de vida urbano pautado no uso do automóvel, na normatização do cotidiano, na constituição dos espaços-tempo do consumo, do lazer, do turismo, da cultura de massa, amplificando as possibilidades da reprodução do capital, para além da produção fabril. Nas últimas décadas, a queda tendencial da taxa de lucro novamente colocou em xeque as possibilidades da reprodução ampliada, o que tem levado ao fortalecimento das articulações entre o grande poder econômico e os Estados, visando à construção de estratégias de superação deste impasse. Neste contexto, cresceu em importância e autonomização o capital fictício, desenvolveu-se a reestruturação produtiva[2] e o fomento das políticas neoliberais nas quais se destacam as privatizações, a desregulamentação, o corte de verbas às políticas e direitos sociais,[3] o aumento da exploração e da expropriação e os investimentos imobiliários e projetos de reestruturação urbana. De tal sorte, a segregação urbana se aprofunda, especialmente nas metrópoles e grandes cidades periféricas, mas também nos países centrais, expressando-se, sobretudo, nas transformações do mundo do trabalho e nas dificuldades com relação à manutenção das moradias.

Na visão de Carlos (2010), esse momento também indica a "passagem do espaço como condição geral de acumulação, para sua produção como momento fundamental do processo de reprodução do capital" (2010), o que coloca em destaque o papel dos setores fundiário, imobiliário e financeiro na dianteira dos investimentos, nos momentos críticos da reprodução. Lefebvre (2008) lançou a hipótese de que a produção do espaço talvez comporte a função essencial de luta contra a tendência da baixa de lucro, em função da composição orgânica do setor imobiliário. Tais assertivas apontam para a necessidade de considerar o valor como um dos conteúdos do espaço, que permite sua investigação, para além de condição geral da produção. Ocorre que não se trata apenas de produzir o novo, de estender fisicamente a produção de novos valores, mas de reproduzi-los num novo patamar. Neste processo, o momento da desvalorização se coloca como chave para potencializar os novos investimentos. A outra (mesma) face desse processo é a expropriação.

Não se trata de uma realização simples, por um lado porque os valores já produzidos representam contraditoriamente o meio pelo qual se dá a valorização e, portanto, sua destruição é sempre crítica; por outro e, fundamentalmente, porque se trata de valores que implicam a realização da vida. Neste sentido, um discurso e uma prática sobre o espaço se impõe e o seu sentido político e estratégico se desvela. O urbanismo,[4] que se toma como ciência e técnica do espaço, constitui a mediação necessária para transformar o já produzido em novo momento de reprodução do capital, uma vez que ele comporta um discurso e uma política sobre o espaço, a partir do Estado, abrindo a possibilidade de maior integração entre o capital financeiro e o imobiliário e a produção de "uma nova cidade", e/ou "um novo centro" ou de uma "cidade de eventos". O urbanismo se converte, assim, em estratégia para garantir o processo de reprodução, num movimento que vai da expropriação à revalorização imobiliária, sendo, portanto, um dos fundamentos da segregação.

CIDADE, URBANISMO E REPRODUÇÃO DO CAPITAL

A historiografia sobre o urbanismo aponta seu nascimento como concepção no século XIX, mas seu desenvolvimento se realiza sobretudo no século XX, momento em que a urbanização da sociedade se coloca como potência e virtualidade, abrindo caminhos para a realização contraditória da reprodução do capital e da vida.

A expansão das cidades europeias para muito além dos antigos centros, a maioria da era medieval, dá-se, segundo Benevolo (2003: 565), formando periferias, que o autor qualifica como território livre, "que não foi, porém, previsto e calculado por ninguém". Além disso, na porção mais antiga das cidades predominavam, além dos monumentos, ruas estreitas, edificações densamente ocupadas, grande parte das vezes sem de ventilação, insolação e condições de higiene.

A grande concentração de expropriados do campo e proletários, oprimidos, vivendo miseravelmente, ao lado de uma burguesia que enriquecia cada vez mais, também ajuda a compreender o surgimento da lutas travadas nas cidades como alternativa para mudar a situação a que estavam submetidos. Assim, a cidade do século XIX é também aquela na qual se expressa veementemente o conflito de classes, como mostra Lowy (2006), tratando de Paris. Não por acaso, frequentemente a literatura se refere a estas condições como desordem, caos.

Neste contexto é que o pensamento sobre a cidade e a vida na cidade, antes disperso e não sistematizado e/ou realizado, começa a operacionalizar-se, consubstanciando-se na elaboração de grandes planos de intervenção. Estamos nos referindo ao urbanismo que vai se tornar hegemônico, sendo, sobretudo, uma ação do Estado.

De início, as intervenções são mais restritas à regulamentação das edificações, conjuntos habitacionais, normas para abertura de novo bairros, fundamentando-se no discurso das necessidades sanitárias e de prevenção de doenças. Ainda que essas normas indiquem certa regulação do Estado sobre a propriedade da terra e dos imóveis, o princípio da propriedade não era questionado, nem tampouco sua finalidade e sentido social. Ao contrário, as normas acabam por reforçá-la, conferindo-lhe a qualificação de legalidade, reconhecida pelo Estado. Tal fato não isentou o processo de conflitos, especialmente quando se tratou de aprovar leis de desapropriações. Conforme demonstra Harvey (2008), na França, a aprovação foi mais lenta e conflituosa, tendo em vista o poder econômico e político dos proprietários de terra. Mas as intervenções lideradas por Haussmann em Paris trataram de mostrar que as desapropriações poderiam ser um grande negócio.

Segundo Benevolo (2003: 567), a primeira Lei Sanitária da Inglaterra foi publicada em 1848; na França em 1850 e na Itália em 1865, seguindo-se em outros países europeus. Os modelos criados por Owen e por Fourier, já na primeira metade do século XIX, também apontavam para a potência dos planos como busca pela cidade racional, organizada e supostamente mais equitativa (Benevolo: 2003; Choay: 2003). Essas concepções europeias, de base higienista, bem como as técnicas de intervenção, se estenderam às colônias e/ou aos Impérios do Novo Mundo. No caso de São Paulo, a presença de cortiços no bairro de Santa Ifigênia, junto a habitações e comércio destinados à população de alta renda, levou à elaboração de legislação e intervenções já no final do século XIX (Cordeiro: 2010). No Rio de Janeiro, capital do Império e depois da República, a antiga cidade colonial, com suas ruas estreitas, edificações precárias e encortiçadas, começa a ser alvo de propostas de intervenção, com base em princípios higienistas, já no Plano de Beaurepaire de 1843 (Andreatta: 2006). Conforme Abreu (1994), o Rio de Janeiro foi alvo da maior política higienista de combate às habitações coletivas/cortiços, no século XIX, sendo que vários cortiços foram fechados e/ou demolidos a partir de 1890, processo que se intensificou com a reforma urbana do Plano Pereira Passos no início do século XX, já incorporando o discurso da modernização.

Tendo em vista que a concentração, de força de trabalho, de unidades produtivas, capitais, saberes, técnicas, infraestrutura, constitui elemento-chave de urbanização e do próprio desenvolvimento capitalista, quanto mais a urbanização se intensificava e se espraiava, tanto mais o urbanismo foi se consolidando como discurso ideológico, reafirmando o poder da técnica e do saber parcelar de exercer o domínio e o controle sobre a cidade, de modo geral, por meio da substituição de bairros ou moradias populares por parques, praças, ou edificações de maior valor, pelas quais os antigos moradores não conseguem pagar. O urbanismo foi se construindo, assim, como um discurso e uma prática (que envolve necessariamente o Estado, por meio do poder da norma e da força sobre o espaço) a partir dos quais se intervém nas cidades e/ou se formula a construção de novas. Lefebvre (2004) aponta que o urbanismo constitui uma ilusão e uma ideologia, já que os urbanistas não partem das práticas urbanas para desvendar a cidade, mas de uma representação da cidade, negando-a como produto social e negando, portanto, seus conteúdos. Por meio do discurso tecnocrático, disseminam a impressão de que são realmente capazes de controlar a cidade, especialmente o que é considerado nefasto nela (a sujeira, as doenças, a degradação, o trânsito), criando o novo, o belo e promissor.

A formulação que mais sintetizou esta intenção foi, contraditoriamente, o urbanismo de cunho modernista. Ainda que contenha dentro de seu movimento divergências e dissonâncias e que tenha se realizado de modo diferenciado no tempo e espaço, de modo geral, o urbanismo modernista tinha por princípio e concepção o conjunto da cidade. Preconizando maior regulação por parte do Estado, procurando universalizar o acesso à moradia e aos serviços (ainda que reproduzindo a divisão social do trabalho), buscando utilizar-se das técnicas e materiais disponíveis para ampliar a urbanização sob a diretriz da funcionalidade, circulação e da salubridade, o urbanismo fundamentado na Carta de Atenas e nas proposições de Le Corbusier, procurou aliar técnica, estética, funcionalidade e eficiência de modo integrado, em diferentes escalas de intervenção, desde a organização dos ambientes internos das moradias, conjuntos habitacionais, o zoneamento de atividades e usos urbanos, à concepção de cidades e planos regionais.

A perspectiva de controlar a cidade por intermédio dos planos e dos desenhos de novas formas e o cotidiano por meio da definição e das restrições aos ambientes do morar se ampliou no pós-Segunda Guerra, tendo como pano de fundo a viabilização do crescimento econômico. Le Corbusier afirmou que até as casas deveriam ser projetadas como casas-máquinas, que deveriam ser práticas e padronizadas de modo que o trabalhador não percebesse diferenças quando tivesse que se mudar em função do trabalho. Assim, esse mesmo urbanismo que se utilizava de técnicas e materiais novos para ampliar em escala a produção de moradias também revelava e ocultava a intencionalidade de reduzir a apropriação da cidade a partir do habitar. Além disso, acabava por induzir e potencializar, por meio dos planos funcionais da cidade, as separações, compondo espaços-tempos diferenciados para realização da vida.

Num outro plano de análise, o que o urbanismo parece ocultar é a produção da cidade e do urbano como um setor da acumulação capitalista. Como afirma Lefebvre:

> O capitalismo parece esgotar-se. Ele encontrou um novo alento na conquista do espaço, em termos triviais na especulação imobiliária, nas grandes obras (dentro e fora das cidades), na compra e na venda do espaço. E isso à escala mundial. [...] O urbanismo encobre essa gigantesca operação. Ele dissimula seus traços fundamentais, seu sentido, sua finalidade. Ele oculta, sob uma aparência positiva, humanista, tecnológica, a estratégia capitalista: o domínio do espaço, a luta contra a queda tendencial do lucro médio etc. (2004: 143)

Aqui então se coloca a possibilidade de discutir a produção da cidade e do espaço como mercadoria, a partir do trabalho nela cristalizado, contendo em si valor, valor de uso e valor de troca e também como circulação do capital, permitindo que ele se realize como tal. Marx (1985) aponta que todo capital é circulante e, ao tratar das metamorfoses do capital e do seu ciclo, alerta para o fato de que as mercadorias guardam valor-capital, apenas e enquanto existem como valores de uso.

> Os valores de uso só permanecem como portadores de valor-capital que se pereniza e valoriza, à medida que são constantemente renovados e reproduzidos, sendo repostos por outros valores de uso da mesma ou de outra espécie. (1985: 93)

Ou seja, ao mesmo tempo que o valor de uso é portador do valor capital, este só se realiza a partir do uso. O uso das vias expressas, das ferrovias, dos armazéns, dos edifícios, dos galpões industriais realiza o valor-capital contido e, simultaneamente, compõe o momento da circulação geral do capital. Mas, a cidade guarda a peculiaridade de não se restringir ao uso produtivo, para a efetivação da produção e circulação em geral. O uso na/da cidade guarda a dimensão do viver, das práticas, das possibilidades de sociabilidade, de apropriação coletiva de espaços, da possibilidade de politização, da criação, da negação.

Neste sentido, a hipótese que se coloca é a de que o urbanismo, ao buscar a eficiência e a garantia de funcionamento da cidade, almeja contemplar os usos produtivos, aqueles para os quais e através dos quais o valor pode ser produzido e realizado, minimizando as possíveis barreiras para esta circulação, qual seja as que contemplem a apropriação, pelos corpos, pela arte, pela politização. Evidentemente, o Estado possui o monopólio da violência, da coação e do território e, com isto, disciplina o uso da cidade. Mas, o urbanismo confere a esta possibilidade o discurso técnico e as soluções que delimitam os usos (seja para mantê-los ou renová-los) e justifica a segregação, ocultando interesses econômicos e a razão dominadora do Estado.

Nas últimas décadas, diante da crise de sobreacumulação, que se revela, segundo Harvey (2004), como excedente de capital que não consegue encontrar possibilidades de reinvestimento a taxas rentáveis, o conflito entre a reprodução do espaço como setor estratégico de produção de mais-valia global (Lefebvre: 2008) e o uso do e espaço acirra-se e o discurso e as práticas do urbanismo se transformam. De um lado, a crise e a reestruturação das atividades produtivas incluíram o deslocamento de unidades industriais tradicionais, implantadas em setores urbanos dotados de toda infraestrutura e cujo "esvaziamento" revela ao mesmo tempo desvalorização e potencialidade de uma revalorização, a partir da transformação do uso. De outro lado, a ampliação do chamado capital fictício requereu mobilidade de circulação e criação de novos instrumentos (ou a proliferação de antigos, como os FIIs),[5] sobretudo ligados ao setor imobiliário, para que pudesse dar vazão à parcela desse capital.

Como é preciso abrir fronteiras de valorização, por meio do imobiliário, o urbanismo que se coloca como hegemônico não é o que pretende regular a cidade, tornando-a rigidamente funcional, mas, sim, aquele que se assenta no discurso da atração de "investimentos globais", para os quais é preciso (re)qualificar parcelas dos espaços urbanos. Uma trama bastante imbricada entre os inúmeros mecanismos do setor financeiro, o setor imobiliário e o Estado e, grande parte das vezes, com recursos do Banco Mundial e agências multilaterais, impulsiona a reprodução do espaço. Ora vinculando mais diretamente os investimentos e fundos públicos na produção de "novos lugares urbanos", por meio das políticas de requalificação, ora sujeitando os habitantes, citadinos, diretamente às políticas de crédito/endividamento, para que possam, com seus corpos e desejos, fazer uso de um lugar para simplesmente reproduzirem-se.

Dado que a cidade (e a grande concentração de valor que contém) aparece então como rigidez, a concepção urbanista dos grandes planos, do zoneamento funcional, já não atende às novas necessidades de reprodução e, nas últimas décadas, emerge o urbanismo chamado de empreendedorismo, por Harvey (2006), e de planejamento mercadológico ou estratégico, como é mais conhecido no Brasil (Vainer: s. d.). Ele representa a adoção de políticas neoliberais no plano da cidade; perde-se a perspectiva de regulamentação da cidade, para buscar intervenções em fragmentos estratégicos, desconsiderando que estes acabam por interferir na dinâmica da valorização/desvalorização, nos fluxos de pessoas e de circulação de mercadorias e dinheiro da cidade como um todo. Aos que não podem pagar por estas transformações, resta a "periferia da periferia", como afirmou o presidente da Embraesp, em matéria de jornal.[6] Ressalte-se que a declaração diz respeito àqueles que poderiam financiar imóveis de até 200 mil reais, o que de antemão já exclui boa parcela da população.

Desconsidera-se, sobretudo, a realidade urbana preexistente, especialmente quando se trata de assentamentos precários, ou de comunidades de baixos rendimentos. As remoções forçadas têm constituído elemento central da reprodução do espaço urbano contemporâneo, não só no Brasil,[7] o que revela que a expropriação, longe de ser um processo localizado no momento da formação do capital, também não é apenas produto da crise capitalista, mas parte da estratégia de sua superação pela reprodução do espaço, o que atualiza o termo da segregação urbana como negação do direito à cidade. Para Lefebvre (2008: 32), a qualidade essencial do espaço urbano é a centralidade, a possibilidade da reunião de todos "os objetos" e "sujeitos". Neste sentido,

> [e]xcluir do urbano grupos, classes indivíduos, implica também excluí-los da civilização, até mesmo da sociedade. O direito à cidade legitima a recusa de se deixar afastar da realidade urbana por uma organização discriminatória, segregadora. (2008)

O que se verifica, de um lado, é uma tendência geral de "desregulamentação da cidade," com a flexibilização de leis de zoneamento, de potencial construtivo, no sentido de torná-la mais plástica e fluida para as possíveis inversões, empreendidas em fragmentos, abrindo fronteiras à valorização; de outro, premissa da participação do setor privado (as chamadas parcerias público-privadas) nas transformações.[8] Assim, o que parece estar posto vem a ser o domínio quase absoluto do mercado, em busca de efetivar a cidade como valor de troca, a partir de usos produtivos, mas direcionando seletivamente os investimentos, uma vez que a lógica é que a produção do "novo" na cidade, ou a sua reprodução, constitua, antes de tudo, reprodução do capital. A literatura a respeito deste "novo urbanismo" ancorado em grandes projetos chamados de revitalização, de instalação de monumentos arquitetônicos, de equipamentos culturais e/ou esportivos, centros de turismo, revela que o processo conduz à seletividade dos investimentos e dos sujeitos que se quer atrair para estas áreas. No curso do desenvolvimento da crise capitalista e da adoção das medidas neoliberais, o Estado tem transferido cada vez mais à inciativa privada a condução dos processos de intervenção urbana. Cobos enfatiza que o planejamento urbano nas cidades latino-americanas também revela o enfraquecimento das políticas de Estado, do ponto de vista de uma regulação pública, para converter-se em políticas de interesse e conduzidas pelo mercado:

> O enfraquecimento do Estado, derivado da privatização, tanto ideologicamente quanto na realidade, a desregulamentação e a mudança de suas funções, de interventor em áreas de interesse coletivo (ao menos no discurso) para facilitador ou criador de condições para a livre ação da empresa privada, implicam a deslegitimação de suas intervenções, incluindo o planejamento urbano. Também nesse campo transitamos do Estado ao mercado. (2009: 298, tradução nossa)[9]

URBANISMO E SEGREGAÇÃO EM SÃO PAULO

Segundo Ferreira:

> No Brasil, desde as primeiras ondas de crescimento das nossas cidades, na virada do século XIX para o XX, todas as grandes intervenções urbanas promovidas pelo Poder Público foram, salvo raras exceções, destinadas a produzir melhorias exclusivamente para os bairros das classes dominantes. (2005, CD-ROM)

Ainda que em 2001 tenha sido aprovada a Lei do Estatuto da Cidade (lei 10.257/01), que visa direcionar a formulação de políticas e intervenções urbanas em nível nacional e que resultou, em grande parte, da forte pressão do movimento popular urbano desde o final da década de 1980, constituído no Fórum Nacional de Reforma Urbana, o urbanismo de mercado, ou "de projeto", tal como Garnier (2011) o denomina na França, tem se configurado como a mola propulsora das intervenções urbanas nas duas principais cidades brasileiras: São Paulo e Rio de Janeiro. Nesta última, além das intervenções pautadas na requalificação de espaços históricos, da área portuária, a agenda de investimentos para a cidade sediar a Copa em 2014 e as Olímpiadas em 2016, tem levado os três níveis de governo a ações de intervenção territorial cujos resultados imediatos para a população têm sido a remoção sumária dos morros e favelas cariocas, acompanhadas de um intensivo processo de valorização imobiliária não só nas áreas específicas de intervenção, mas no conjunto da cidade.

Inúmeras reportagens, vídeos, documentos de ONGs, bem como análises acadêmicas, têm registrado este momento. Segundo Vainer (s/d), o planejamento estratégico, com base em consultorias da equipe de J. Borja e Maragall, de Barcelona, desde meados da década de 1990, tem convertido a cidade em mercadoria, fato que se acentua com as obras para a Olimpíada de 2016, transformando-se o urbanismo de exceção na regra de produção da cidade, na qual o poder público abre mão de suas prerrogativas para facilitar a fluidez dos investimentos.

No caso de São Paulo, estas intervenções têm se realizado, basicamente, por meio das operações urbanas,[10] ora com base no discurso da necessidade de atender aos requisitos de "cidade global" e a "revitalização do centro" (com destaque para o projeto Nova Luz), ora no discurso da "sustentabilidade ambiental", como o do projeto Nova Guarapiranga (integrante do Programa Mananciais), em parte financiado pelo Banco Mundial, que tem por objetivo "requalificar os mananciais da cidade de São Paulo". Mapeamento realizado pelo Observatório das Remoções[11] revela a grande quantidade de favelas, cortiços e loteamentos irregulares existentes nas áreas de projetos de implantação de parques, de operações urbanas, de projetos de ampliação viária, do Programa Mananciais, que já foram e/ou serão removidas. Conforme o próprio estudo revela, embora tenha ocorrido tratamento diferenciado nas remoções, o predominante é a oferta do cheque aluguel de R$ 300,00 para que as famílias encontrem um novo lugar para morar. A escala da expropriação revela a incorporação de amplas parcelas da periferia e/ou de fragmentos pouco valorizados nos bairros mais centrais ao circuito da reprodução.

No caso da Nova Guarapiranga, o líder de um assentamento precário, urbanizado e regularizado[12] explicou-nos que a comunidade, localizada de frente à represa Guarapiranga, será retirada do local, para dar lugar a um parque, que faz parte de um conjunto de parques (alguns já implantados) a serem instalados na orla da represa.[13] Quando questionado se a comunidade não lutaria contra a desapropriação, respondeu que "desta vez não, porque contra o meio ambiente ninguém ganha", referindo-se ao fato de que a comunidade travou muitas lutas para permanecer no local e melhorar as condições de moradia, mas encontra hoje um obstáculo, considerado por ele insuperável: o discurso da sustentabilidade ambiental como premissa de novos projetos urbanísticos.

O projeto Nova Luz insere-se no perímetro da Operação Urbana Centro e refere-se a um projeto urbanístico de intervenção em cerca de 500.000 m^2. Embora tenha sido declarado suspenso no final de janeiro de 2013 pelo prefeito municipal,[14] o projeto é bastante expressivo de como a segregação é um conteúdo da reprodução do espaço, e tem no urbanismo uma mediação fundamental.

Desde meados da década de 1970, governos municipais e estaduais têm empreendido ações e projetos que buscam reforçar a centralidade no centro de São Paulo, seja como sede do poder político, como espaço de atividades culturais, como centro histórico e turístico e, em menor escala, como moradia da população de baixos rendimentos.

O projeto Nova Luz tem origem em 2005, quando a prefeitura municipal elegeu um perímetro da área em torno da estação ferroviária Luz, para concentrar as intervenções, buscando claramente maximizar os efeitos dos investimentos em equipamentos culturais que vinham sendo realizados pelo governo do estado, desde meados da década de 1990. No mesmo ano, foi aprovada a Lei 14.096, seguida do decreto de regulamentação 46.996/2006, que trata de Incentivos Seletivos num perímetro específico da cidade, adjacente à Estação Ferroviária Luz.[15] As normativas legais, dispunham sobre isenção fiscal (IPTU, ITBI, ISS) e emissão de Certificados de Incentivo ao Desenvolvimento de 50% do valor gasto em preservação e manutenção de imóveis e de 80%, no caso de prestação de serviços, previstos na lei.

Em 2009, a prefeitura municipal regulamentou, por meio da Lei 14.917/2009, um instrumento previsto no Plano Diretor Estratégico do Município[16], capítulo III, seção IX, artigo 239: a Concessão Urbanística. Por este instrumento, o município pode delegar a empresa e/ou consórcio de empresas, por licitação, o poder de urbanizar ou reurbanizar porções da cidade, tornando o setor privado o responsável pelas possíveis desapropriações decorrentes e remunerado pela exploração dos espaços privados e públicos que advirem da urbanização/reurbanização.

Pela Lei 14.918/2009, o poder público criou o projeto Nova Luz, ao aplicar a lei de concessão urbanística ao perímetro definido pelas avenidas Cásper Líbero, Ipiranga, São João, Duque de Caxias e rua Mauá. Não há menção na lei sobre o que justifica a escolha desse perímetro. Mas, alguns elementos podem ser levantados: a acessibilidade (metrô, trem e ônibus), a concentração de edifícios abandonados e com dívidas junto ao poder público, edificações com valor histórico e arquitetônico e o que poderia ser a grande âncora de interesse para os investidores/concessionários: um "arco" de equipamentos culturais adjacente ao perímetro do projeto.[17]

A lei estipula que o plano urbanístico específico deveria levar em conta as seguintes diretrizes: preservação do patrimônio local, a permanência de uso misto (residencial e atividade econômica), incentivo à atividade econômica, "especialmente setores ligados à tecnologia", a produção de moradia de interesse social em área de ZEIS.[18] Mas não há menção explícita à permanência dos atuais moradores e comerciantes. A lei também prevê a formação de um Conselho Gestor, presidido pelo executivo municipal e composto por 50% dos membros da sociedade civil e 50% de representantes do executivo municipal, "para verificação e acompanhamento do cumprimento das diretrizes gerais e específicas da intervenção urbana integrantes do projeto urbanístico" (PMSP. Lei 14.918: art. 4º). Ou seja, um conselho no qual o poder executivo tem, na prática, maioria.

Concebido como vazio, como espaço absoluto, no qual se pode trocar as formas, remodelá-las, como se brinquedos de montar fossem, a estratégia desconsiderou as práticas socioespaciais e a capacidade que têm de possibilitar a identidade, a sociabilidade e as lutas. O projeto Nova Luz não se desenvolveu sem inúmeros combates (inclusive no plano judicial) entre o poder público e os comerciantes e moradores. Na área, concentra-se um polo comercial de grande vigor, sobretudo de material eletrônico. Segundo o próprio site do projeto, há no perímetro do projeto 24 mil empregos. Em reportagem do jornal *Brasil de Fato* aponta-se para 50 mil. Além disso, inúmeros prédios abandonados por seus proprietários e grande parte deles endividados estão ocupados por famílias ligadas aos movimentos de moradia. Segundo os documentos do próprio consórcio, moram na área do projeto cerca de 12 mil pessoas. Apesar da vida pujante no bairro, frequentemente ele é tratado como degradado, tanto pelo poder público, como pela mídia, como pelo consórcio vencedor da licitação para elaboração do projeto urbanístico,[19] que iniciou os trabalhos em 2010. Mas o Conselho Gestor só foi formado agosto de 2011, depois de uma pressão muito significativa de comerciantes e moradores locais que perceberam o quanto o projeto os ameaçava da permanência. Desconsiderada a vida e as práticas socioespaciais daqueles que residem e trabalham no perímetro do projeto, coube-lhes resistir e resistir, através de manifestações e ações judiciais. Aliás, a negação da participação efetiva da sociedade civil nas decisões sobre o projeto foi a alegação principal da Defensoria Pública em ação que moveu contra o projeto e que acabou por suspendê-lo, primeiro judicialmente e, em seguida, pela nova gestão municipal.

Pelo projeto urbanístico apresentado[20], de um total de 942 imóveis, 57,9% seriam renovados. Na área específica de ZEIS, 61,7% dos 222 imóveis teriam o mesmo destino. O desenho urbanístico mostra uma preocupação com maior ventilação, arborização e circulação de pedestres, bem como com ampliação de praças e parques e melhoria da qualidade das habitações. Porém, já no projeto preliminar observa-se que as transformações propostas se inspiravam em parques, praças e bulevares norte-americanos e europeus, assentados numa realidade social muito diferente e menos complexa do que a existente no local. Ainda neste projeto, a intenção de ampliar a população residente (uma das diretrizes) é acentuada. Porém, observa-se que os novos moradores teriam um perfil bem diferenciado da população que lá reside atualmente. Buscava-se atrair diretores de empresa; profissionais de tecnologia de informação (TI), estudantes de balé.

A mudança de perfil socioeconômico está explícita no próprio plano de urbanização, para a área específica de ZEIS:

> A ZEIS Nova Luz deve ser configurada por 40% de HMP e 40% de HIS, restando os outros 20% para serviços e outras atividades. A faixa de renda atendida pelo HIS é de até 6 salários mínimos, enquanto a de HMP é de mais de 6 até 16 salários mínimos. Ou seja, 50% da população a que se destina esse tipo de habitação estão concentradas nas classes sociais D e C, enquanto os outros 50% serão atendidos pela HMP, pertencentes à classe B.[21]

Confrontando esta perspectiva com os dados apresentados no diagnóstico realizado para a elaboração do plano das habitações com base no cadastro feito pelo próprio consórcio, verifica-se que 44,39% da população possui de 0 a 3 salários mínimos de renda e que 36,99% possui de 3 a 6 salários mínimos de renda. Portanto, a imensa maioria da população residente tem renda de até 6 salários mínimos, sendo que quase metade, até 3 salários. Não há lugar para elas no plano elaborado. Em entrevista,[22] uma atendente do escritório Nova Luz fez questão de frisar: "este é um projeto urbanístico; nós não nos preocupamos com a questão da moradia", explicitando o urbanismo como instrumento de valorização e segregação.

Nestes breves exemplos, o que está posto é que o uso primeiro pelo qual qualquer pessoa pode viver a cidade, que é a moradia, apresenta-se muitas vezes como barreira à circulação do capital e valorização do espaço, por meio da produção de novos produtos imobiliários. Neste sentido, os planos urbanísticos, na qualidade de política do Estado, colocam-se como a mediação para superação desta barreira, viabilizando mudanças de uso, transferência de posse da terra urbana e remoção daqueles que não podem pagar o preço da valorização para ficar na cidade, aprofundando a segregação. Os lugares nos quais se empreende as transformações são aqueles através dos quais novos usos podem garantir a realização da cidade como valor de troca, potencializando o processo de valorização. Desta maneira, o valor de troca da mercadoria cidade pode, enfim, se reproduzir.

NOTAS

1 Têm sido bastante relatados pela mídia os despejos frequentes nos EUA e em países da Europa, deixando, de um lado, edificações vazias e, de outro, famílias que buscam abrigar-se em *trailers*, em casa de parentes, ou na rua. Neste caso, o momento é o da desvalorização dos ativos imobiliários, tendo em vista um momento anterior de absorção de capitais. Já em outros países, como o Brasil, vive-se o momento da expansão do setor, com farta política de crédito ao consumidor e de endividamento das construtoras, que apostam no mercado futuro. A grande expansão desses investimentos, associada às transformações em infraestrutura de algumas cidades para atender às necessidades da Copa do Mundo em 2014 e/ou às políticas de revitalização, tem conduzido ao processo intenso de valorização dos imóveis e à necessidade de se abrir novas fronteiras para o crescimento do setor. Com isto, moradores de favelas e núcleos habitacionais localizados em eixos de valorização têm sido sistematicamente removidos, sem que uma nova residência seja colocada ao seu dispor.

2 Aqui entendida como as transformações relacionadas à tecnologia e organização da produção e circulação, mas sobretudo à reorganização das relações de trabalho e emprego, cujo sentido majoritário é o da precarização e maior exploração.

3 No plano das políticas urbanas, as políticas neoliberais visam terceirizar serviços públicos e, sobretudo, flexibilizar os instrumentos de política urbana e garantir que os interesses do mercado imobiliário sejam preservados nas cidades, como veremos adiante.

4 Não é objetivo desta reflexão enveredar pela discussão sobre as possíveis diferenças entre planejamento urbano e urbanismo. Aqui usamos preferencialmente o termo urbanismo por querer enfatizar as ações de intervenção territorial intraurbanas, que são acompanhadas de um desenho ou plano, de um discurso técnico, de normas e ações que revelam (e também ocultam) sua concepção e finalidade.

5 FIIs são os Fundos de Investimentos Imobiliários, que passaram a ser regulamentados no Brasil a partir de 1997.

6 "Só 9% conseguem financiar imóvel de R$ 300 mil em SP". Matéria publicada em 17/03/2013, no portal: <http://classificados.folha.uol.com.br/imoveis/1247347-so-9-conseguem-financiar-imovel-de-r-300-mil-em-SP.shtml>. Acesso em: 17/03/2013.

[7] Reportagens e vídeos mostram a extensão deste processo em nível global. A título de exemplo, o documentário "People before profit" relata os casos de remoção e de lutas e resistência na Índia e no México, todos relacionados a obras para megaeventos e/ou de revitalização urbana. Disponível em: <http://www.youtube.com/watch?v=L3t LioIVgfY&feature=player_embedded#!>.

[8] Em levantamento realizado no total dos Planos Diretores da RMSP, verifica-se que a presença dos instrumentos como outorga onerosa e Operações Urbanas estão presentes na quase totalidade dos planos, o que indica a regulação (neste caso, o Plano Diretor), como flexibilização do espaço urbano, abrindo caminho para sua reprodução.

[9] No original: "El debilitamiento del Estado derivado de la privatización, en la ideología y la realidad, la desregulación, y el cambio de sus funciones, de interventor en áreas del interés colectivo (al menos en el discurso) a facilitador o creador de condiciones para la libre acción de la empresa privada, implican la deslegitimación de sus intervenciones, incluida la planeación urbana. También neste campo transitamos del Estado al mercado".

[10] De acordo com a PMSP, atualmente há sete operações urbanas previstas e/ou em andamento na cidade de São Paulo: Água Branca, Água Espraiada, Faria Lima,Centro, Lapa-Brás, Mooca –Vila Carioca, Rio Verde-Jacu. Informações disponíveis em: <http://www.prefeitura.SP.gov.br/cidade/secretarias/infraestrutura/SP_obras/operacoes_urbanas/index.php?p=37057>.

[11] Disponível em: <http://observatorioderemocoes.blogspot.com.br/>.

[12] Assentamento existente há trinta anos no local. Em função da luta dos moradores, houve o projeto de urbanização da área, seguido pela regularização fundiária, ambos os processos conduzidos pela Secretaria de habitação de São Paulo. Conforme informa o Sr. Nei, líder da favela Nova Guarapiranga, zona Sul de São Paulo, em entrevista realizada em 08/10/2011.

[13] O projeto urbanístico pode ser visualizado em <http://www.vigliecca.com.br/pt-BR/projects/guarapiranga-park>.

[14] O prefeito de São Paulo, recém-empossado, declarou a suspensão do projeto, após ele ter sido interrompido pela Justiça em 23/01/2013, a partir de ação impetrada pela Defensoria Pública e movimentos sociais.

[15] De acordo com o artigo 1º, parágrafo primeiro: "Para os fins do Programa ora instituído, a região adjacente à Estação da Luz – região-alvo – é a área compreendida pelo perímetro iniciado na intersecção da Avenida Rio Branco com a Avenida Duque de Caxias, seguindo pela Avenida Duque de Caxias, Rua Mauá, Avenida Cásper Líbero, Avenida Ipiranga e Avenida Rio Branco até o ponto inicial". PMSP. Lei 14.096/2005.

[16] PMSP. Lei 13.430/2002.

[17] São eles: Pinacoteca, fundada em 1905 e revitalizada em 1999; Estação Pinacoteca, fundada em 2004; Museu da Resistência, inaugurado em 2008; Sala São Paulo, inaugurada em 1999; Museu da Língua Portuguesa, inaugurado em 2006; Museu de Arte Sacra, inaugurado em 1970 e revitalizado em 2011; e, finalmente, o Complexo Cultural, com projeto já elaborado, a ser erguido no lugar onde funcionou a antiga rodoviária.

[18] Zona Especial de Interesse Social. Segundo o Plano Diretor Municipal, no perímetro do projeto Nova Luz, uma parte está identificada como ZEIS 3, que "consiste em uma área com predominância de terrenos ou edificações subutilizadas, situada em área dotada de infraestrutura, serviços urbanos e oferta de empregos ou que esteja recebendo investimentos dessa natureza, onde haja interesse público na promoção e manutenção de HIS e HMP e na melhoria das condições habitacionais da população moradora, que incluam oferta de equipamentos sociais e culturais, de espaços públicos, e implantação de comércio e serviço de caráter local". No perímetro do projeto estão 11 quarteirões, qualificados como ZEIS.

[19] O consórcio vencedor foi formado por: Concremat Engenharia, Cia. City, AECOM Technology Corporation e Fundação Getúlio Vargas (FGV).

[20] De acordo com o Plano de Urbanização das ZEIS. Disponível em: <http://www.novaluzsp.com.br/files/201108_PU-ZEIS.pdf>.

[21] De acordo com o Plano de Urbanização das ZEI, pág. 48. Disponível em: <http://www.novaluzsp.com.br/files/201108_PUZEIS.pdf>.

[22] Apresentada pela estudante Guízei Brígida, em curso de Pós-graduação no Departamento de Geografia/USP.

BIBLIOGRAFIA

Abreu, M. Reconstruindo uma história esquecida: origem e expansão inicial das favelas do Rio de Janeiro. In: *Revista Espaço e Debates*. NERU: São Paulo, n. 37, 1994, pp. 34-46

Alves, G. A requalificação do centro de São Paulo. *Estudos Avançados*. São Paulo, v. 25, 2011, pp. 109-18.

Andreatta, V. *Cidades quadradas, paraísos circulares*. Rio de Janeiro: Ed. Mauad, 2006.

Benevolo, L. *História da cidade*. São Paulo: Perspectiva, 2003.

Carlos, A. F. A. *A (re)produção do espaço urbano*. São Paulo: Edusp, 1994.

______. *Espaço-tempo na metrópole*. São Paulo: Contexto, 2001.

______. *Conferência de abertura*. Conferência proferida no XVI ENG, Porto Alegre. 25 jul. 2010.

______. *A condição espacial*. São Paulo: Contexto, 2011.

CHESNAIS, F. *A mundialização do capital*. São Paulo: Xamã, 1996.

______. *A mundialização financeira*. São Paulo: Xamã, 1999.

COBOS, E. P. Las políticas y la planeación urbana em le neoliberalismo. In: BRAND, P. (org). *La ciudad latinoamericana en el siglo XIX*: globalización, neoliberalismo y planeación. Medellín, Colombia: Universidad Nacional de Colombia, 2009.

CORDEIRO, S. L. *Os cortiços de Santa Ifigênia*: sanitarismo e urbanização (1983). São Paulo: Imprensa Oficial, 2010.

CHOAY, F. O urbanismo em questão. In: ______. *O urbanismo*. São Paulo: Perspectiva, 2003.

ENGELS, F. *A situação da classe trabalhadora na Inglaterra*. São Paulo: Boitempo, 2008.

FERREIRA, J. S. W. A cidade para poucos: breve história da propriedade urbana no Brasil. In: Anais do Simpósio Interfaces das representações urbanas em tempos de globalização, 2005. CD-ROM: Simpósio Internacional: Interfaces das Representações Urbanas em Tempos de Globalização, 2005. Bauru - SP: FAU/Unesp Bauru/Sesc Bauru, 2005.

GARNIER, J. *Planificación urbana y neoliberalismo en Francia*. Barcelona: Universidad Valladolid, 2011.

HARVEY, D. *Los limites del capitalismo y la teoria marxista*. México: Fondo de Cultura Económica, 1990.

______. *O novo imperialismo*. São Paulo: Edições Loyola, 2004.

______. *A produção capitalista do espaço*. São Paulo: Boitempo, 2006.

______. *Paris, capital de la modernidad*. Madrid: Ediciones Akal, 2008.

LEFEBVRE, H. *A revolução urbana*. Trad. Sérgio Martins. Belo Horizonte: Editora UFMG, 2004.

______. *A re-produção das relações de produção*. Porto, Portugal: Publicações Escorpião. Cadernos O homem e a sociedade, 1973.

______. *Espaço e política*. Minas Gerais: Editora UFMG, 2008.

LOWY, M. A cidade, o lugar estratégico do enfrentamento da luta de classes. *Margem Esquerda. Ensaios marxistas*. São Paulo, n. 8, 2006.

MARX, K. *O capital, Volume* III: o processo de circulação do capital. São Paulo: Nova Cultural, 1985. (Coleção Os economistas).

VAINER, C. Cidade de exceção: reflexões a partir da cidade do Rio de Janeiro. Ministério Público Federal. Procuradoria Federal dos Direitos do cidadão: s/d. Disponível em: <http://pfdc.pgr.mpf.mp.br/atuacao-e-conteudos-de-apoio/publicacoes/direito-a-moradia-adequada/artigos/cidade-de-excecao-carlos-vainer>. Acesso em: 12 jul. 2013.

SEMÂNTICA URBANA E SEGREGAÇÃO: DISPUTA SIMBÓLICA E EMBATES POLÍTICOS NA CIDADE "EMPRESARIALISTA"

Marcelo Lopes de Souza

SEGREGAÇÃO: ENTRE A PALAVRA E A REALIDADE

Segundo o *Dicionário Houaiss da Língua Portuguesa*, o vocábulo "segregação" fez sua entrada em nosso idioma em meados do século XIX, mais especificamente em 1858. Sua primeira acepção é a "de ato ou efeito de segregar(-se); afastamento, separação, segregamento". Etimologicamente, "segregação" vem do latim *segregatio, segregationis*, que significa "separação". Pode parecer estranho a alguns iniciar um texto científico com informações retiradas de um simples dicionário de língua, mas espero que as razões desse procedimento fiquem evidentes logo em seguida.

Já houve quem argumentasse que, no Brasil, a palavra em questão não se aplicaria, por se tratar de termo indevidamente importado, "originário da Escola de Chicago", como sentencia Pedro de Almeida Vasconcelos.[1] Seria, por assim dizer, como uma planta exótica e mal aclimatada... Não vem a pelo, aqui, retomar o problema do intercâmbio especificamente científico envolvendo termos técnicos e conceitos – intercâmbio esse que, em alguns casos, pareceria ilegítimo a certos observadores, um verdadeiro contrabando, justificando a conhecida expressão "ideias fora do lugar".

Sem sombra de dúvida, importações e transposições irrefletidas têm ocorrido com frequência, muito particularmente por parte de centros de pesquisa de países "(semi)periféricos" em relação a centros de pesquisa de países ditos "centrais", situação que simultaneamente espelha e reforça laços de "colonização cultural". Ao mesmo tempo, seria bom admitir que as coisas não são simples: afinal, muitos termos "importados" são ou podem ser "adaptados", não raro com sucesso, desde que haja um investimento reflexivo ponderável. Note-se que Pedro Vasconcelos abre seu texto com uma menção à etimologia do verbo "segregar", que vem do latim *segrego* (que quer dizer "separar do rebanho, apartar, escolher; afastar, isolar, arredar, repelir, tirar, tomar, subtrair"), presente na língua portuguesa desde meados do século XVI e apresentando, em sua origem, um significado mais específico que aquele que, bem mais tarde, o vocábulo "segregação" viria a ter.

O ponto para o qual desejo chamar a atenção, porém, é outro – ou melhor, são outros. A saber:

1) Nas ciências sociais, os termos técnicos não são, geralmente, e diferentemente das ciências naturais, palavras artificiais, sem existência fora de um vocabulário técnico (como *oligoclásio*, *tripanossoma cruzi*, *ácido desoxirribonucleico* ou *quasar*). Nos estudos sobre a sociedade e seu espaço, lidamos com termos técnicos que são, igualmente, palavras de uso corrente no quotidiano, como *classe*, *território*, *cultura*, *poder*, e assim sucessivamente. O que fazemos é construir *conceituações*, nos marcos de esforços teóricos, que alimentem (e sejam retroalimentados por) esforços de pesquisa empírica. (E, em se tratando da reflexão crítica, esse "empírico" não é restrito a uma experiência prático-sensível descompromissada, mas diz respeito à *práxis*, da qual a meditação teórico-conceitual não deve ser jamais descolada.) Em vista disso, uma questão que se impõe é a seguinte: até que ponto os próprios sujeitos se utilizam, em diferentes contextos histórico-geográfico-culturais quotidianos, da palavra segregação?
2) A objeção ao uso da palavra não é motivada por razões especificamente linguísticas ou estéticas, evidentemente. Há uma resistência, no fundo, à compreensão da realidade urbana brasileira como marcada por processos de segregação – isto é, por processos de "afastamento, separação, segregamento". Mesmo aqueles observadores que não fazem objeção explícita ao uso da palavra entre nós, ao não utilizá-la parecem estar motivados pelo entendimento de que, em um contexto menos "duro" e mais "complexo" (em comparação com realidades "duras" e menos "plásticas", como os EUA ou a África do Sul do *apartheid*), o que se teria seriam, supostamente, situações de "desassistência", "abandono" ou "descaso" (interpretação "paternal" adotada por Vasconcelos)[2] ou, no limite, de desigualdades derivadas do efeito agregado de fracassos individuais (interpretação tipicamente liberal).[3] São leituras que, assumida ou tacitamente, mantêm afinidade ideológica com o espírito de Gilberto Freyre, que, como sabemos, edulcorou (sem negar por completo) a violência envolvida nas relações entre a casa-grande e a senzala neste "mundo que o português criou", para usar uma de suas expressões.[4]

A ideia (implícita) de que a palavra "segregação" seria, acima de tudo ou exclusivamente, um termo técnico, por si só já não se sustenta. Citemos, para exemplificar, o trecho do *rap* "Só Deus pode me julgar", do *rapper* carioca MV Bill:

> Sem fantasiar, realidade dói.
> Segregação, menosprezo
> É o que destrói.

Outros exemplos semelhantes abundam e oferecerei apenas mais um, o da letra de "Segregação", do grupo carioca de *reggae* Ponto de Equilíbrio:

> Segregação social, discriminação racial [bis].
> *Apartheid*, colonização, escravidão, globalização, ainda me lembro da Inquisição e da catequização dos índios, grupos de extermínio, Ku Klux Klan, nazistas, fascistas, não mais!

Eis, com efeito, um exemplo interessante, que mostra como, longe de ser a ciência a única a promover ou protagonizar intercâmbios terminológicos, a música e a cultura populares também tomam conhecimento de situações (no caso, situações de opressão e injustiça) de outros lugares e outras épocas, enxergando afinidades e construindo ou propondo solidariedades.

É óbvio, portanto, para quem anda pelas ruas e mantém olhos e ouvidos abertos, que o termo "segregação" não está confinado a textos e debates acadêmicos. Caberia ao pesquisador, diante disso, "reprovar" ou "censurar" tal ou qual uso de tal ou qual palavra no âmbito do senso comum? Ou seria o caso, antes de mais nada e acima de tudo, de buscar *entender* as razões e motivações dos usos concretos que os sujeitos de carne e osso fazem de termos como "segregação", seja em suas imprecações quotidianas, seja em suas letras de música, seja ainda em seus grafites e textos de protesto? Seria divertido tentar imaginar uma improvável cena em que alguém teria coragem suficiente para chegar para um favelado que grita contra a segregação que alega sofrer e sentir na própria pele, e dizer: "veja bem, meu caro, você está utilizando de maneira imprópria a palavra 'segregação', que tem sido indevidamente importada pelo discurso acadêmico brasileiro; a rigor, você não é segregado, isso é um mal-entendido!".

Certamente, não se está sugerindo que entendimentos no âmbito do senso comum sejam sancionados irrefletidamente, no estilo *vox populi vox Dei*. Estando o senso comum eivado de ideologias e preconceitos – não que a ciência também não esteja... –, submetê-lo a escrutínio crítico é apanágio da atividade do pesquisador. Aquilo que, para o senso comum, muitas vezes não suscita desconfiança, reproduzindo-se na ausência de debate, não pode ser aceito sem questionamento pelo pesquisador. Não obstante isso, se esse papel crítico há de ser exercido sem arrogância racionalista e cientificista, é preciso convir que, nas ciências da sociedade, os sentimentos e a percepção dos agentes fazem parte da realidade. Quando se constata que, no quotidiano, pessoas se veem como segregadas, isso, por si só, exige investigação e comprova que não se está diante simplesmente de termos técnicos importados e empregados por acadêmicos supostamente mal informados, mas, sim, de uma representação espacial digna de nota.

Para além disso, resta o fato – primário – de que negar a realidade da segregação residencial implica procurar suavizar ou escamotear os "afastamentos" e as "separações". Em alguns casos, invocando-se as pequenas distâncias físicas (favelas encravadas em bairros residenciais "nobres"), como se necessariamente houvesse forte e positiva correlação entre *distância física* e *distância social*; em outros casos, apelando-se para construções altamente ideológicas, como o pretenso caráter "democrático" das praias, com ricos e pobres compartilhando os mesmos espaços (no que se ignoram tanto o efeito de "filtragem" do custo de deslocamento quanto, também, o fato de que, em uma escala de observação adequada, percebe-se que, muitas vezes, não são exatamente as mesmas praias e os mesmos trechos de praia que são usados por todos); ou, ainda, inferindo-se, com base na falsa premissa de que uma maioria não pode ser segregada por uma minoria (mas o que foi, então, a cidade do *apartheid*, na África do Sul?), que os pobres das cidades brasileiras exercem uma "ação", "toma[m] a iniciativa e ocupa[m] terrenos nos mais diferentes pontos da cidade",[5] razão pela qual não poderiam ser segregados – como se eles efetivamente *escolhessem* onde morar.[6]

Não pode haver a menor dúvida de que as situações de segregação nas cidades do Velho Mundo ou dos EUA, para não falar da África do Sul, foram, historicamente, (muito) mais "fortes" e (muito) menos dissimuladas que as do Brasil – se bem que, mesmo no Brasil, é preciso considerar as notáveis diferenças entre, por exemplo, Salvador e Porto Alegre... Ora, deveria ser ponto pacífico que a segregação (assim como o classismo, o elitismo, o racismo...) não é uma questão de "tudo ou nada": o que há é um *continuum*. Assim, mesmo em contextos mais dissimulados e ideologicamente distorcidos, como o do Brasil – em que até mesmo um escritor fenotipicamente afrodescendente como José Lins do Rego pôde referir-se, impunemente, à "alegria da escravidão"[7] –, o afastamento e a separação se fazem presentes, conquanto sejam praticados e sejam experimentados de maneira nada linear.

Segregação é um conceito denso de historicidade, como são, de um jeito ou de outro, todos os conceitos das ciências da sociedade. É bem verdade que se pode seguramente dizer, sem medo de errar, que em toda sociedade heterônoma haverá, em algum grau e de algum modo, segregação residencial, como uma expressão espacial da desigualdade e da assimetria sociais (entre classes e, eventualmente, também fortemente entre "raças" ou etnias).[8] A escala, algumas vezes, pode turvar a nossa visão, como quando senhores e escravos moram fisicamente bem próximos uns dos outros, na mesma propriedade; ainda assim, isso não nos permite falar de uma completa e absoluta ausência de segregação, situação de que são herdeiros, nas cidades brasileiras de nosso tempo, o quarto de empregada e o elevador de serviço. Apesar disso, nada nos autoriza a postular que o conceito em questão seja "universal" ou inteiramente "transistórico", como se a segregação fosse uma inevitabilidade quase que natural da realidade social em si mesma. Se assim fosse, teríamos de admitir que a heteronomia é inevitável e que uma sociedade livre e autônoma – na qual certamente existirão dissensos e conflitos, mas não assimetria estrutural de poder e, por consequência, segregação – é uma meta fantasiosa. O fato é que, mesmo onde existe, a segregação não existe e não precisa existir da mesma forma e com a mesma intensidade.

No presente trabalho, o que importa é, partindo da disseminação da palavra segregação em nossas cidades como sendo, *em si mesma*, uma realidade social, examinar *aquilo contra o que o discurso que denuncia a segregação é elaborado*. Contudo, não vou proceder a uma análise sistemática de processos de segregação ou que acarretem segregação; em vez disso, vou considerar, sobretudo, o *discurso* de que as práticas espaciais de segregação ou que acarretam segregação se servem – discurso esse que é, ele próprio, um momento do processo que (re)produz a segregação. De certa maneira, o presente trabalho é o desdobramento de outro, também originalmente apresentado durante uma reunião do Grupo de Estudos Urbanos (GEU), intitulado *A cidade, a palavra e o poder*.[9]

Atualmente, e já desde os anos 1990 (no Brasil) ou 1980 (nos EUA e em alguns países europeus), vivencia-se a impressão das marcas típicas da agenda neoliberal (desregulação, privatizações etc.) no ambiente e na escala específicos das cidades, em particular das metrópoles e grandes cidades. Esse "neoliberalismo urbano", marcado por um estilo de gestão e de planejamento que ficou conhecido como "empresarialista" ou "empreendedorista",[10] se caracteriza, maciçamente, pelo deslocamento e *displacement* de populações pobres, na esteira de processos ditos de "gentrificação" que buscam revalorizar determinadas partes do espaço urbano, mormente áreas centrais. Seja em conexão com megaeventos esportivos ou não, tais processos de revalorização capitalista do espaço urbano têm-se servido de todo um vocabulário, com a ajuda do qual tenta-se difundir um discurso de legitimação e persuasão. "Revitalização", "requalificação"... Quais são, por assim dizer, os "pressupostos operacionais" e as "implicações de uso" desse vocabulário?

Tanto no que diz respeito a esse vocabulário quanto no que se refere às reações populares a ele e aos processos objetivos que ele recobre, faz-se necessária uma incursão crítica no terreno da "semântica urbana". É o que tentei oferecer nas próximas páginas.

"REVITALIZAÇÃO" E CONGÊNERES COMO PROMOTORES DE SEGREGAÇÃO

"Revitalização", "regeneração"... Não é de hoje que intervenções urbanas têm sido designadas por palavras de uso corrente, comumente metáforas de sabor biológico. Em uma época em que tais intervenções se avolumam, devido a fatores que serão daqui a pouco explicados, esses elementos discursivos igualmente povoam, com frequência crescente, o quotidiano urbano. A naturalização desses termos no interior do senso comum constitui, sem dúvida, a vitória de um discurso ideológico de justificação de determinadas práticas, que têm por trás de si interesses específicos. Práticas essas que, como será argumentado, colaboram para gerar ou reforçar um quadro de segregação residencial.

Vale a pena, antes de se passar ao exame dessas práticas e à análise do discurso subjacente, dar uma olhada nas principais acepções que um dicionário de língua traz a propósito de cada elemento discursivo. Isso se mostrará útil à tarefa de desnudar intenções e propósitos.

Revitalização, conforme o *Dicionário Houaiss da Língua Portuguesa*, significa, em sua primeira acepção, "ação, processo ou efeito de revitalizar, de dar nova vida a alguém ou a algo". Complementarmente, esclarece o *Houaiss* que se trata de uma "série de ações mais ou menos planejadas, geralmente provenientes de um grupo, comunidade etc., que buscam dar novo vigor, nova vida a alguma coisa". Em outras palavras: aquilo que passa ou mereceria passar por uma revitalização se achava ou acha morto, sem vida, ou, pelo menos, moribundo.

Algo muito semelhante, por conseguinte, ao que se pretende dizer quando se fala em "*regeneração*". Aqui, trata-se do "ato ou efeito de regenerar(-se)", como nos informa o dicionário; "segunda vida, segundo nascimento; revivificação, refortalecimento". Ou, figurativamente, "recuperação moral ou espiritual"... Sem contar, mais diretamente, a "formação ou produção, em segunda instância, do que estava parcial ou totalmente destruído; reconstituição, restauração". Não esqueçamos, a propósito, que o antônimo de "regeneração" é "degeneração". Ou seja: pressupõe-se que a "regeneração" irá "recuperar" (ou restituir à sua glória, ao seu brilho) espaços "obsolescentes", "deteriorados"... "degenerados".[11]

Com certa frequência, os processos de "revitalização" ou "regeneração" são chamados, também ou alternativamente, de "*requalificação*" urbana ou espacial. De acordo com o *Houaiss*, "requalificação" é o "ato ou efeito de requalificar", implicando a "atribuição de nova qualificação". Leia-se: o espaço se achava "pouco qualificado" ou, mesmo, "desqualificado". Como bem observou Nina Rabha[12], em sua bela dissertação de mestrado sobre a Zona Portuária do Rio de Janeiro, "[m]enosprezar, depreciar, esquecer, são resultado do uso de uma escala abrangente de análise, que não leva em conta os valores internos do lugar" (o que, aliás, tantas vezes levou à caracterização de espaços como os bairros da Saúde, da Gamboa e do Santo Cristo como "deteriorados").[13] E deve-se acrescentar: tais valores não são levados em conta porque, simplesmente, levá-los *seriamente* em conta – sem preocupações de controle, "domesticação" e mercantilização – é algo incompatível com as necessidades "revitalizadoras" do capital e com a perspectiva que é típica do Estado. Não estamos diante de uma mera deficiência cognitiva ou epistêmica, muito menos de um simples descuido analítico: o que há, efetivamente, ainda que nem sempre de modo plenamente consciente por parte de pesquisadores e planejadores, é uma *opção*, condizente com a "lógica" dos *loci de construção discursiva* (lugares de enunciação) de tais analistas e técnicos – e, em última instância, condizente com os interesses vinculados ou que patrocinam esses *loci* (Estado e mercado capitalista).

A palavra *gentrificação* (do inglês *gentry*: baixa nobreza), isto é, "nobilitação" ou elitização espacial, é originária do Reino Unido,[14] mas foi a partir dos EUA que ela se popularizou. Independentemente do uso do termo, a sua prática nos remete, no que toca ao seu principal marco histórico inicial, ao programa de *renovação urbana* (*urban renewal*) implementado nos EUA, com grande intensidade, após a Segunda Guerra Mundial. Essa é, por assim dizer, a "pré-história" da *gentrification*. Na esteira daquele programa, guetos foram arrasados e suas populações removidas para dar lugar a empreendimentos comerciais e residenciais para a classe média, no estilo do processo brilhantemente retratado por Herbert Gans em seu famoso *The Urban Villagers*, sobre o West End de Boston.[15] Entretanto, só mais tarde, a partir dos anos 1980, é que toda uma série de fatores convergiria, formando uma sinergia e determinando o que seria uma onda mundial de projetos voltados para a "gentrificação" e a "revitalização".

Entre os *fatores imediatos* podem ser mencionados: a adaptação ou "reconversão" de áreas portuárias que entraram em relativa decadência econômica devido a transformações tecnológicas, como a containerização, que acarretaram severos impactos espaciais (Docklands, em Londres, é o caso mais célebre); mais amplamente, o desejo de revalorizar uma área, portuária ou não, mas sempre central e bem localizada, que se achava desvalorizada (é o que está por trás de projetos como o de Puerto Madero, em Buenos Aires, ou o "Porto Maravilha", no Rio de Janeiro,[16] ou ainda a "Nova Luz", em São Paulo);[17] além disso, os megaeventos esportivos vieram trazer uma motivação (e um pretexto) adicional (Barcelona, em 1992, sendo o grande marco histórico, nesse sentido).

Entretanto, o *fator mediato* a ser considerado é a relevância crescente do que David Harvey denominou o *circuito secundário de acumulação do capital*.[18] Esse circuito é aquele que se vincula não à produção de bens móveis, mas, sim, à produção de bens imóveis, vale dizer, do próprio ambiente construído. Em outras palavras, ele se refere à (re)produção do próprio espaço. O capital imobiliário (fração do capital um tanto híbrida, originária da confluência de outras frações) vem, nas três últimas décadas, assumindo um significado cada vez maior, na interface com o capital financeiro. As consequências disso não são apenas locais, podendo chegar a ser globalmente catastróficas, como se pode ver pelo papel da bolha das "hipotecas podres" na crise mundial que eclodiu em 2008. Pelo mundo afora, a contribuição da construção civil para a formação da taxa de investimento foi-se tornando cada vez mais expressiva. E em todo o planeta, "revitalizar" espaços "deteriorados" tem sido um dos principais expedientes na criação de novas "frentes pioneiras urbanas" para o capital. Estamos imersos na era, por excelência, da cidade como uma "máquina de crescimento" ("*growth machine*"), para lembrar a célebre fórmula de Harvey Molotch.[19]

É necessário, enfim, inserir as análises sobre "gentrificação" e "revitalização" no contexto do exame de processos de reestruturação econômica e espacial bastante amplos, como foi enfatizado, já em meados da década de 1980, por Neil Smith e Peter Williams.[20] Naquele momento, porém, quando Smith registra que "[o] processo de gentrificação com o qual estamos aqui ocupados é, na sua quintessência, internacional"[21], ele está falando, explicitamente, de algo "que está tendo lugar na América do Norte e em grande parte da Europa Ocidental, assim como na Austrália e na Nova Zelândia; isto é, nas cidades ao longo da maior parte do mundo capitalista avançado do Ocidente."[22] Ainda que não nos escape o viés eurocêntrico (ou, mais especificamente, anglo-saxônico) que controla o campo de visão desses autores, é preciso admitir que, nas metrópoles latino-americanas, "gentrificação" e "revitalização" iriam se tornar fenômenos relevantes somente mais tarde (não estou incluindo, portanto, processos antigos como remoções de favelas, ou ainda muito mais antigos, como uma reforma urbanística no estilo da Reforma Passos, no Rio de Janeiro, por se referirem a contextos históricos bem distintos). Desde os anos 1990, e o mais tardar a partir da década seguinte, não seria mais desculpável ignorar que "gentrificação" e "revitalização" passaram a ser implementadas ou tentadas em grande escala também em cidades como Buenos Aires, Cidade do México, Rio de Janeiro e São Paulo, com a participação do grande capital internacional. O que é preciso não perder de vista, sem embargo, são as *especificidades* da "gentrificação" e da "revitalização" em cidades de países "(semi)periféricos" que, a despeito de serem significativamente industrializados e complexos, e em que pese o papel de fenômenos como a precarização do mundo do trabalho e o aumento das pobreza nas cidades dos EUA e da Europa, continuam a possuir evidentes diferenças econômicas e socioeconômicas em comparação com as cidades estadunidenses e europeias.

O que a "gentrificação" sempre ocasiona, lá como cá, é o deslocamento mais ou menos forçado de pessoas, via de regra pobres – ou seja, (re)colocando em marcha, em alguma medida, a *segregação*.[23] Smith e Williams nos informam que, "[d]e acordo com o dicionário *American Heritage*, de 1982, gentrificação é a 'restauração de propriedade urbana deteriorada, especialmente em bairros populares, pelas classes média e alta.'"[24] De modo semelhante, informam os mesmos autores, "o dicionário *Oxford American*, publicado dois anos antes, contém a seguinte definição: 'movimento de famílias de classe média para áreas urbanas, levando ao aumento dos valores das propriedades e tendo o efeito secundário de impelir para fora famílias pobres'".[25] Por fim, os próprios Smith e Williams sintetizam o que está em jogo, em uma primeira aproximação conceitual:

> Como a terminologia sugere, "gentrificação" conota um processo que opera no mercado imobiliário residencial. Ele se refere à reabilitação de habitações populares [ou da classe trabalhadora: *working-class*] ou abandonadas e a subsequente transformação de uma área em um bairro de classe média.[26]

Algo similar se aplica à "revitalização". Até mesmo experiências de "revitalização" levadas a cabo em cidades de países "centrais", menos marcadas pela pobreza e pelas desigualdades que aquelas dos países "(semi)periféricos", costumam acarretar o *displacement* forçado e compulsório de indivíduos e famílias. O caso do programa de "regeneração urbana" da área das docas de Londres representa uma situação internacionalmente importante, tanto por essa razão quanto pelo uso de "parcerias público-privado" e instrumentos de facilitação e viabilização dos interesses do capital privado, o que conduziu Brindley et al.[27] a tratá-lo como um exemplo didático do que já se chamou de *leverage planning*. Colin Davies[28], por tudo isso, forneceu, a propósito de Docklands, uma avaliação nada condescendente:

> profundamente deprimente para aqueles que se preocupam com o futuro das cidades europeias. Se as cidades têm a ver com comunidade, democracia, acessibilidade, espaço público e a rica mistura de atividades que cria uma cultura da qual todos possam participar, então a área das Docklands não merece ser chamada de cidade.

Sobre "os que perderam" (frequentemente, imigrantes pobres e seus descendentes, tradicionalmente ligados, por laços de trabalho, àquela área portuária), Janet Foster, que igualmente aborda o problema, oferece uma fotografia sem retoques.[29]

Seja lá como for, é nas cidades de países "(semi)periféricos" que o lado mais cruel da "gentrificação" e da "revitalização" – a remoção forçada de pessoas – se mostra, geralmente, de forma mais nítida e brutal. Na África do Sul, os preparativos para a Copa do Mundo de Futebol de 2010 incluíram o bizarro caso da chamada "Tin Can Town", ou (em africâner) "Blikkiesdorp" – uma "temporary relocation area" (TRA), na terminologia da Prefeitura da Cidade do Cabo –, em que, no estilo de um campo de concentração, pessoas foram amontoadas, após serem expulsas de seus antigos lares (em favelas) ou das ruas contra a sua vontade, a fim de não "enfearem" ou "perturbarem" os turistas e frequentadores de estádios durante os jogos. Mas essa é apenas uma das várias situações que lá ocorreram, em diversas cidades. Desconcertante, especialmente para aqueles que, por desinformação, ainda acreditam que o fim do *apartheid*, em 1994, teria trazido uma era de prosperidade ou, pelo menos, de liberdade.

Seria muito diferente em uma cidade como, digamos, o Rio de Janeiro, cidade-símbolo da plasticidade desse "mundo que o português criou", para novamente empregar as palavras de Gilberto Freyre? Não necessariamente.

Comecemos com os Jogos Pan-americanos, que o Rio de Janeiro sediou em 2007. Além dos diversos outros problemas que cercaram as obras para a preparação da infraestrutura esportiva e de transporte – e sem contar as expectativas que, em parte, se frustraram, no que se refere ao impacto positivo dos jogos para a cidade –, deve ser lembrado o fato de que, desde aquela época, ou mesmo desde antes dela, a Vila Autódromo, favela situada perto da Lagoa de Jacarepaguá, na Barra da Tijuca, vem sofrendo ameaças de remoção. Além de ser o espaço por excelência da autossegregação em terras cariocas, a Barra da Tijuca abriga um grande conjunto de instalações esportivas, que inclui o Parque Aquático Maria Lenk, a Arena Olímpica e um velódromo. Embora ofenda a legislação, pois a Vila Autódromo foi regularizada fundiariamente (concessão de uso) em 1994, a espada de Dâmocles de um reassentamento forçado paira sobre as cabeças dos moradores. A Associação de Moradores de Vila Autódromo tem buscado costurar alianças, que vão desde o Núcleo de Terras e Habitação da Defensoria Pública do Estado do Rio de Janeiro até pesquisadores universitários. Entretanto, os interesses imobiliários, usando como pretexto o risco ambiental e, também, um alegado interesse "público" em razão da construção do Parque Olímpico do Rio de Janeiro, provavelmente impor-se-ão ao final, coisa que não seria de se estranhar nem um pouco. No passado recente, famílias chegaram a ser expulsas de suas casas e despejadas de maneira atrabiliária e truculenta em mais de uma ocasião, conforme foi divulgado por ativistas. Em fevereiro de 2011, uma juíza proferiu uma sentença que selaria o destino de, pelo menos, uma parte da Vila Autódromo: alegando-se razões ambientais, decidiu-se pela remoção. O edital da Parceria Público-Privada lançado pela Prefeitura do Rio para a construção do Parque Olímpico prevê como prazo final para concluir a urbanização da nova área onde os moradores serão reassentados o mês de dezembro de 2014.

Tudo leva a crer que, guardadas as devidas diferenças (e, ao menos por enquanto, também as devidas proporções), a pressão para a remoção da Vila Autódromo obedece à mesma lógica de "gentrificação" e "requalificação" que foi posta em prática na África do Sul. Por essa razão, e considerando os interesses das populações pobres residentes em espaços cobiçados para efeito de "requalificação" e reestruturação, duas colaboradoras e eu chegamos, imediatamente após o anúncio oficial da escolha do Rio como destino da Olimpíada, a levantar a questão de para *quem*, na capital fluminense, a meta de fazer da cidade a sede dos Jogos Olímpicos de 2016 seria, objetivamente, um "sonho" – e para quem, eventualmente, essa meta terminaria por se revelar um "pesadelo"...[30]

No caso do Rio de Janeiro, há uma confluência de fatores:

1) Tão logo assumiu a Prefeitura, em 2009, Eduardo Paes decretou um "Choque de Ordem", cujos principais alvos logo ficariam claros: o comércio ambulante e os espaços residenciais dos pobres situados em locais estratégicos para o capital, especialmente do ponto de vista dos interesses vinculados ao grande projeto de "revitalização" que é o "Porto Maravilha". Na mira têm estado tanto as ocupações de sem-teto situadas na Zona Portuária e no entorno do CBD quanto, eventualmente, uma ou outra favela, a começar pelo Morro da Providência (vide *mapa*, a seguir). No que concerne às ocupações de sem-teto, uma delas, a Zumbi dos Palmares, criada em 2005 e localizada em um prédio de oito andares do INSS, próximo à Praça Mauá (área estratégica no âmbito do "Porto Maravilha"), que ficou ocioso por mais de duas décadas, teve seus ocupantes finalmente retirados "pacificamente" no início de 2011, depois de uma resistência prolongada mas que

foi sendo enfraquecida por um misto de intimidações e cooptação. Outra ocupação, a Quilombo das Guerreiras, criada em 2006 e situada em um prédio da Companhia Docas do Rio de Janeiro, bem perto da rodoviária Novo Rio (outra área cobiçadíssima, que está destinada a abrigar prédios de escritórios na esteira da "revitalização" em curso), tem sua desocupação prevista para 2012, com a transferência dos ocupantes para um conjunto habitacional na Gamboa. Enquanto uma das ocupações, a Chiquinha Gonzaga, localizada em um prédio do Incra próximo à Central do Brasil, excepcionalmente está passando por um processo de regularização fundiária que dará segurança jurídica à posse exercida pelos ocupantes, novas tentativas de ocupação têm sido violentamente reprimidas pela polícia, como ocorreu em 2010 sem sequer apresentação de mandado judicial de reintegração de posse, com a ocupação Guerreiro Urbano, que havia sido criada em um prédio do INSS no bairro do Santo Cristo (Zona Portuária) e que existiu somente por algumas horas. Por fim, é importante lembrar que também no Morro da Providência, mais antiga favela da cidade, há uma ameaça de remoção de centenas de casas.

2) A história das "revitalizações", no Rio de Janeiro, é antiga e importante, mesmo quando ainda não se cogitava usar esse termo para descrever as intervenções. A Reforma Passos, no início do século XX; o desmonte do Morro do Castelo, em 1922, que liquidou com um bairro pobre, o da Misericórdia; a abertura da avenida Pres. Vargas, no início da década de 40, que quase pôs termo à enorme e diversificada área residencial pobre da Praça Onze (onde se situava, por exemplo, a Pequena África); a "reforma" da Lapa nos anos 1960, sob Carlos Lacerda... Todos esses são capítulos de um processo de expulsão dos usos (e agentes) "deteriorados" do CBD e seus arredores. Todavia, a Zona Portuária (e alguns outros poucos espaços do entorno do CBD), em parte até graças à topografia, "sobrou". E, apesar disso, o próprio projeto do "Porto Maravilha" deita raízes em um passado que não é recente. Em sua já mencionada dissertação de mestrado, de meados da década de 1980, Nina Rabha identificou dois vetores aparentemente contraditórios, mas que (a experiência internacional ensina), eventualmente, podem ser conciliados um com o outro: de um lado, o desejo de preservação das *formas espaciais* (não necessariamente dos conteúdos sociais...) de espaços ditos "deteriorados", como os bairros da Zona Portuária, os quais, seja por seu valor histórico-arquitetônico, seja pela possibilidade de revalorização e remodelagem de tradições, eram, já naquele momento, vistos como charmosos e simpáticos por alguns observadores; de outro lado, a emergência de um discurso, representado à época pela Associação Comercial do Rio de Janeiro, que defendia a "reciclagem urbanística do Centro da cidade".[31]

(Aliás, "*reciclagem*" é outro termo sintomático, talvez quase um "ato falho", uma vez que, em geral, é empregado no contexto da reciclagem de lixo ou dejetos...) Sem que a dimensão "preservacionista" precise ser necessariamente descartada, especialmente quando a preservação em questão se orienta principalmente para formas espaciais purgadas de certos agentes, práticas e conteúdos simbólicos, é fato que a dimensão de "revitalização" foi-se tornando gradualmente hegemônica. Estorvadas historicamente por diversos fatores, entre eles o nem sempre fácil diálogo entre os três níveis de governo – e lembrando que, do ponto de vista fundiário, a União, o estado e o município são, todos três, agentes-chave no espaço da Área Central e da Zona Portuária do Rio –, as intervenções "revitalizadoras" parecem agora muito mais viáveis, graças a um bom entendimento entre os três níveis de governo que, sem dúvida, tem facilitado a atração de capitais e investidores.

3) Com a propalada "pacificação" de um número cada vez maior (mas ainda muito pequeno) de favelas, por conta das Unidades de Polícia Pacificadora (UPPs) e do emprego mais sistemático das próprias Forças Armadas no combate à criminalidade ordinária[32], agravou-se, de certa maneira, o clima conservador que já se vinha instalando no Rio há muito tempo. Tendo o medo e o desespero por conselheiros, a classe média carioca – e mesmo uma grande parcela dos pobres – vem dando respaldo às iniciativas estatais que supostamente estão contribuindo para garantir, finalmente, "lei e ordem". A atmosfera, carregada de ancestrais preconceitos (elitismo, racismo) e renovados sentimentos de legalismo e crença no Estado, se mostra desfavorável para o apoio a protestos sociais de sujeitos empenhados em defender os direitos de camelôs, sem-teto etc. Essa é a razão principal pela qual, menos de um ano depois da sua fundação, o "Fórum Contra o Choque de Ordem", criado e animado por ativistas de diversas procedências, após um lento esvaziamento, finalmente se dissolveu. Enquanto isso, a "pacificação" vem determinando, como um de seus efeitos colaterais, a valorização imobiliária nos mercados informais das favelas "pacificadas" e nos mercados formais do entorno de cada uma delas, apontando para uma tendência de – como possivelmente gostariam de dizer alguns observadores – "regeneração" ou "reciclagem", chegando mesmo, no limite, à substituição de classe social, em certas circunstâncias e no longo prazo.

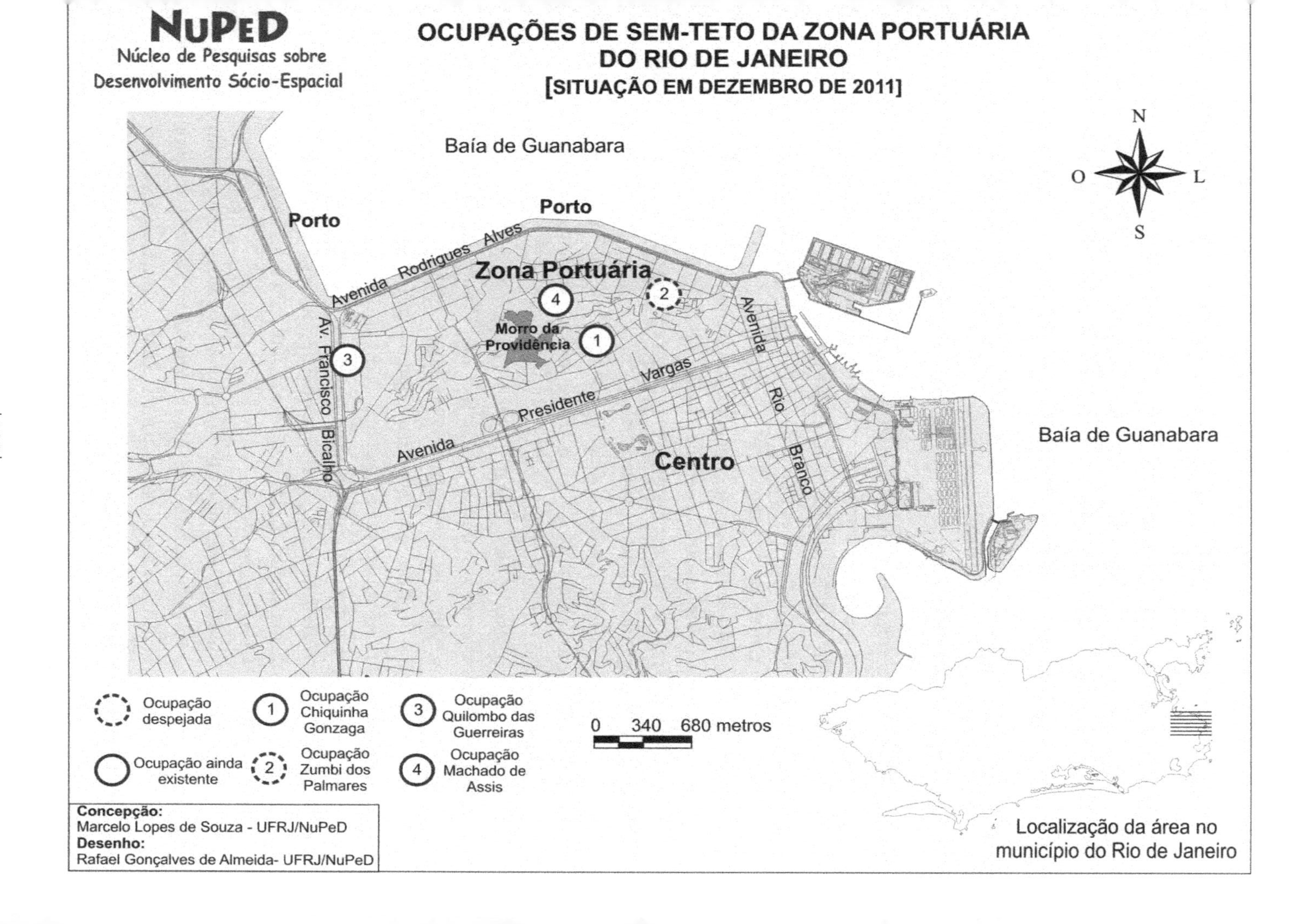
NUPED
Núcleo de Pesquisas sobre Desenvolvimento Sócio-Espacial
OCUPAÇÕES DE SEM-TETO DA ZONA PORTUÁRIA DO RIO DE JANEIRO
[SITUAÇÃO EM DEZEMBRO DE 2011]
N
O
L
S
Baía de Guanabara
Porto
Porto
Avenida Rodrigues Alves
Zona Portuária
Morro da Providência
Av. Francisco Bicalho
Avenida Presidente Vargas
Avenida Rio Branco
Centro
Baía de Guanabara
Ocupação despejada
Ocupação ainda existente
1 Ocupação Chiquinha Gonzaga
2 Ocupação Zumbi dos Palmares
3 Ocupação Quilombo das Guerreiras
4 Ocupação Machado de Assis
0 340 680 metros
Concepção:
Marcelo Lopes de Souza - UFRJ/NuPeD
Desenho:
Rafael Gonçalves de Almeida- UFRJ/NuPeD
Localização da área no município do Rio de Janeiro

Está em curso, no Rio de Janeiro, aquilo que, em outras cidades e outros países, também vem acontecendo ou já ficou bastante claro: a tentativa de implementação de ações, amparadas por significativa hegemonia ideológica entre a classe média, que têm como premissa tácita a ideia de que a presença dos pobres nas áreas centrais é um obstáculo a ser removido, em prol da "modernização", do "desenvolvimento urbano" e de coisas que tais.[33] E "revitalização", "requalificação" etc. são os eufemísticos e ideológicos nomes das estratégias que visam a promover esse objetivo, bancado por regimes urbanos[34] saturados de mentalidade "empresarialista".

O CONTRADISCURSO DOS MOVIMENTOS EMANCIPATÓRIOS

Nos anos 1960, os moradores de favelas foram os protagonistas do principal movimento social que tinha por palco o Rio de Janeiro, na resistência contra as remoções iniciadas com Carlos Lacerda (ex-governador do estado da Guanabara) e que tiveram prosseguimento com o Regime Militar, especialmente entre fins da década de 1960 e meados dos anos 1970. A bandeira de luta "Urbanização sim, remoção não", levantada primeiramente pelos moradores da favela de Brás de Pina (Zona Norte) e, depois, assumida pela Federação das Associações de Favelas do Estado da Guanabara (FAFEG), fez história. Na esteira da resistência, líderes favelados foram presos e tratados como "subversivos".

Atualmente, é sobretudo o movimento dos sem-teto que incomoda o Estado e denuncia arbitrariedades, abusos e, com ênfase, faz da problemática da segregação, do elitismo e do racismo um tema de debate. As ocupações de sem-teto são, provavelmente, os mais expressivos exemplos de *territórios dissidentes* em cidades como o Rio de Janeiro e outras mais. A repressão no âmbito do "Choque de Ordem" e o clima francamente conservador no Rio de Janeiro, porém, sem falar de fatores mais antigos e abrangentes, têm, sem dúvida, dificultado que o referido movimento se articule com outros (inclusive com ativistas das favelas). As críticas dos sem-teto, com isso, são articuladas por vozes que, se insistem em não serem silenciadas de vez, são, de todo modo, pouco audíveis para a maior parte da população, informada por meios de comunicação de massa que, muito frequentemente, têm sido zelosos coadjuvantes da criminalização dos sem-teto.

A despeito disso, a produção discursiva nos marcos desse movimento foi e continua sendo um testemunho do inconformismo. Não que o conjunto dos moradores esteja familiarizado com termos como "requalificação" ou mesmo "revitalização"; sobre esse último, pessoas entrevistadas por Eduardo Tomazine Teixeira e por mim, em 2008, às vezes não se sentiam em condições ou à vontade para emitir comentários:

> Não, essa palavra eu nunca escutei, não. (Entrevista com moradora da Ocupação Quilombo das Guerreiras em 19/02/2008, no Rio de Janeiro)
>
> Já ouvi falar, mas... Nunca procurei me informar melhor sobre esse assunto. (Entrevista com morador da Ocupação Quilombo das Guerreiras em 19/02/2008, no Rio de Janeiro.)[35]

O que não significa que a *práxis*, independentemente de uma capacidade de se exprimir com fluência ou não a propósito de um termo do discurso técnico-político do Estado, não tenha sabido, muitas vezes, refletir uma consciência clara do que está em jogo! Às vezes, entretanto, as respostas à pergunta sobre o que o(a) entrevistado(a) entendia por "revitalização" demonstravam, para além de senso crítico, igualmente criatividade e maleabilidade. Um membro da extinta Frente de Luta Popular (FLP), organização que participou do apoio às ocupações de sem-teto e da qual fizeram parte alguns ativistas sem-teto, chegou a sugerir que a "revitalização" poderia se referir a coisas opostas, dependendo da perspectiva e de como e a favor de quem fosse conduzida:

> Aí, depende do ponto de vista, né? Que a revitalização urbana pode ser o que eu falei, né? A partir de um processo de ocupação você tá criando uma outra relação com a cidade, uma relação mais saudável; ou, então, um conceito de revitalização urbana a partir das elites, né? Que é a de adequar a gestão urbana ao grande capital, né? Interesses internacionais, empreiteiras. (Entrevista com membro da FLP em 22/01/2008, no Rio de Janeiro.)[36]

No fundo, trata-se de compreender que as ocupações de sem-teto, ao darem um destino socialmente válido e legítimo a edificações ou terrenos ociosos, os quais (para usar a ambígua e legalista fórmula constitucional) não cumprem a "função social da propriedade", estão, *elas*, promovendo uma espécie de "revitalização" – uma "*revitalização de baixo para cima*".[37] É necessário destacar que, em várias dessas ocupações, a prática espacial de territorialização de um imóvel ocioso, com o fito de satisfazer, ainda que precariamente, a necessidade material básica de moradia, é complementada, ao longo do tempo, por diversas outras iniciativas, de cunho educacional, lúdico-cultural, político-cultural, político e econômico (aulas para crianças e adolescentes, formação e apresentação de grupos teatrais ou musicais, festas, seminários, criação de cooperativas de produtores, e assim sucessivamente).[38]

O seguinte depoimento também é bastante interessante:

> Ah, revitalização urbana... Vinda da Prefeitura, é desqualificar o conceito de morar, ter como moradia... Eles querem, uma ideia que eu tenho, é de ter, aquelas pessoas que moram naquele espaço, tirar eles dali e ser deslocado pra uma nova área, fazendo com que o Centro, o grande Centro, não esteja mesmo com a função de moradia. Ser qualificado como polo financeiro, polo comercial; nunca pra eles o conceito de moradia. [*Entrevistador: Mas, no seu*

> *entendimento, você acha que o movimento dos sem-teto, ele poderia formular uma outra noção de revitalização urbana?*] Sim, e é o que a gente tá buscando, né? Fazer isso. Os companheiros que têm ideia de trabalhar esse conceito de ocupação no grande Centro; até porque, é aqui, principalmente na região onde nós estamos, na Zona Portuária, dentro do que foi levantado – e há documentos realmente que provam isso –, nasceu realmente a condição de moradia aqui, e hoje tão tentando reverter, mas nós estamos tentando mostrar pra sociedade que aqui tem condições mesmo de se instituir moradia, sim. (Entrevista com morador – que exerce papel de liderança informal – da Ocupação Zumbi dos Palmares em 15/07/2008.)[39]

Naturalmente, o processo de pressões e contrapressões, repressão e insurgência/resistência não é um privilégio do Rio de Janeiro. Em São Paulo, o projeto da "Nova Luz" é o equivalente funcional do "Porto Maravilha". Em que pesem várias diferenças de forma, o conteúdo da "revitalização" é o mesmo, inclusive no que tange aos seus efeitos sociais. Um dos ativistas do Movimento dos Trabalhadores Sem-Teto (MTST), igualmente entrevistado por mim e Eduardo Tomazine Teixeira em 2008, assim se manifestou, ao ser perguntado sobre o que compreendia por "revitalização":

> É área central. Isso é um debate da área central; claro que nós moramos em São Paulo, fazemos parte desse debate, e é evidente que revitalização urbana, pelo menos no caso de São Paulo, é expulsar os pobres do Centro de São Paulo. [...] Além, e aí principalmente, das expulsões, dos despejos nas ocupações que vinham sendo feitas nos últimos anos. Houve, desde que o Serra entrou, praticamente todas as ocupações do Centro de São Paulo que ainda resistiam foram despejadas. No caso, a Prestes Maia foi o exemplo mais relevante, mas uma série de outras ocupações foram despejadas nesse período entre 2004 e agora. (Entrevista com membro da Coordenação Estadual do MTST em 08/03/2008, em São Paulo.)[40]

Os contradiscursos elaborados no seio dos movimentos emancipatórios ainda são incipientes. Não obstante, a mesma sanha "revitalizadora" que vem transformando as áreas centrais de tantas cidades pelo mundo afora tem, nas cidades brasileiras, dado ensejo ao surgimento de uma práxis que se opõe às intervenções promovidas pelo Estado e pelo capital privado. E, nos marcos dessa práxis, particularmente bem exemplificada pelo movimento dos sem-teto, não somente práticas espaciais como territorializações e ressignificações de espaços ("relugarizações") têm ocorrido: também a crítica de certos termos e, às vezes, a adoção de novos conteúdos para certas palavras vêm acontecendo. É bem verdade que a cooptação e a repressão pura e simples vêm, juntas, desempenhando um papel decisivo no enfraquecimento de alguns movimentos e da dificuldade para que sejam construídas certas articulações, como é perfeitamente ilustrado pelo Rio de Janeiro de nossos dias. Apesar disso, é lícito esperar que as contradições e desigualdades continuem alimentando o protesto social, inclusive por conta dos efeitos de megaeventos esportivos como a Copa do Mundo de 2014 e as Olimpíadas de 2016.

PARA ARREMATAR

O projeto da cidade "empresarialista" se vale de instrumentos e artifícios os mais variados: alguns são mera adaptação de expedientes demandados pelo capital privado e já sobejamente conhecidos em alguns países capitalistas ditos "centrais", como EUA e Reino Unido, desde a década de 1980 (a exemplo dos equivalentes brasileiros de instrumentos "flexibilizadores" dos parâmetros urbanísticos de densidade e do uso do solo, como as operações interligadas); já outros correspondem ao enfrentamento de desafios típicos de cidades de países "semiperiféricos", como as tentativas de "pacificação" de favelas mediante instrumentos e institucionalidades a cargo de diferentes níveis de governo, como exemplificado, no Rio de Janeiro, pelas intervenções das Forças Armadas em missões de garantia da "lei e da ordem" (União), pelas Unidades de Polícia Pacificadora (estado) e pelo programa da "UPP Social" (município), este último complementar à estratégia das UPPs e cujo caráter o aproxima de uma política pública compensatória.

Na esteira das tentativas de "pacificação", algumas "reações despolitizadas" dos oprimidos, como determinadas manifestações de criminalidade violenta, podem até ser temporariamente abafadas ou pontualmente asfixiadas. Entretanto, levando-se em conta não somente "danos colaterais" (como a migração de crimes e criminosos para outras áreas, não "pacificadas") e certas fragilidades estruturais das próprias instituições estatais (constante risco de corrupção de policiais e mesmo de integrantes das Forças Armadas, despreparo e brutalidade policiais etc.), mas igualmente a ausência de superação de causas econômico-sociais e político-institucionais profundas e a reprodução, quiçá agravada, de um padrão de organização caracterizado por grandes disparidades de acesso a infraestrutura técnica e social, por estigmatização social e espacial e por práticas espaciais de "afastamento, separação, segregamento" (isto é, de segregação), a frustração, o rancor e a resistência não tenderão a desaparecer. Como MV Bill e Chorão realçaram no estribilho do *rap* "Cidadão comum refém",

> Quando o ódio dominar,
> Não vai sobrar ninguém.
> O mal que você faz,
> Reflete em mim também.
> Respeito é pra quem tem, pra quem tem.

Uma conclusão parece se impor: na exata medida em que o projeto da "cidade empresarialista" der certo, com seu cortejo de vícios e perversidades, aí incluída uma "revitalização" que reforça e agrava a segregação e parece interditar aos pobres o direito de morar nas áreas centrais, as cidades brasileiras darão errado.

NOTAS

1 Cf. Vasconcelos, 2004: 270.

2 Ibidem.

3 São tidos como "duros" o contexto estadunidense, com seu racismo menos dissimulado ("*one drop rule*", ou "regra da gota": ter uma "gota de sangue negro" já é suficiente para classificar alguém como *black*, independentemente do fenótipo), tão bem exemplificado pelas cidades do Sul dos EUA até os anos 1960, ou a tradição europeia em geral, com seus tristemente célebres guetos. Isso, claro, sem contar o caso extremo da cidade do *apartheid* na África do Sul.

4 O viço das provocativas interpretações freyreanas decorre do fato de que o autor pernambucano, realmente, soube captar perspicazmente e exprimir deliciosamente algumas das peculiaridades da cultura brasileira, ao mesmo tempo que simplificou ou exagerou vários traços e suavizou outros tantos. *Casa-grande e senzala* (Freyre, 1998), é ocioso dizer, permanece sendo leitura obrigatória para qualquer brasileiro que se pretenda minimamente letrado; mas um livro como *Novo mundo nos trópicos* (Freyre, 2011) condensa de maneira por assim dizer "didática" o modo tipicamente freyreano de ver as coisas. Que o leitor se atente para estes trechos: "O segredo do sucesso do Brasil em construir uma civilização humana, predominantemente cristã e crescentemente moderna, na América tropical, vem da capacidade do brasileiro em transigir. [...] Daí sua relativa democracia étnica: a ampla, embora não perfeita, oportunidade dada no Brasil a todos os homens, independentemente de raça ou cor, para se afirmarem brasileiros plenos. [...] O espírito generalizado de fraternidade humana é mais forte entre os brasileiros do que os preconceitos de raça ou de cor, de classe ou de religião. [...] [M]esmo antes da lei de 1888 as relações entre brancos e pretos, entre senhores e escravos, já chamavam a atenção dos observadores estrangeiros por serem particularmente cordiais". (Freyre, 2011: 35-7)

5 Vasconcelos, 2004: 270-1.

6 Notemos como esse argumento pode se revelar, ainda que inadvertidamente, como capcioso, por potencialmente respaldar uma interpretação corrente entre os integrantes da classe média, segundo a qual os favelados são como "parasitas" que, por alguma deformação moral, optam por morar sem pagar impostos e sem arcar com o ônus da legalidade.

7 São sintomáticas as palavras que José Lins do Rego pôs na boca de seu *alter ego*, o personagem central de *Menino de engenho*: "Restava ainda a senzala dos tempos do cativeiro. Uns vinte quartos com o mesmo alpendre na frente. As negras do meu avô, mesmo depois da abolição, ficaram todas no engenho, não deixaram a *rua*, como elas chamavam a senzala. E ali foram morrendo de velhas. Conheci umas quatro: Maria Gorda, Generosa, Galdina e Romana. O meu avô continuava a dar-lhes de comer e vestir. E elas a trabalharem de graça, com a mesma alegria da escravidão. As duas filhas e netas iam-lhes sucedendo na servidão, com o mesmo amor à casa-grande e a mesma passividade de bons animais domésticos. Na rua a meninada do engenho encontrava os seus amigos: os moleques, que eram os companheiros, e as negras que lhes deram os peitos para mamar; as boas servas nos braços de quem se criaram". (Rego, 1986: 90-1)

8 Restringir a segregação a uma questão de *classe* é, mesmo para sociedades capitalistas, um equívoco. O exemplo dos Estados Unidos ilustra bem o quanto mesmo um afro-americano de posses e famoso poderia (e ainda pode) ser hostilizado e segregado. A história envolvendo, no fim da década de 1950, o então campeão mundial de boxe na categoria dos pesos-pesados, Floyd Patterson, pode ser destacada dentre uma miríade de casos análogos: "[q]uando Patterson [...] comprou uma casa no lado norte de Yonkers, perto de Scarsdale, seus vizinhos brancos tornaram sua vida um inferno; um dentista seu vizinho imediatamente ergueu uma cerca de seis pés. Quando Patterson construiu sua própria cerca, o dentista, um tal de Dr. Morelli, berrou para os trabalhadores: 'se tocarem na minha propriedade, é melhor terem uma ordem judicial para isso'. Patterson acabou desistindo da luta e se mudando. [...] Fama não era proteção contra a humilhação". (No original: [w]hen Patterson [...] later bought a house in northern Yonkers, near Scarsdale, his white neighbors made his life miserable; a dentist next door immediately threw up a six-foot fence. When Patterson built his own fence, the dentist, a Dr. Morelli, shouted to the workmen, 'Touch on my property and you had better have a court order for it.' Eventually, Patterson gave up the fight and moved out. [...] Fame was no protection against humiliation".) (Remnick, 1998: 16)

9 Souza, 2011b.

10 Souza, 2002: 136 e segs.; Compans, 2004.

11 A percepção dos "espaços deteriorados" (ou "degradados", "obsolescentes" etc.) das áreas centrais como mais ou menos "degenerados", ou habitados por indivíduos mais ou menos "degenerados", já se fez presente nas descrições e análises "humano-ecológicas" da Escola de Chicago, quando da aplicação do seu conceito de *transition zone*. Referindo-se à Zona Portuária do Rio de Janeiro, Nina Rabha, que polemizou com a abordagem da ecologia humana, ironiza a "regeneração" representada, modesta e tradicionalmente, pela missão religiosa do Instituto Metodista de Ação Social (Rabha, 1984: 39).

12 Rabha, 1984: 69.

13 Ver, também, para uma análise condensada, Rabha (1985).

14 Smith; Williams, 1986: 1.

15 Gans, 1982.

[16] Vide a página oficial do projeto, disponível em: <http://www.portomaravilhario.com.br/>.

[17] Página oficial do projeto, disponível em: <http://www.novaluzsp.com.br/>.

[18] Harvey, 1985.

[19] A tese que o sociólogo Harvey Molotch avançou em meados da década de 1970 (Molotch, 1976) era a de que a cidade, longe de poder ter a sua dinâmica econômico-social adequadamente explicada por um neodarwinismo social e pelas peculiaridades "ecológicas" do espaço (Escola de Chicago) ou a partir de uma perspectiva microeconômica (Economia Urbana neoclássica) ou ingenuamente "pluralista", corresponderia, isso sim, a uma realidade fundamentalmente modelada por "coalizões pró-crescimento" ("*pro-growth coalitions*") que reuniriam agentes vinculados a diferentes frações do capital e proprietários fundiários, capazes de influenciar decisivamente os rumos da política local. Nas décadas seguintes, a tese da "*urban growth machine*" foi testada e revisitada inúmeras vezes, recebendo tanto confirmações quanto algumas ressalvas (ver Jonas; Wilson, 1999). A despeito das insuficiências e simplificações excessivas da tese original, é lícito dizer que a ideia de uma "máquina de crescimento urbano" é renovada e atualizada nos marcos da cidade "empresarialista" e na esteira das ondas sucessivas de "revitalizações".

[20] Cf. Smith e Williams, 1986: 3.

[21] Smith,1986:17. No original: "[t]he process of gentrification with which we are concerned here is quintessentially international".

[22] Ibidem. No original: "taking place throughout North America and much of western Europe, as well as Australia and New Zealand, that is, in cities throughout most of the Western advanced capitalist world".

[23] Segregação essa que pode ser *induzida* pelas circunstâncias – aumento do valor da terra – ou, muitas vezes, propriamente *imposta*, com o Estado recorrendo a remoções e reintegrações de posse. A expressão "segregação imposta" (a contrastar com a autossegregação das classes médias e elites) foi frequentemente utilizada, nos anos 1980 e 1990, por Roberto Lobato Corrêa (vide p. ex. Corrêa, 1993: 64), ao passo que o autor do presente texto, ainda na década de 1990, introduziu, em caráter complementar, a expressão "segregação induzida" (cf. p. ex. Souza, 1996: 54), uma vez que lhe pareceu que o adjetivo "imposta" deveria ser reservado para aquelas situações em que, por força de lei ou, em todo o caso, de modo nitidamente compulsório e até violento, pessoas são forçadas a residir em determinadas partes da cidade e proibidas de morar em outras. Ilustram as situações de segregação efetivamente imposta a segregação dos negros em *townships*, na África do Sul durante o *Apartheid*, os guetos de judeus na velha Europa e as situações de remoções de favelas e desocupações de imóveis ocupados por sem-teto, no Brasil.

[24] Smith e Williams, 1986: 1. No original: "[a]ccording to the *American Heritage* dictionary of 1982, gentrification is the 'restoration of deteriorated urban property especially in working-class neighborhoods by the middle and upper classes'".

[25] Ibidem. No original: "the *Oxford American* dictionary of two years earlier contains following definition: 'movement of middle class families into urban areas causing property values to increase and having secondary effect of driving out poorer families'".

[26] Idem. No original: "As the terminology suggests, 'gentrification' connotes a process which operates in the residential housing market. It refers to the rehabilitation of working-class and derelict housing and the consequent transformation of an area into a middle-class neighborhood".

[27] 1989: 21, 96-120.

[28] Apud Brindley et al., 1989: 120. No original: "[p]rofoundly depressing to those who care about the future of European cities. If cities are about community, democracy, accessibility, public space, and the rich mixture of activities which creates a culture in which all can participate, then Docklands does not deserve to be called a city".

[29] Foster, 1999.

[30] Souza et al., 2009.

[31] Rabha, 1984: 179 e segs.

[32] Ver, sobre isso, Souza, 2008 e 2010b.

[33] Souza, 2011a.

[34] A expressão *urban regime* foi introduzida por Stone (1993) para caracterizar as combinações de formas institucionais e interesses econômicos (especialmente interesses e pressões de classe) que se expressam na qualidade de estilos de gestão e planejamento específicos: uns mais abertos à pressão dos trabalhadores e permeáveis à participação popular (com ou sem aspas), outros mais repressivos e refratários a uma agenda "progressista", e assim segue. Mesmo que a classificação de Stone não deva ser transposta irrefletidamente para uma realidade bem diferente da estadunidense, como é a brasileira, a ideia do conceito é útil em si mesma. No caso do Rio de Janeiro, de 1994 em diante, assim como nos casos similares, o que se tem é a presença de um componente tecnocrático e de um especificamente repressivo (o *slogan* "Choque de Ordem" dispensa comentários), mas em um contexto de "neoliberalismo urbano": ou seja, não se aposta mais na regulação estatal (e no planejamento regulatório) como fator de "redenção"; o que se busca é, acima de tudo, facilitar a atração de capitais e investidores, oferecendo-lhes vantagens como, precisamente, a "flexibilização" de parâmetros urbanísticos (gabarito, uso do solo etc.) e instrumentos que visam promover as "parcerias público-privado". É, enfim, um tipo de regime urbano conservador, de cristalino conteúdo elitista e privatista, marcado pelo "empresarialismo urbano" no plano discursivo.

[35] Ambas as entrevistas apud Souza e Teixeira, 2009: 46.
[36] Apud Souza e Teixeira, 2009: 46-7.
[37] Souza, 2010a: 41.
[38] Especialmente no que concerne às ocupações do Centro e da Zona Portuária do Rio de Janeiro, fui participante e, às vezes, colaborador direto de várias dessas atividades, em diferentes lugares. Dou, portanto, um testemunho pessoal sobre a diversidade e a *vitalidade* de tais territórios dissidentes.
[39] Apud Souza e Teixeira, 2009: 47.
[40] Ibidem.

BIBLIOGRAFIA

BRINDLEY, Tim et al. *Remaking planning*: the politics of urban change in the Thatcher years. London: Unwin Hyman, 1989.

COMPANS, Rose. *Empreendedorismo urbano*: entre o discurso e a prática. São Paulo: Editora da Unesp, 2004.

CORRÊA, Roberto Lobato. *O espaço urbano*. 2. ed. São Paulo: Ática, 1993.

FOSTER, Janet. *Docklands:* cultures in conflict, worlds in collision. London/Philadelphia: UCL Press, 1999.

FREYRE, Gilberto. *Casa-grande & senzala*. 34. ed. Rio de Janeiro: Record, 1998.

_____. Introdução. In: *Novo mundo nos trópicos*. 3. ed. São Paulo: Global, 2011.

GANS, Herbert. *The urban villagers*: group and class in the life of italian-americans. New York: The Free Press, 1982.

HARVEY, David. The urban process under capitalism: a framework for analysis. In: *The urbanization of capital*. Baltimore: The Johns Hopkins University Press, 1985.

JONAS, Andrew E. G.; WILSON, David. *The urban growth machine*: critical perspectives, two decades later. Albany (N.Y.): State University of New York Press, 1999.

MOLOTCH, Harvey. The city as a growth machine: toward a political economy of place. *American Journal of Sociology*, n. 82, 1976, pp. 309-30.

RABHA, Nina. *Cristalização e resistência no centro do Rio de Janeiro*. Rio de Janeiro, 1984. Dissertação (Mestrado em Geografia) – Instituto de Geociências, Universidade Federal do Rio de Janeiro.

_____. Cristalização e resistência no centro do Rio de Janeiro. *Revista Rio de Janeiro*, n. 1, 1985, pp. 35-59.

REGO, José Lins do. Menino de engenho. In: *Ficção completa* (vol. II). 1. reimp. Rio de Janeiro: Nova Aguilar, 1986.

REMNICK, David. *King of the world*. New York: Vintage Books, 1998.

SMITH, Neil. Gentrification, the frontier, and the restructuring of urban space. In: SMITH, Neil; WILLIAMS, Peter (orgs.). *Gentrification of the city*. Boston: Allen & Unwin, 1986.

SMITH, Neil; WILLIAMS, Peter. Alternatives to orthodoxy: invitation to a debate. In: SMITH, Neil; WILLIAMS, Peter (orgs.). *Gentrification of the City*. Boston: Allen & Unwin, 1986.

SOUZA, Marcelo Lopes de. *Urbanização e desenvolvimento no Brasil atual*. São Paulo: Ática, 1996.

_____. *Mudar a cidade*: uma introdução crítica ao planejamento e à gestão urbanos. Rio de Janeiro: Bertrand Brasil, 2002.

_____. *Fobópole*: o medo generalizado e a militarização da questão urbana. Rio de Janeiro: Bertrand Brasil, 2008.

_____. *Com o* Estado, *apesar do* Estado, *contra o* Estado: Os movimentos urbanos e suas práticas espaciais, entre a luta institucional e a ação direta. *Cidades*, v. 7, n. 11, 2010a, pp. 13-47. (Número temático *Formas espaciais e política(s) urbana(s)*).

_____. A "reconquista do território", ou: Um novo capítulo na militarização da questão urbana. *PassaPalavra*, 03 dez. 2010b. Disponível em: <http://passapalavra.info/?p=32598>. Acesso em: 03 dez. 2010.

_____. O direito ao centro da cidade. *PassaPalavra*, 03 abr. 2011a. Disponível em: <http://passapalavra.info/?p=37960)>. Acesso em: 03 abr. 2011.

_____. A cidade, a palavra e o poder: práticas, imaginários e discursos heterônomos e autônomos na produção do espaço urbano. In: CARLOS, Ana Fani Alessandri et al. (orgs.). *A produção do espaço urbano*: agentes e processos, escalas e desafios. São Paulo: Contexto, 2011b.

SOUZA, Marcelo Lopes de; TEIXEIRA, Eduardo Tomazine. Fincando bandeiras, ressignificando o espaço: territórios e "lugares" do movimento dos sem-teto. *Cidades*, v. 6, n. 9, 2009, pp. 29-66. (Número temático *Ativismos sociais e espaço urbano*).

SOUZA, Marcelo Lopes de et al. Rio de Janeiro 2016: "sonho" ou "pesadelo" olímpico? *Passa Palavra*, 16 nov. 2009. Disponível em: <http://passapalavra.info/?p=15000>. Acesso em: 16 nov. 2009.

STONE, Clarence. Urban regimes and the capacity to govern: a political economy approach. *Journal of Urban Affairs*, 15(1), 1993, pp. 1-28.

VASCONCELOS, Pedro de Almeida. A aplicação do conceito de segregação residencial ao contexto brasileiro na longa duração. *Cidades*, 1(2), 2004, pp. 259-74.

LOTEAMENTOS MURADOS E CONDOMÍNIOS FECHADOS: PROPRIEDADE FUNDIÁRIA URBANA E SEGREGAÇÃO SOCIOESPACIAL

Arlete Moysés Rodrigues

A análise da segregação socioespacial permite várias abordagens teóricas, diversas metodologias e ênfases sobre sentidos materiais, simbólicos, econômicos, sociais, espaciais e socioespaciais. Abordagens que, do ponto de vista geográfico, apontam que a segregação tem se alterado no tempo e no espaço e em diversas escalas. O debate amplo e complexo sobre a segregação socioespacial mostra que é preciso utilizar perspectivas teóricas e instrumentais analíticos que possam facilitar o entendimento da complexidade da produção e reprodução do espaço urbano, em seus múltiplos contextos.

Este capítulo apresenta reflexões sobre os loteamentos murados e os condomínios fechados, que constituem uma das formas pelas quais se apresenta, no atual período histórico, a segregação socioespacial. Denominamos de loteamentos murados aqueles que são divulgados, pelos incorporadores imobiliários, como loteamentos fechados, mas que pela legislação brasileira de uso do solo são ilegais, porque não podem ser fechados ao público em geral.[1] Os loteamentos murados – LMs – e os condomínios fechados – CFs –[2] devem ser entendidos como uma forma de segregação socioespacial única e como um produto imobiliário específico, calcados na propriedade privada da terra com incorporação da mercadoria segurança. Expandem-se, desde a década de 70 do século XX, em muitas cidades do mundo com diferenças relacionadas à especificidade de cada lugar. Têm como compradores/moradores várias frações de classes sociais,[3] dependendo de suas características internas e de sua localização no espaço urbano.

O fenômeno não é novo e nem universal e, nas duas últimas décadas, adquiriu uma escala internacional. Apesar de não serem novidade, os LMs e os CFs produziram, em função da sua escala e de sua extensão, uma nova morfologia urbana. De acordo com Raposo:

> Recortados fisicamente no espaço, fornecidos de origem com moldura e distância, esteticizados, apresentam-se à vista como genuína paisagem, como lugares física e simbolicamente à parte. (2008: 10)

Os loteamentos murados e os condomínios fechados apresentam peculiaridades relacionadas à dimensão (tamanho da gleba e dos lotes); à localização (áreas centrais e periféricas); à existência de equipamentos de uso coletivo; ao perfil social dos residentes e/ou usuários (faixas de renda, grupos étnicos, faixa etária, setor de atividade) e à legislação de cada país. Assemelham-se em várias cidades do mundo e têm a singularidade de ser um produto imobiliário com barreiras físicas que impedem a entrada dos não "credenciados". Redefinem a forma/conteúdo do espaço urbano nos lugares onde se instalam e criam nova modalidade de segregação socioespacial.

A expansão deles relaciona-se com a forma e o conteúdo da produção e reprodução do espaço urbano no atual processo de financerização.[4]

Muitos pesquisadores analisam esses empreendimentos em relação aos seus aspectos constitutivos; à sua ocorrência em cidades de várias dimensões, às frações de classe social a qual se destinam.[5] Apesar de ser um tema já bastante conhecido o objetivo deste capítulo é atentar sobre como a propriedade da terra (e das edificações) e a apropriação privada de espaços públicos e/ou coletivos é um elemento fundamental da segregação produzida por este singular produto imobiliário. O discurso utilizado para vender esta mercadoria terra, edificações, equipamentos e meios de consumo coletivo e áreas verdes é o da segurança e da qualidade de vida intramuros.

A segregação resultante dos muros tem que ser entendida com os processos econômicos, sociais, culturais e políticos. Como afirma Raposo, ao se referir aos condomínios fechados

> são uma mercadoria que obedece a uma fórmula definida, a qual apesar de poder suportar diversas variantes, é quase sempre um caso de engenharia *do espaço e da sociedade*. Interpretá-los assim é também uma maneira de indicar que o lado da oferta, a indústria imobiliária, teve um papel decisivo na sua criação e expansão. (2008: 112; destaques no original)

Centraremos a exposição num dos pilares do sistema capitalista: a propriedade da terra urbana e as formas pelas quais o setor imobiliário vende o produto imobiliário acrescido da mercadoria segurança.

Os incorporadores imobiliários divulgam o produto imobiliário com a assertiva de que os moradores ficarão seguros. Incorporam, no preço do produto imobiliário, a mercadoria segurança como se a ele fosse inerente. A importância de análises como a realizada por Souza (2008), quando mostra que o medo é uma das características de muitas cidades, configurando o que, segundo o autor, poderia ser chamada de autênticas "fobópolis", nos aponta a necessidade de tecer algumas considerações sobre o medo. Não vamos nos deter sobre o significado do medo em suas várias dimensões. É um tema analisado por várias disciplinas científicas, como se observa em várias publicações. Os textos que compõem o livro *Ensaios sobre o medo* (Novaes, 2007) apontam como o medo tem sido utilizado, ao longo do tempo, para construir "políticas" que, ao mesmo tempo que podem diminuir a sensação de insegurança – que causa medo – podem, também, contribuir para criar o seu oposto. Alguns autores se referem a "políticas" de Estado e utilizam as noções de Agamben (2004) sobre o Estado de exceção.

O objetivo aqui é principalmente apontar como tem sido utilizado para justificar a segregação socioespacial com a produção dos LMs e CFs, divulgados como lugares que protegem os seus moradores da violência urbana generalizada. Atenderiam, afirma-se, aos desejos dos "consumidores" de fugir das "fobópolis". A proteção adviria de muros ao redor do empreendimento, com portões de controle de acesso que impedem a entrada dos indesejáveis. Concordamos com Gonzales Luna quando afirma que a "a geografia da violência é um estudo da concreção espacial da lógica da acumulação com base na imposição do valor de troca ao mundo da vida " (2013: 183, tradução nossa)[6]. Consideramos, assim, que a segregação socioespacial concretizada pelos loteamentos murados e condomínios fechados é definida pela propriedade na qual se inclui a mercadoria segurança, que define um valor de troca para aqueles que podem pagar, anulando o valor de uso e impondo mudanças no mundo da vida cotidiana. Usamos o termo anulação do valor de uso para mostrar a imposição do valor de troca, tanto em relação à propriedade quanto em relação à mercadoria segurança.[7]

O pensamento clássico nos ensina, diz Novaes (2007), que o medo é um sentimento natural, uma vez que ele é sempre a tomada de consciência de um perigo. Convivemos, diz o autor, com pequenos medos como se eles estivessem presentes em cada gesto que fazemos: medo dos outros, das balas perdidas, do sangue contaminado, dos atropelamentos e acidentes de carros, da repetição dos desastres de usinas nucleares, do derretimento das geleiras e muitos outros que estão presentes no cotidiano de todas as classes sociais.

O "medo é um sentimento engendrado não por alguma coisa relacionada ao presente, mas por alguma coisa ligada ao futuro. Temos medo por definição não do que acontece no presente, mas daquilo que pode acontecer" (Wolff, 2007: 20). Porém, não se trata do medo do que pode ocorrer em um futuro distante, mas, sim, em um futuro imediato, aquele que diz respeito à insegurança que permeia a vida cotidiana. Se sentimos medo de altura é porque podemos cair; se temos medo de ruas escuras é porque podemos sofrer alguma violência física e/ou perder bens materiais. O par dialético insegurança/segurança está relacionado ao medo e à ideia de segurança que pode diminuir a sensação de medo. A insegurança deve aqui ser entendida como manifestação do temor e do medo de algo que pode ocorrer, enquanto segurança significa uma forma de contornar o medo.

Delumeau (2007) considera que há medos naturais e culturais. Exemplifica com o medo que nossos antepassados sentiam do mar (minimizado atualmente pelo meio técnico-científico que permite navegação mais segura) e do escuro. Faz referência aos cegos que não conheceram a luz do dia e mesmo assim se sentem inquietos no escuro, o que tem a ver com o ciclo circadiano.[8] O autor lembra que a iluminação urbana em Paris decorreu de decisão do tenente da polícia, La Reynie, de dispor, em 1667, de lanternas nas ruas da cidade (Delumeau, 2007: 44), como uma forma de diminuir o perigo de circular por ruas escuras. Após a instalação das lanternas, Luiz XIV mandou cunhar uma moeda cuja legenda proclamava *Securitas et Nitor* (Segurança e Luz).[9] A iluminação urbana pode ser, assim, uma das formas de vencer o medo, de as pessoas se sentirem mais seguras. Se tivermos medo do escuro, poderemos acender a luz. Apesar de a iluminação estar presente na grande maioria das cidades é nelas que a insegurança parece estar aumentando com o medo da violência urbana. Há, portanto, relação entre a violência, real ou imaginária, a sensação de medo e/ou de insegurança.

Misse (2011) diz que a violência compreende principalmente práticas e conflitos criminalizados e que a ideia de violência está sempre ligada ao outro. No caso que analisamos, refere-se aos que estão fora dos muros. Em relação à violência urbana afirma que

> diz respeito a uma multiplicidade de eventos [...] que podem reunir na mesma denominação geral, motivações e características muito distintas, desde vandalismos, desordens públicas, motins saques e até ações criminosas individuais de diferentes tipos, inclusive as não intencionais como as provocadas por negligência ou consumo excessivo de álcool e outras drogas. *Além disso, a expressão violência urbana tenta dar um significado mais sociológico a esses eventos, interligando-os a causas mais complexas e a motivações muito variadas, numa abordagem que preconiza a necessidade de não desvincular esses eventos da complexidade de estilos de vida e situações existentes numa grande metrópole. A ampliação dos eventos que cabem na expressão decorre exatamente da ampliação da experiência e da demanda das relações sociais pacificadas e civilizadas. Violência urbana e incivilidade tornam-se assim, na segunda metade do século vinte, duas faces da mesma moeda.* (2011: xi; destaques no original)

O mais terrível do mundo atual, diz Kehl,

> não é a presença do medo, e sim o fato de que toda a enorme variedade dos sentimentos de medo ficou encoberta por sua dimensão mais opressiva, mais empobrecedora, que é o temor em relação aos nossos semelhantes. (2007: 89)

O violento é sempre o outro, aquele a quem aplicamos a designação, em especial aos pobres. A "relação entre pobreza, miséria e pauperização com certos tipos de criminalidade é antiga no imaginário social" (Misse, 2011: 5), e muito embora nem a pobreza nem o crime sejam categorias analíticas, são utilizados com indicadores estatísticos para fazer a relação[10] entre medo e a violência. Do ponto de vista do discurso midiático e do senso comum, a associação permanece, não importando se há ou não categorias analíticas explicativas e se as ciências em geral, e as sociais em particular, tentam analisar a complexidade dos sentidos de violência.[11]

Um medo dos semelhantes contra os quais se colocam muros, portões, grades de ferro, câmaras de vigilância, gravações, serviços de segurança privada e muitas outras formas que parece separar os "bons" dos "maus". Como diz Caldeira,

> grupos que se sentem ameaçados com a ordem social que toma corpo nas cidades contemporâneas constroem enclaves fortificados para sua residência, trabalho, lazer e consumo. (2000: 9)

As cidades estão hoje cada vez mais associadas ao medo, como demonstram

> os mecanismos de tranca para automóveis, os sistemas de segurança, a popularização dos *gated and secure communities* para pessoas de todas as idades e faixas de renda; e a vigilância crescente dos locais públicos, para não falar dos contínuos alertas de perigo por parte dos meios de comunicação. (Bauman, 2009: 40)

O outro é violento, dele temos medo e dele devemos nos proteger. Trata-se, como afirma o mesmo autor, de mixofobia (fobia de estar na copresença de desconhecidos), contrapondo-se à mixofilia (prazer da convivência com estranhos), ou seja, a ideia da cidade como lugar de troca, da festa, do encontro. Na cidade atual encontramos, ao mesmo tempo, a mixofilia e a mixofobia, pois cada cidade e cada lugar nela tem sua especificidade. Os LMs e os CFs são apenas uma das formas de produzir e reproduzir o espaço urbano que concretizam uma das maneiras de segregação socioespacial. Embora os que se fechem intramuros neguem a troca com os semelhantes, eles não estão enclausurados. Saem de seus refúgios, quando assim bem o entenderem.

Os promotores imobiliários divulgam a ideia de que a violência e a incivilidade estão extramuros. Legitimam a edificação de enclaves com o argumento de que os cidadãos, os que podem pagar, podem se sentir seguros. Trazem para si a ideia de que são os promotores não apenas do imobiliário, mas da segurança.

Zizek (2009), no livro *Violência*, aponta que o filme *A vila* (*The Village*), de M. Night Shyamalan, tem o mérito de descrever um modo de vida baseado no medo. A aldeia está isolada do resto do mundo por florestas "povoadas por monstros perigosos" que os habitantes da aldeia chamam "Aqueles dos quais não falamos". Os monstros foram idealizados pelos habitantes mais velhos que faziam parte de um grupo de apoio às vítimas de violência do início do século XX e decidiram viver completamente à margem do resto da sociedade. "O mal não é simplesmente excluído neste espaço utópico fechado é também transformado numa ameaça mítica" (Zizek, 2009: 31). O filme mostra uma forma extrema de isolamento socioespacial e o utilizamos aqui apenas como demonstrativo de que, real ou imaginário, o sentimento de medo pode ser utilizado com objetivos variados.

Enfim, o medo pode ser utilizado pelo Estado para estabelecer "medidas de segurança", regras de convivência e até mesmo para definir o Estado de exceção. Pode ser utilizado por grupos para se perpetuarem em esferas de poder. Nos loteamentos murados e condomínios fechados a segurança para os de dentro é um pressuposto de atuação do setor privado que tem como objetivo aumentar seus lucros, rendas e juros. Coloca-se, no mercado, uma mercadoria que teria a virtude de proteger os de dentro do mundo de fora.

Não vamos tratar dos que "escolhem" morar nos loteamentos murados e condomínios fechados, pois acreditamos já haver vários estudos que se centram nos motivos da escolha de morar nesses locais. Por outro lado, nos objetivos que nos movem, consideramos que, em várias análises, procede-se a um deslocamento da análise da produção e reprodução da cidade para o "consumo" da cidade. Quando se enfoca apenas o consumo, a responsabilidade pela segregação é atribuída aos moradores/compradores e não ao setor imobiliário, como se o mercado idealizasse a mercadoria e o setor imobiliário atendesse aos anseios do mercado.

Ao supostamente garantir a segurança, o setor imobiliário desqualifica as funções e o papel do Estado como responsável pela "segurança".

LOTEAMENTOS MURADOS E CONDOMÍNIOS FECHADOS

Utilizamos o termo loteamentos murados para definir essas formas espaciais, pois pela lei brasileira atual os loteamentos fechados são ilegais. Eles devem seguir a legislação de parcelamento do solo urbano (Brasil – Lei 6.766/1979) que prevê o parcelamento de uma gleba em parcelas menores de terra (os lotes), acompanhadas de infraestrutura urbana (redes de esgoto, de água, de energia elétrica – domiciliar e pública), de ruas e espaços públicos (áreas de uso comum e uso institucional). As ruas e espaços públicos devem ser entregues à municipalidade para serem utilizados por todos. A responsabilidade pelos serviços de coleta de lixo, iluminação pública, manutenção dos espaços livres é municipal.

O fechamento de espaços públicos pelo setor privado é inconstitucional. Ao fechar um loteamento comete-se uma irregularidade do ponto de vista urbanístico e de cerceamento do direito de circulação. Do ponto de vista jurídico, cada comprador tem a propriedade do seu lote, inclusive com escrituras formais, mas não são proprietários das áreas públicas fechadas intramuros. Impede-se o livre acesso dos citadinos, desafiando o direito de ir e vir de todos, como aponta o Ministério Público (2009):[12]

> Não se desconhece que os loteamentos fechados (ou com acesso controlado) *são um produto de mercado* que foi vendido e aceito por segmentos da sociedade civil que podem pagar por eles, em busca do sossego e da segurança.
> Todavia [...] *tem-se como inconstitucional qualquer dispositivo da lei federal que preveja a formação desses loteamentos,* ou que crie anistia aos que foram formados ao longo destes anos. (destaques nossos)

Mesmo inconstitucionais, os loteamentos murados se expandem. Muitas vezes são chamados de condomínios para burlar a vigilância. O setor da incorporação imobiliária considera este produto mais lucrativo do que os condomínios fechados, na medida em que as áreas públicas (ruas, praças e uso institucional) não são entregues à municipalidade e sobre elas não incide o IPTU (Imposto Predial e Territorial Urbano). Trata-se, portanto, de apropriação privada de áreas públicas.

Os condomínios fechados seguem a legislação condominial (Brasil – Lei 4.591/1964) que estabelece que os condôminos são proprietários de fração ideal de terrenos e coproprietários (cota-parte) das áreas de circulação, de áreas livres e, portanto, responsáveis por sua manutenção. São o que se pode denominar de áreas de uso coletivo, pertencem àquela coletividade.[13] Sobre ruas, praças e unidades habitacionais incide o IPTU (ver Tabela) o que, segundo os incorporadores, encarece o preço final e o custo mensal de manutenção da área. Condomínio significa domínio conjunto. As áreas livres, as de circulação e os equipamentos, quando existentes, pertencem à coletividade dos condôminos.

Tabela – Comparação entre condomínios e loteamentos murados

a) Condomínio Horizontal Fechado

	Rua	Praça	UH
Situação jurídica /fundiária	Privada	Privada	Fração ideal Lote + edificação
Tributação IPTU	**SIM**	**SIM**	**SIM**
Custos de aprovação	Prefeitura/Estado		
Legislação	Convenção de condomínio		

b) Loteamento Murado

	Rua	Praça	UH
Situação jurídico-fundiária	Pública	Pública	Lote
Tributação IPTU	NÃO	NÃO	**SIM**
Órgão Licenciador	Prefeitura/Estado		
Legislação	Zoneamento		

Fonte: Freitas, Eleusina 2008.

Os loteamentos implicam incorporação de capital à terra e, consequentemente, a elevação do preço do metro quadrado da terra e de significativo aumento na expectativa de rendimentos.[14] O fechamento deles, com o argumento de que os muros e as instalações de circuitos de segurança garantem qualidade de vida, aumenta, ainda mais, a expectativa de aumento do preço da mercadoria. Ao apropriar-se intramuros das áreas que deveriam ser entregues à municipalidade há um expressivo aumento no preço.

Nos condomínios também ocorre a incorporação de capital à terra, com decorrente elevação do preço do metro quadrado de terra. Também neles a mercadoria segurança – muros, equipamentos de controle etc. – aumenta o preço do metro quadrado de terra.

Tanto nos CFs quanto nos LMs se vende junto com a propriedade da terra e edificações a mercadoria segurança, incorporada no preço. É a propriedade privada, nos condomínios, e a propriedade apropriação privada de espaços públicos, nos loteamentos murados, que possibilita que a mercadoria se concretize e assim efetive a segregação socioespacial. Uma mercadoria na qual a segurança parece ser inerente.

O que se observa é que nos LMs e nos CFs que produzem, como já dito, uma das formas atuais de segregação, é que a propriedade privada da terra é a base para a incorporação da mercadoria segurança, que gera e difunde a segregação socioespacial. São produtos imobiliários com barreiras físicas que impedem o acesso dos outros e que configuram uma nova morfologia urbana, uma genuína paisagem com lugares física e simbolicamente à parte.

Este processo de segregação socioespacial tem na propriedade o elemento chave e na segurança o discurso que potencializa a realização da propriedade. Tal processo integra, desde seus primórdios, o processo de urbanização capitalista. O novo é a alteração da forma e conteúdo da segregação socioespacial. A segurança foi empregada também quando da expansão da verticalização, uma vez que os edifícios eram tidos como mais seguros do que as unidades isoladas.[15] Do ponto de vista da propriedade há uma diferença, pois em edifícios – condomínios verticais – cada proprietário é dono de uma fração ideal terreno – loja, escritório. A propriedade da terra é um "*con domínio*" (domínio conjunto).

Nos conjuntos de edifícios que formam condomínios e nos condomínios horizontais há tanto a propriedade privada da fração ideal do terreno, quanto a cota-parte de toda a propriedade encerrada entre muros. Nos loteamentos murados, além de a propriedade ser o elemento central, fecha-se no intramuros espaços públicos. Vende-se a mercadoria segurança alicerçada na mercadoria terra/casa incorporando espaços públicos.

Numa sociedade patrimonialista como a brasileira este é mais uma forma da realização da propriedade – como patrimônio –, adicionada da mercadoria segurança, que inclui além do ideário geral, muitos equipamentos e técnicas que encarecem, ainda mais a mercadoria, propiciando aumento da renda de monopólio. A segurança, tida como inerente aos LMs e CFs, permite aos empreendedores imobiliários o aumento do preço e consequentemente da renda de monopólio no nível individual. O monopólio de vender um produto único que consiste do imobiliário com segurança. Aumentam também os preços gerais da terra urbana, dadas as condições gerais de produção, ou seja, da renda absoluta.

> A renda absoluta, assim como a renda de monopólio, é obtida na competição espacial. Ocorre que a renda de monopólio está no nível individual, enquanto que a renda absoluta opera nas condições gerais de produção [...]. No fim das contas, o aspecto do monopólio pode surgir quer na renda absoluta, quer na renda de monopólio. (Bastos, 2012: 38)

Considerando que nos loteamento murados há uma apropriação ilegal de áreas públicas, é importante, mesmo que rapidamente, assinalar que a ilegalidade é tratada de modo completamente diverso quando se trata de apropriação/ocupação de um lugar para morar. A ocupação de terras e construção de moradias precárias pela população trabalhadora de baixos ou nenhum salário é ilegal do ponto de vista jurídico e afirma-se que fere o direito de propriedade. Desse modo, procura-se retirá-los o mais rapidamente possível, contrariando o direito à moradia, expresso no artigo 6º da Constituição brasileira.

Quando se trata da ilegalidade de empreendedores imobiliários, tais como a produção de loteamentos para as frações de classe social que podem pagar, embora ilegal, não se considera que ferem o direito de propriedade mesmo quando se apropriam de espaços públicos. São, pelo contrário, tidos como adequados aos novos padrões do urbano. Procura-se legalizar o ilegal através alteração de leis, como ocorre com o Projeto de Lei 3057/2000 (Brasil, Projeto de Lei 3057/2000), autodenominado de Lei Responsabilidade Territorial. O PL tem como meta alterar as leis de parcelamento e uso do solo e como objetivo tornar legal o que hoje é ilegal. Há alguns itens que deixam evidente esta questão. A regularização fundiária de interesse específico visa regularizar os atuais loteamentos murados. O interesse específico é contraditório com a regularização fundiária de interesse social como consta no Estatuto da Cidade. No PL se propõe loteamentos com acesso controlado, que eximem os loteadores de entregar à municipalidade as áreas públicas, o que, como já apontado, representa uma perda de áreas e de recursos financeiros para a municipalidade e para os munícipes. Entre os critérios de infraestrutura básica não consta iluminação pública, tida pelos movimentos populares que debateram o projeto de lei como importante para garantir a segurança em geral e, como já visto, a iluminação pública é considerada um fator de diminuição da insegurança. O argumento do setor imobiliário é que a iluminação pública encarece as unidades e que eles não teriam mercado para vender seus produtos imobiliários. Fora dos muros de alguns empreendimentos, a segurança não importa.

A análise crítica do Projeto de Lei deixa evidente como a incorporação imobiliária procura intensificar a produção deste tipo de empreendimento pela sua rentabilidade. Querem continuar como aqueles que são provedores da segurança, apenas para os que podem pagar por essa mercadoria, incluída nos empreendimentos.

O grande defensor e interessado na aprovação do PL em relação aos loteamentos com acesso restrito é o Secovi – Sindicato das Empresas de Compra, Venda, Locação e Administração de Imóveis Residenciais e Comerciais de São Paulo –, que em seu site[16] esclarece seus associados sobre as vantagens financeiras de se implantar este tipo de loteamento ao invés do condomínio urbanístico, outra inovação do Projeto de Lei. Esse órgão atua junto ao legislativo e ao Conselho das Cidades para aprovar o Projeto de Lei que tem a medida certa para efetivar a propriedade da terra, incluindo nela as áreas públicas. Permitirá, se aprovado, que o setor privado continue com altas rendas, lucros e juros.

Os loteamentos murados trazem muitas vantagens para o setor imobiliário e ao mesmo tempo desvantagem para a cidade e para o poder público municipal, na medida em que oneram os cofres públicos, responsáveis pela manutenção dos espaços de circulação e áreas livres, não entregues à cidade. Desviam-se, desse modo, os recursos do erário público destinados ao cuidado de toda a cidade para benefício daqueles que moram entre muros.

Ao mesmo tempo que viver intramuros pode aumentar a segurança, fora deles a insegurança também pode aumentar. Entre os muros de vários loteamentos e condomínios a circulação chega a ficar restrita a uma avenida de acesso,[17] o poder público tem menos recursos para investir em calçamento de ruas, que facilita a circulação de modo geral; tem menor possibilidade de colocar e manter a iluminação pública, que tem sido, desde o século XVII, considerada um fator que diminui o temor e que dá maior sensação de segurança.

As áreas públicas ficam encerradas intramuros com perda para os municípios e munícipes. Perdas municipais se referem tanto às áreas públicas quanto aos recursos que são subtraídos dos cofres. A perda de recursos pode ser visualizada na tabela – sobre ruas e praças não incide o IPTU (Imposto Predial Territorial Urbano) –, considerando que consta que as áreas foram entregues à municipalidade.

A propriedade privada é também o alicerce dos condomínios fechados. Santos (1994) analisou o processo de implantação de Alphaville, primeiro condomínio horizontal na região metropolitana de São Paulo, datado de 1975. A autora mostrou que a propriedade privada foi obtida por meio de expropriação de terras devolutas e indígenas. As terras "ao que tudo indica teriam pertencido aos índios das extintas Aldeias de Barueri e Carapicuíba" (1994: 229-30). Para o que interessa a este artigo, fica a compreensão de que glebas mantidas em reserva foram transformadas em terra mercadoria. Como argumenta a Santos,

> [p]rojetou-se e criou-se um novo espaço. Não foi colocado à venda só o terreno, mas um *novo estilo de vida*, uma *maneira moderna de morar*, a *valorização do verde*, o *contato com a natureza*, a *segurança intramuros*, deixando-se para trás a *poluição*, a *violência*, o *corre-corre*, a *desordem urbana*. O condomínio fechado surgia como uma nova concepção de morar numa cidade marcada pela insegurança.[18]

Portanto a propriedade privada da terra é elemento fundamental para a constituição do que se denomina de um novo modo de morar. Trata-se da realização da propriedade e uma forma de segregar os que estão fora. A diferença em relação aos loteamentos murados é que tais condomínios pagam tributos.

Apontamos a diferença entre a apropriação dos espaços públicos nos loteamentos murados em relação à propriedade privada de ruas e espaços verdes dos condomínios apenas como um elemento para entender se a incorporação segue ou não as leis de uso do solo. Tanto os loteamentos murados, quanto os condomínios fechados têm na propriedade privada da terra a forma e o conteúdo desta forma de segregação socioespacial. É um dos elementos principais da acumulação ampliada do capital no espaço urbano, por um processo de acumulação por despossessão. (Harvey, 2011; 2012).

Os muros constituem uma barreira real para o acesso e implicam que o setor privado tome, ou pelo menos aparente tomar, em suas mãos proteger os cidadãos do medo de circular fora deles. Como afirmou Olivera e Rodrigues (2001: 45, destaque nosso), tratando dos condomínios fechados,

> [a] faculdade do Estado do Dever sobre o *controle de uso da terra,* competência restituída aos municípios sob a tutela da Constituição Federal de 1988, observa aqui uma das mais graves condições restritivas de gestão, *asseverando a autonomia do setor imobiliário sobre o ordenamento do desenho urbano, sobre a minimização de espaços públicos e do controle do Estado sobre bens e serviços.*

A autora aponta também que quando os condomínios agregam populações pobres que não têm recursos para assumir a copropriedade do espaço, bens e serviços se deterioram sem manutenção. O Estado despoja-se de deveres considerando as normas que regem a incorporação condominial. No geral, quando se referem a moradias populares produzidas e/ou financiadas pelo poder público, são denominados de conjuntos habitacionais e entregues ao conjunto de moradores, mesmo que sem o instituto legal. Passam rapidamente por um processo de deterioração considerando a falta de recursos para a manutenção (Olivera e Rodrigues, 2001). No caso de incorporações que atendem à população de classes sociais de média e alta renda, comumente se obtém recursos dos moradores que viabilizam a manutenção das áreas. O Estado perde o papel de ordenador, fixando-se entre muros regras próprias de gestão, comumente sem qualquer compromisso e/ou interação com o extramuros.

> Tal condição, dependendo da localização de tais empreendimentos, é pesadamente valorizada, isto é, os muros, que na história comumente materializam a divisão de diferenças, aqui representam o limite (fronteira) entre mundos socioeconomicamente distintos. (Olivera e Rodrigues, 2001: 46)

Os muros configuram, assim, as novas formas de segregação socioespacial.

CONSIDERAÇÕES SOBRE A ATUAÇÃO DO ESTADO

Ao se retirar da manutenção de áreas condominiais e "aceitar" que espaços públicos fiquem intramuros nos loteamentos, o Estado fica refém do setor imobiliário e é conivente com a segregação socioespacial. Entrega não apenas os espaços públicos, mas a segurança que é sua obrigação constitucional, de modo que quem se apropria das rendas, lucros e juros são os incorporadores imobiliários. Os loteamentos murados se apropriam também, reafirmamos, de áreas e de recursos que são de âmbito municipal e sobre os quais não incidem tributos, apenas aplicáveis na unidade habitacional.

O Estado tem a tarefa e a atribuição constitucional de planejar as atividades econômicas, sociais e políticas e o faz por intermédio de seus diversos aparelhos, de seus sistemas políticos e de suas várias instâncias administrativas. Lembramos que o Estado capitalista é classista,[19] ou seja, não está acima das classes e nem atua para o bem-estar geral, mas age de acordo com os pressupostos do modo de produção capitalista. No que diz respeito ao urbano, o Estado define as normas de uso da terra bem como as atribuições das instâncias federal, estadual e municipal. Segue os princípios da propriedade privada da terra e dos meios de produção, como expresso na Constituição Brasileira (Brasil, 1988).

Entre os princípios que regem a propriedade privada, a atribuição municipal é a de promover política de desenvolvimento urbano com o objetivo de ordenar o pleno desenvolvimento das funções sociais da cidade e da propriedade, visando garantir o bem-estar de seus habitantes. Nestes empreendimentos acirra-se a contradição entre a função social da cidade e a propriedade privada.

Ao entregar ao setor privado a suposta segurança de parcela da população, o Estado não está garantindo, nem mesmo teoricamente, o bem-estar de seus habitantes. Ao permitir que áreas de circulação, de praças e áreas verdes, de equipamentos coletivos, sejam privatizadas, não cumpre sua tarefa constitucional de ordenar o pleno desenvolvimento das funções sociais da cidade e da propriedade.

Estamos nos referindo tanto aos espaços públicos que nos loteamentos murados ficam intramuros quanto às áreas de uso coletivo que também ficam intramuros nos condomínios fechados.

Há vários municípios que autorizam a implantação de loteamentos murados desde que os incorporadores cumpram determinadas exigências, tais como doar áreas verdes e para circulação em outras localidades, mostrando que abre mão das normas constitucionais sobre a função social da cidade e da propriedade e das leis de uso do solo válidas para todo o território nacional.[20] Em muitos municípios também se autoriza o fechamento de ruas que já foram entregues à municipalidade. Mesmo quando não há autorização, tem sido cada vez mais comum colocar portões que impedem o acesso de veículos e de transeuntes com o argumento de que assim estão mais protegidos contra os de fora.[21]

Entendemos que esses municípios abrem mão de suas funções de garantir o bem-estar e a segurança para todos, de sua atribuição de ordenar o pleno desenvolvimento urbano e de atentar para a função social da cidade e da propriedade. Não recebem o IPTU nas áreas muradas, nas ruas que foram fechadas, diminuindo o seu potencial de arrecadação para fazer valer suas atribuições. Garantem, por outro lado, que a incorporação imobiliária obtenha maiores rendas, lucros e juros com a propriedade privada da terra, do espaço coletivo e da mercadoria segurança.

Os instrumentos constantes no Estatuto da Cidade, que regulamentam os artigos 182 e 183 da Constituição Federal, não são aplicáveis diretamente na segregação socioespacial, decorrente dos loteamentos murados e dos condomínios fechados. A função social da cidade é um princípio no qual esta é produzida por todos e que deverá atender aos interesses da maioria. Um princípio que não faz parte, ainda, do imaginário social. A função social da propriedade urbana conta com instrumentos aplicáveis quando a propriedade é não utilizada ou subutilizada. Esses instrumentos não são aplicáveis quando se trata da apropriação privada do espaço público e/ou de espaços coletivos encerrados intramuros. Verifica-se, assim, a fragilidade da legislação de uso do solo e dos princípios da função social da cidade e da propriedade constantes da Constituição Federal,[22] para conter o processo de acumulação por despossessão. A segregação socioespacial resultante de loteamentos murados e condomínios fechados é forma e conteúdo de reafirmação da propriedade privada da terra urbana.

O que explica as diferenças de procedimento municipal em detrimento das normas federais? Como entender também as diferenças das posturas municipais? Responder a essas questões não é tarefa fácil e nem simples, mas nos remete à necessidade de analisar as questões relacionadas às diferentes atribuições que dizem respeito às forças políticas que dimensionam a produção e reprodução do espaço urbano, seja pela presença ou pela ausência do Estado (Rodrigues, 2007).

É fundamental pensar na importância de analisar a correlação de forças políticas e nas suas manifestações na esfera municipal ao analisar como se dá a produção do espaço urbano. O resultado de ação dos movimentos populares urbanos tem sido mais expressivo na esfera federal, como se observa nas propostas aprovadas nas Conferências das Cidades e nos encaminhamentos do Conselho Nacional das Cidades (Rodrigues, 2010a), sem rebatimento nos municípios e sem modificar, nem mesmo superficialmente, as questões relacionadas ao núcleo fundamental da propriedade da terra. Nesse sentido, concordamos com Poulantzas, que ao utilizar conceitos de Gramsci sobre hegemonia e contra-hegemonia, aponta que a "ação das massas populares, no seio do Estado, é uma condição necessária de sua transformação, mas não é ela mesma suficiente" (Poulantzas em Carnoy, 1986: 161).

Políticas de governos municipais adaptam, de forma aparentemente paradoxal, as normas gerais dependendo das forças políticas, econômicas e sociais, que se contrapõem a políticas de Estado expressas na Constituição Federal e nas leis mais gerais que a regulamentam como o Estatuto da Cidade (Brasil – Lei

10.257/2001); nas leis gerais que definem as atribuições dos âmbitos federal, estaduais e municipais; nas que definem pressupostos e princípios políticos expressos no Plano Nacional de Desenvolvimento Urbano (Brasil – Ministério das cidades, 2004). As leis que regulamentam o parcelamento do solo são atribuição da União, enquanto que a aplicabilidade tanto de leis específicas como de intervenção na área urbana é atribuição municipal. O paradoxo é apenas aparente, pois depende das forças políticas, de interesses partilhados pelos governos municipais e setor privado, não há uniformidade entre as normas gerais e a atuação em cada lugar. Torna-se assim fundamental analisar os conflitos que materializam a condensação de lutas de classe e da atuação da sociedade civil.[23]

A SEGREGAÇÃO SOCIOESPACIAL

Os loteamentos murados e os condomínios fechados representam uma nova forma de segregação socioespacial que tem na propriedade da terra e na apropriação privada de espaços públicos e coletivos sua base fundamental. São difundidos, contraditoriamente, como se criassem um *novo* valor de uso, um *novo* modo de habitar. Um novo modo de habitar, pago pelos compradores aos empreendedores imobiliários, com a ilusão de que ele atende à sua necessidade de segurança. A "nova forma de morar" – o isolamento em lugares fechados onde só entram moradores, seus conhecidos, e os trabalhadores que exercem suas atividades intramuros – demonstra o novo tipo de segregação socioespacial.

Trata-se do processo de produção e reprodução do espaço traduzido em formas de aumento do valor de troca, calcado, como já dito, na propriedade da terra e na mercadoria segurança. Aumento do preço que corresponde a aumento de renda – de monopólio e diferencial, relacionada diretamente com a propriedade da terra e de sua localização no espaço urbano. Aumento de juros e de lucros atinentes aos financiamentos e ao setor produtivo.

Delimitam-se espaços "seguros" contra "inseguros". Entretanto, não há demonstração estatística de que o lugar onde se implantam os loteamentos murados e os condomínios fechados seja mais inseguro.[24] Espaços urbanos não são seguros ou inseguros se não levarmos em conta a população, as classes sociais e as formas de produção e reprodução do espaço. Mas, como já afirmamos anteriormente, a relação entre pobreza e violência é predominante na imprensa em geral e no imaginário coletivo.

Para combater o medo da violência e, principalmente, valorizar o produto imobiliário, o setor imobiliário, valendo-se do direito de propriedade, produz uma reengenharia do espaço.

A escala de atuação é parcelária porque diz respeito a cada propriedade (gleba) loteada independente de sua extensão. Não há, aparentemente, ação Estatal ou governamental em relação ao planejamento urbano e/ou às políticas sociais que apontem para minimizar este conjunto de apropriação privada do espaço público e/ou coletivo. Trata-se, pelo contrário, de uma ação privada na qual LMs e CFs são implantados à revelia de leis de uso do solo e da função social da cidade e da propriedade.

O que significa a proliferação e expansão deste tipo de construir no urbano, considerando o atual processo de urbanização? Boaventura de Sousa Santos se refere a estas formas como fascismo social vinculado a um tipo de *apartheid* social que separa, segrega, isola por meio de "uma cartografia urbana dividida em zonas selvagens e zonas civilizadas" (2009: 37). Reafirmamos que esta separação é calcada na propriedade privada da terra e nas edificações nela contidas, projetadas para permitir maiores rendas, lucros e juros. Nas zonas selvagens encontram-se os pobres, os violentos, sujos, drogados, o trânsito, a sujeira, a falta de áreas verdes e de equipamentos de uso coletivo. Nas civilizadas, moram os que estão constantemente ameaçados e para se defenderem criam (incorporação imobiliária) e usufruem (compradores/moradores) de enclaves,[25] que contam com áreas verdes, equipamentos coletivos, limpeza, deslocamento seguro, além de serem tidos como "sustentáveis".

A explicitação do processo é fundamental para compreender as novas formas de segregação socioespacial. A separação, isolamento de frações classes e de parcela do espaço do urbano, decorre de ação de promotores imobiliários e passa a fazer parte do imaginário coletivo relacionado à segurança e ao "bem viver", com supremacia do valor de troca. Os loteamentos murados e os condomínios fechados se expandem criando lugares onde os iguais se protegem dos desiguais. Há uma separação física entre diferentes frações de classe e grupos sociais.

É uma espacialização que cria, pelo menos nos folhetos de divulgação, espaços seguros versus espaços inseguros. Os primeiros, produzidos pelos empreendedores imobiliários com predomínio do valor de troca, são ocupados por aqueles que podem pagar, que pelo menos teoricamente usufruem do valor de uso, para se defenderem dos que estão fora. Os segundos são para os outros, os que não podem pagar a nova mercadoria "segurança" embutida no produto imobiliário.

Os loteamentos murados, os condomínios horizontais fechados, permitem assim, analisar como os empreendedores imobiliários produzem espaços que aumentam a desigualdade socioespacial onde o Estado parece estar ausente. Afirmam que seu produto imobiliário atende aos interesses do mercado. Ao centrar o produto imobiliário, acrescido da mercadoria segurança, como se fosse apenas uma resposta dada às necessidades do mercado, ofuscam o fato de que se trata da produção e reprodução do espaço urbano calcadas na propriedade privada. Consideram-se os paladinos da segurança desqualificando a ação do Estado, tanto em relação às normas de uso do solo quanto ao significado da segurança. Atribuem também a responsabilidade da segregação aos compradores/moradores e não ao setor de incorporação imobiliária.

Os LMs e CFs estão na cidade e ao mesmo tempo lhe voltam as costas, negando-a. Na maioria dos empreendimentos, em especial os dirigidos ao mercado composto de classes sociais de renda média e alta, consta nos folhetos nomes de escritórios de arquitetura e planejamento – são projetos assinados –, aumentando, assim a "especificidade" do empreendimento. Trata-se de um urbanismo *ad hoc* como nos ensina Archer (2001).

Cada empreendimento é separado do outro. A cidade não é pensada em sua totalidade. Os projetos de cidade e/ou de bairros-jardins, considerando as escalas das propostas, representavam uma visão menos parcelária da cidade e, além disso, não previam muros separando as parcelas de classes sociais.

Hall (2007), ao analisar a história do urbanismo e do planejamento, identifica várias formas de segregação como os cortiços, habitações coletivas, guetos, onde moravam, predominantemente, trabalhadores com baixos salários, negros e migrantes. Aponta também que os projetos de planejamento urbano indicavam principalmente o receio da burguesia de ser contaminada pelas classes populares. Cita que Lewis Mumford, ao comparar a cidade de Nova York de sua infância à dos anos 80 do século XX, afirma que a violência e a ilegalidade

> costumavam estar confinadas, como um cancro, a certas áreas fechadas como Bowery ou Hell's Park. Esses bairros ainda não haviam derramado sua purulência na corrente sanguínea da cidade [...]. De primeiro era possível a homens, mulheres e crianças, mesmo sozinhos, passearem pela maior parte da cidade [...] a qualquer hora do dia e da noite, sem medo de serem molestados.

Embora os pobres que circulavam pela cidade provocassem medo, não havia muros.

A escala de atuação dos bairros e cidades-jardins dizia respeito à escala da cidade ou de uma parcela da mesma, enquanto os incorporadores imobiliários têm como escala uma propriedade – gleba –, ou um conjunto de pequenas glebas. Comparando os ideais das cidades-jardins e mesmo das cidades-monumentos (Brasília), a versão dos loteamentos murados é parcial, parcelária, fragmenta a noção de cidade e se assemelha em vários lugares do mundo.

É uma forma de "viver" em que se nega a cidade ao mesmo tempo que se quer usufruir de todos os benefícios urbanos. Nega a cidade onde, pelo menos teoricamente, há troca, encontro, festas e mixofilia. Usufrui dela na medida em que o padrão de vida urbana está contido intramuros (infraestrutura, equipamentos e meios de consumo coletivo etc.).

A segregação decorrente dos LMs e CFs marca a paisagem urbana de modo diverso de formas pretéritas pelo fato de se murar a propriedade do imóvel e da área circundante. Marcam o espaço de tal modo que Knox (1992) denominou de *packaged landscapes* (paisagens embaladas). Nas imagens de satélites, dão a impressão de uma paisagem contínua e formando um conjunto. Quando, porém, se circula pelas ruas e avenidas, na escala 1:1, os muros se sucedem formando uma paisagem que dá mesmo a sensação de que cada um deles está "embalado" entre muros.

Os muros segregam os que estão fora e são proibidos de entrar. Os que estão inseridos na lógica do morar em áreas fechadas procuram se preservar do perigo, real ou imaginário, que os outros representam. Não há autossegregação porque os de dentro podem sair quando lhes for conveniente, sem que sejam barrados. A segregação é imposta ao outro, aos que não podem entrar, sem serem devidamente autorizados. Partindo da premissa de que os loteamentos murados e os condomínios fechados realizam a propriedade da terra, como considerar que seus moradores se autossegregam? A propriedade lhes permite, não importa a qual fração de classe social pertençam, viver em uma área cercada de intramuros, que impedem a entrada, mas não a saída de seus moradores.

Os trabalhadores produzem a cidade e dentro dela os loteamentos murados e as moradias. São contratados, em geral, como trabalhadores precários da indústria de construção civil e similares. Os incorporadores imobiliários lucram com a exploração da força de trabalho. Quando a área da cidade onde trabalham está "pronta" para entrar no circuito da mercadoria, eles devem desaparecer. Como não desaparecem, moram em lugares precários decorrentes dos baixos salários e do preço da terra e das edificações urbanas. São considerados os bandidos, os incultos que devem ficar fora dos muros ou apenas entrar na área murada para continuar a vender sua força de trabalho como domésticos, jardineiros etc. São proibidos de entrar nas áreas muradas para que haja garantia de "segurança" para os proprietários/moradores que vivem intramuros.

A ideologia dominante tem ocultado as mazelas que afligem os trabalhadores no seu lugar de moradia. Coloca-os como responsáveis pela sua péssima qualidade de vida, são tidos como causadores da insegurança, da violência, contra os quais é preciso se "proteger". A ideologia do medo oculta, ainda mais, as relações de classes sociais no capitalismo.[26]

Os loteamentos murados e os condomínios fechados produzem, assim, uma cidade segmentada e fragmentada. Não há uma proposta de cidade, mas parcelamentos de glebas que formam enclaves, atendendo aos interesses da incorporação imobiliária, com aumento de rendas, lucros e juros. Usam o argumento de que produzem qualidade de vida para determinadas parcelas de classe sociais.

Tratar-se-ia de segregação socioespacial que poderia ser traduzida por *apartheid* social, por meio de muros que segregam?

Consideramos que as formas de segregação têm se alterado tanto na morfologia como no conteúdo e que a provocada pelos LMs e CFs é produto da propriedade privada da terra, da mercadoria segurança incorporada a ela, da apropriação privada dos espaços públicos e de espaços coletivos.

É evidente, na atualidade, a intenção de colocar em destaque a "segurança" de frações de classe, contrapondo-se à insegurança. A "segurança" seria garantida por muros que circundam um conjunto de residências. Esta forma de promover, incentivar e implantar lugares murados, fechados, fragmenta a cidade, intensifica a segurança como mercadoria, num processo de despossessão relacionada à acumulação ampliada do capital.

CONSIDERAÇÕES FINAIS

Esta forma de a segregação socioespacial intervir no urbano decorre da atuação de empreendedores imobiliários na realização da propriedade privada. Expande-se para a grande maioria das cidades no mundo e define lugares onde os "iguais" se protegem dos "outros". É um processo de espacialização que potencializa a realização da propriedade e a apropriação privada dos espaços públicos e coletivos. Intensifica o predomínio do valor de troca, a desigualdade socioespacial, as dificuldades de circulação e difunde, contraditoriamente, que se trata de um novo valor de uso, um novo modo de morar.

Na matriz discursiva dos empreendedores imobiliários afirma-se que atendem aos desejos dos consumidores e assim consideram-se os paladinos do novo modo de morar com segurança e qualidade de vida.

Esta forma de segregação socioespacial incorpora na mercadoria terra/edificação/cidade a mercadoria segurança. Possibilita, em escala ampliada, realizar a propriedade da terra e assim o aumento de renda, juros e lucros pelos incorporadores imobiliários que se arvoram, além de serem agentes da modernização capitalista urbana, de colocarem no mercado um produto imobiliário que protege violência urbana. Lucram, e muito, com a segregação que se amplia cada vez mais. Como diz Harvey (1980: 156) "o capitalismo está preparado para pagar uma taxa de produção (a renda da terra) como o preço para a perpetuação da base legal da sua própria existência". Além disso, a apropriação privada de espaços públicos ou de espaços coletivos caracteriza-se por um processo de despossessão que viabiliza, ainda mais, a acumulação ampliada do capital.

Os LMs e os CFs, ao mesmo tempo que redefinem a morfologia da cidade, apropriam-se do espaço público colocando-os intramuros. Esta nova forma de morar se contrapõe tanto à função social da cidade (nos moldes capitalistas) como à utopia do direito à cidade, em que deve haver predomínio do valor de uso.

Reafirmamos que a segregação socioespacial expressa pelos loteamentos murados e condomínios fechados têm como fundamento a propriedade da terra e das edificações e a apropriação privada dos espaços públicos. Este capítulo não dá conta de analisar todos os elementos necessários para entender que sociedade está produzindo a cidade repleta de muros. É fundamental aprofundar as relações de trabalho de quem constrói, tijolo a tijolo, cada edificação, cada calçamento, cada item da cidade. É necessário aprofundar, também, o entendimento das forças econômicas, políticas e sociais que interferem na relação de governos com os empreendedores imobiliários.

De qualquer modo, é importante reafirmar que a proliferação desses loteamentos "murados" (*gated comunities*, condomínios fechados, loteamentos condominiais) intensifica a desigualdade socioespacial e permite, aos empreendedores imobiliários, aumento da renda, lucros e juros por meio da concretização da propriedade privada.

O medo e a obsessão por segurança fazem com que a parcela dos que estão intramuros esteja na cidade ao mesmo tempo que dela se apartam. É um projeto de parte da cidade, aquela que está intramuros, destinada para *"wonderful people"* e longe dos pobres, sujos e desagradáveis.

Para estes funciona ainda a ideia vigente na Idade Média da cidade como lugar de liberdade? Que tipo de liberdade existe na cidade de hoje? Claro que esta pergunta remete a pensar no significado de liberdade, o que é designado de liberdade e no sentido e significado da cidade hoje, considerando que se refere a um número ilimitado de processos, transformações, trajetórias, potencialidades e condições socioespaciais contemporâneas (Brenner, 2013). É paradoxal que

> ao mesmo tempo em que o urbano parece ter adquirido uma importância estratégica sem precedentes para um amplo marco de instituições, organizações, pesquisadores, atores e ativistas, a dificuldade para definir contornos não se tornou manejável. (2013: 45, tradução nossa)[27]

Não temos resposta para as várias indagações levantadas ao longo do capítulo, mas as enunciamos para tentar avançar no entendimento do atual processo de segregação socioespacial. A liberdade parece ser o oposto do que se constitui com o processo de afirmação da propriedade da terra e da mercadoria segurança. Fica também a indagação sobre se a segregação socioespacial decorrente dos loteamentos murados e condomínios fechados corresponderia, ou não, a um tipo de *apartheid* socioespacial.

NOTAS

1 Usamos o termo "murados" para apontar a ilegalidade, embora haja mesmo muros construídos ao seu redor. Apresentamos no item "Loteamentos murados e condomínios fechados" as restrições constitucionais e legais para fechar loteamentos. Os condomínios, por sua vez, podem ser chamados de fechados, pois se referem a um empreendimento privado sem restrições legais para os seus fechamentos.

2 Para evitar muitas repetições usaremos em algumas frases LMs – para Loteamentos Murados – e CFs – para Condomínios Fechados.

3 Utilizo o conceito de classes sociais (nas quais estão incluídas parcelas e/ou frações de classes), por entender que, em traços gerais, em cada um dos modos de produção – asiático, antigo, feudal, moderno burguês – há classes em si ocupando posições objetivas nas relações de produção (Marx, 1975). Classes sociais é um conceito que contém critérios de renda, posição na ocupação, rendimentos (cf. Singer, 2012). Organizar e classificar por *critérios* apenas econômicos – classe alta, média, baixa; classes de alto, médio e baixo rendimento – é insuficiente para se referir à totalidade das situações de classe.

4 Ver entre outros: Harvey, 2011.

5 Ver outros: Davis, 1993 e 2006; Fishman, 1987; Cabrales, 2002; Svampa, 2001; Costa, 2006; Reis, 2006; Sabatini, 2006; Levy, 2010; Sposito, 2005.

6 No original: "geografía de la violencia es un estudio de la concreción espacial de la lógica de la acumulación con base en la imposición del valor de cambio al mundo de la vida".

7 Valor de uso: valor de troca inerente a todas as mercadorias materiais ou imateriais. Conceito analisado por vários autores que têm como método de análise o materialismo histórico/dialético.

8 Ciclo ou ritmo circadiano: designa o período de aproximadamente 24 horas sobre o qual se baseia o ciclo biológico de quase todos os seres vivos, influenciados pela variação de luz, temperatura, marés e ventos entre o dia e a noite.

9 A iluminação urbana foi implantada em Londres em 1668; em Amsterdã, em 1669; em Copenhague, 1681; em Viena, 1687 etc. (Delumeau, 2007: 44)

10 Para designar pobreza, utiliza-se nível salarial; para desemprego e para crime, usa-se levantamento de frações de classes que estão nas prisões. A associação parece ganhar conteúdos analíticos próprios.

[11] Exemplo de correlação entre miséria e certos tipos de violência é a ordem ser serviço expedido pela Polícia Militar do Estado de São Paulo (n. 8 BPMI - 822/2012 de 21 de dezembro de 2012), que afirmava ser necessário, em Taquaral, – bairro de Campinas onde predominam parcelas de classes sociais de alta e média renda – um "patrulhamento preventivo e ostensivo [...] focando a abordagens em transeuntes em veículos de atitude suspeita, especialmente indivíduos de cor parda e negra com idade aproximada de 18 a 25 anos [...]". Cf. Instituto Luiz Gama.

[12] O parecer do Ministério Público refere-se à inconstitucionalidade contida no Projeto de Lei 3057/00. Ver Rodrigues, 2010, que faz uma análise crítica do Projeto de Lei.

[13] A distinção entre espaços públicos refere-se ao fato de que estes são de propriedade pública e devem ser entregues à municipalidade para uso de todos. Espaços coletivos, segundo as normas vigentes, são propriedade e utilizados para uso de uma coletividade.

[14] Em relação à composição do preço da terra e ao aumento de rendas nos novos empreendimentos, ver Bastos 2012.

[15] Ver entre outros Sposito, 1991.

[16] Disponível em: <www.secovi.com.br>. Em pesquisa realizada no *site*, em 2009, constavam esclarecimentos sobre os benefícios de se aprovar os loteamentos de acesso controlado, ao invés dos condomínios urbanísticos. Após os debates realizados no Conselho das Cidades foram retirados, mas ainda podem ser vistos em Freitas, 2008 e Rodrigues, 2010b.

[17] Ver em especial Freitas (2008) para a região metropolitana de Campinas e Jacobs (2001) sobre como o voltar as costas em cada unidade para as ruas implica fragilização da vida cotidiana.

[18] Idem, p. 226 (destaques no original). Santos relata em detalhes, também, a constituição da terra como mercadoria e o processo de apropriação de terras indígenas em Barueri, Osasco e Carapicuíba. Aponta ainda a crise econômica do período, bem como a atuação do setor de incorporação imobiliária para vencer a crise.

[19] Utilizamos principalmente as concepções de Estado contidas em Gramsci, 1987, 1988; Poulantzas, 1985, 1986; Hisrch, 2010 e Carnoy, 1986.

[20] Ver para a Região Metropolitana de Campinas, Freitas, 2008; para Cuiabá, Gonçalves, 2005.

[21] Há vários casos em que os moradores notificados de que devem retirar os portões que impedem o acesso entram na justiça contra as medidas de retirada. Cf. reportagem de Gabriela Leal da *Folha de São Paulo* de 03/03/2013.

[22] Apresentamos o debate sobre como o plano diretor passa a ser a política pública por excelência em artigo aprovado para publicação. (Rodrigues, 2013)

[23] Utilizamos sociedade civil como definido por Gramsci, 1971.

[24] Ver os Mapas da violência (Waiselfisz, Ministério da Justiça – 2011, 2012).

[25] Ver Santos, 2009.

[26] Evidentemente há grandes problemas de violência, de crimes, de conflitos em várias áreas urbanas e aqui estamos fazendo uma generalização para tratar de um aspecto da segregação socioespacial.

[27] No original: "en el mismo momento en que lo urbano parece haber adquirido una importancia estratégica sin precedentes para un amplísimo arco de instituciones, organizaciones, investigadores, actores y activistas, la dificultad para definir sus contornos se ha tornado inmanejable".

BIBLIOGRAFIA

AGAMBEN, Giorgio. *Estado de exceção*. São Paulo: Boitempo, 2004.

ARCHER, François. *Les nouveaux principes de l'urbanisme*: la fin des villes n'est pas à l'ordre du jour. Paris: Éditions de l'Aube, 2001.

BASTOS, Rodrigo Dantas. *Economia política do imobiliário*: o programa Minha casa minha vida e o preço da terra urbana no Brasil. Campinas, 2012. Dissertação (Mestrado em Sociologia) – IFCH, Universidade de Campinas, 106 p.

BRASIL. Ministério das Cidades. Política Nacional de Desenvolvimento Urbano. *Cadernos MCidades*. Caderno 1. Brasília: Ministério das Cidades, Governo Federal, ago. 2004.

BRENNER, Neil. Tesis sobre la urbanización Planetária. *Revista Nueva Sociedad*, Buenos Aires, n. 423, ene./fev. 2013, pp. 39-66.

BAUMAN, Zygmunt. *Confiança e medo na cidade*. Rio de Janeiro: Zahar, 2009.

CABRALES, Luiz Felipe (org.). *Latinoamérica*: paises abiertos, ciudades cerradas. Guadalajara: UNESCO; Universidad de Guadalajara, 2002.

CALDEIRA, Tereza. *Cidade de muros*: crime, segregação e cidadania em São Paulo. São Paulo: EDUSP; Editora 34, 2000.

CARNOY, Martin. *Estado e teoria política*. Campinas: Papirus, 1986.

COSTA, Heloísa. Mercado imobiliário, Estado e natureza na produção do espaço metropolitano. In: ______. (org.). *Novas periferias metropolitanas*: a expansão metropolitana em Belo Horizonte: dinâmicas e especificidades do Eixo Sul. Belo Horizonte: C/Arte, 2006.

Davis, Mike. *Cidade de quartzo*: escavando o futuro em Los Angeles. São Paulo: Página Aberta, 1993.

______. *Planeta Favela*. São Paulo: Boitempo, 2006.

Delumeau, Jean. Medos de ontem e de hoje. In: Novaes, Adauto (org.). *Ensaios sobre o medo*. São Paulo: Editora SENAC, 2007, pp. 39-52

Fishman, Robert. *Bourgeois utopias*: the rise and fall of suburbia. New York: Basic Books, 1987.

Freitas, Eleusina. *Loteamentos fechados*. São Paulo, 2008. Tese (Doutorado em Arquitetura) – Faculdade de Arquitetura e Urbanismo, Universidade de São Paulo. 203 p.

Gonçalves, Selma V. B. *Loteamentos e condomínios em Cuiabá*: análise dos instrumentos de licenciamento ambiental. Cuiabá, 2005. Dissertação (Mestrado em Geografia) – ICHS, Universidade Federal de Mato Grosso. 121 p.

Gramsci, Antonio. *La política y el Estado moderno*. Barcelona: Ediciones Península, 1971.

______. *Concepção dialética da história*. 7. ed. Rio de Janeiro: Civilização Brasileira, 1987.

______. *Maquiavel, a política e o Estado moderno*. 6. ed. Rio de Janeiro: Civilização Brasileira, 1988.

Hall, Peter. *Cidades do amanhã*. São Paulo: Perspectiva, 2007.

Harvey, David. *A justiça social e a cidade*. São Paulo: Hucitec, 1980.

______. *O enigma do Capital*. São Paulo: Boitempo, 2011.

______. *Rebel cities*: from the right to the city to the urban revolution. New York: Verso, 2012.

Hidalgo, Rodrigo; Sanchez, Rafael. A new model of urban development in Latin America: the gated communities and fenced cities in the metropolitan areas of Santiago de Chile and Valparaiso – *Cities*. Santiago de Chile, v. 24, n. 5, 2007, pp. 365-78.

Hirsch, Joachim. *Teoria materialista da história*. Rio de Janeiro: Revan, 2010.

Jacobs, Jane. *Morte e vida de grandes cidades*. São Paulo: Martins Fontes, 2001.

Kehl, Maria Rita. Elogio do medo. In: Novaes, Adauto (org.). *Ensaios sobre o medo*. São Paulo: Editora SENAC, 2007, pp. 89-110.

Knox, Paul. The packaged urban landscapes of post-suburban America. In: Whiteland, J. W. R.; Lardkham, P. J. (eds.). *Urban landscapes*: international perspectives. Londres: Routledge, 1992, pp. 207-26.

Leal, Gabriela. Moradores vão à Justiça para tentar manter ruas fechadas. *Folha de São Paulo*. São Paulo, 03 mar. 2013. Caderno Cotidiano, p. C1 e C3.

Levy, Dan Rodrigues. Os condomínios residenciais fechados e a reconceitualização do exercício da cidadania nos espaços urbanos. *Ponto-e-vírgula*. Lisboa, 2010, pp. 95-108.

Luna, Fabian Gonzales. Espacialización de la violência em las ciudades latino-americanas: uma aproximación teórica. *Cuadernos de Geografía*: revista colombiana de geografia. Bogotá, v. 22, 2013, pp.169-86.

Marx, Karl. *El Capital*: critica de la economía política. México: Siglo XXI, 1975.

Ministério Público. Parecer sobre Projeto de Lei 3057/200. Mimeo, agosto 2009.

Misse, Michel. *Crime e violência no Brasil contemporâneo*. Rio de Janeiro: Lumem Júris Editores, 2011.

Novaes, Adauto. Políticas do medo. In: ______ (org.). *Ensaios sobre o medo*. São Paulo: Editora SENAC, 2007, pp. 9-16.

Olivera, Ana Beatriz; Rodrigues, Arlete Moysés. Os condomínios fechados. In: SEMINÁRIO INTERNACIONAL DE LA UNIDAD TEMÁTICA DE DESARROLLO URBANO, 4, 2001, Rio Claro. *O espaço público*: memória. Malvinas/AR: Editado por la municipalidad de Malvinas, Argentina, 2011, pp. 45-67.

Poulantzas, Nico. *O Estado, o poder e o socialismo*. Rio de Janeiro: Edições Graal, 1985.

______. *Poder político e classes sociais*. São Paulo: Martins Fontes, 1986.

______. Estado, poder, socialismo. In: Carnoy, Martin. *Estado e teoria política*. Campinas: Papirus, 1986.

Raposo, Rita. Condomínio fechados em Lisboa: paradigma e paisagem. *Revista análise social*. Lisboa, v. XLIII(1º), 2008, pp.109-31.

Reis, Nestor. *Notas sobre a urbanização dispersa e novas formas do tecido urbano*. São Paulo: Via das artes, 2006.

Rodrigues, Arlete Moysés. 2007. A cidade como direito. In: COLÓQUIO DE GEOCRITICA, número especial, 2007, Porto Alegre. Disponível em: <http://www.ub.edu/geocrit/9porto/arlete.htm>. Acesso em: jul. 2007.

______. *Na procura do lugar o encontro da identidade*: ocupações coletivas de terra – Osasco/SP. São Paulo, 1988. Tese (Doutorado em Geografia) – FFLCH, Universidade de São Paulo. Disponível em: <http://www.fflch.usp.br/dg/gesp>. Acesso em: 2009.

______. *Conselho das Cidades*: uma avaliação das Conferências. Disponível em: <http://www.agb.org.br/documentos/Arlete_Avaliacao_IV_Conferencia_das%20Cidades_2010.pdf>. Acesso em: nov. 2010.

______. O projeto de Lei de Responsabilidade Territorial e a atuação dos geógrafos brasileiros. *Revista Cidades*. Presidente Prudente, v. 7, n. 12, 2010b, p. 273-290.

______. A matriz discursiva sobre o meio ambiente. In: Carlos, Ana Fani A; Souza, Marcelo Lopes; Sposito, Maria Encarnação B. (org.). *A produção do espaço urbano*: agente e processos, escalas e desafios. São Paulo: Contexto, 2011.

______. Políticas públicas: FGTS e Planos Diretores: conteúdos e significados. *Revista Cidades*. Presidente Prudente, 2013 (aprovado para publicação – no prelo).

Sabatini, Francisco. *La segregación social del espacio em las ciudades de América Latina*, 2006. Disponível em: <htpp//www.iadb.org/sds/SOC/publication/publication_630_4338_s.htm>. Acesso em: jan. 2007.

Salgueiro, Teresa Barata. Novos empreendimentos imobiliários e reestruturação urbana. *Finisterrae*. Lisboa, n. 57, 2001, pp. 79-101.

Santos, Boaventura Souza. Para além do pensamento abissal: das linhas globais a uma ecologia do saber. In: ______; Menezes, Maria Paula (orgs.). *Epistemologias do Sul*. Coimbra: Almedina, 2009. pp. 23-72.

Santos, Regina Bega. *Rochdale e Alphaville*: formas diferenciadas de apropriação e ocupação de terra na metrópole paulistana. São Paulo, 1994. Tese (Doutorado em Geografia) – fflch – Universidade de São Paulo. 277 p.

Singer, André. *Os sentidos do lulismo*: reforma gradual e pacto conservador São Paulo: Cia. das Letras, 2012.

Souza, Marcelo Lopes. *Fobópole*: o medo generalizado e a militarização da questão urbana. Rio de Janeiro: Bertrand Brasil, 2008.

Sposito, Maria Encarnação B. *O chão arranha o céu*: a lógica da reprodução monopolista da cidade. São Paulo, 1991. Tese (Doutorado em Geografia Humana) – fflch, Universidade de São Paulo. 388 p.

______. *O chão em pedaços*: cidades, economia e urbanização no Estado de São Paulo. Presidente Prudente, 2005. Tese (Livre Docência) – Faculdade de Ciências e Tecnologia, Universidade Estadual Paulista. 508 p.

Svampa, Maristela. *Los que ganaran a vida en los countries y barrios privados*. Buenos Aires: Biblos, 2001.

Waiselfisz, Julio Jacobo. *Mapa da Violência 2012*: a cor dos homicídios no Brasil. Rio de Janeiro: cebela, flacso; Brasília: seppir/pr, 2012. Disponível em: <http://www.mapadaviolencia.org.br/pdf2012/mapa2012_cor.pdf>. Acesso em: jan. 2012.

______. *Mapa da Violência II*: os jovens do Brasil. Brasília: unesco, 2000. Disponível em: <http://www.observatoriodeseguranca.org/files/Mapa%20da%20Viol%C3%AAncia%20II-Os%20Jovens%20do%20Brasil-2000.pdf>. Acesso em: jan. 2012.

______. *Mapa da Violência 2012*: os novos padrões de violência homicida no Brasil. 1. ed. São Paulo: Sangari, 2011. Disponível em: <http://www.mapadaviolencia.org.br/pdf2012/mapa2012_web.pdf>. Acesso em: jan. 2013.

Wolff, Francis. Devemos temer a morte? In: Novaes, Adauto (org.). *Ensaios sobre o medo*. São Paulo: Editora senac, 2007, pp.17-38.

Zizek, Slavoj. *Violência*: seis notas à margem. Lisboa: Relógio d'água, 2009.

Sites

instituto luiz gama. Disponível em: <http://institutoluizgama.org.br/portal/index.php?option=com_content&view=article&id=557:pm-da-ordem-para-abordar-negros-e-pardos-em-campinas&catid=10:questao-racial-e-quilombola&Itemid=38>. Acesso em: 18 fev. de 2013.

secovi. Disponível em: <www.secovi.com.br>. Acesso em: 2013.

Legislação citada

brasil. *Constituição da República Federativa do Brasil*: promulgada em 5 out. 1988. Organização do texto por Juarez de Oliveira. 4. ed. São Paulo: Saraiva, 1990.

______. Lei Federal 4.591, de 16 de dezembro de 1964. Dispõe sobre o condomínio em edificações e incorporações imobiliárias. *Diário Oficial da União*, Brasília, 12 dez. 1964.

______. Lei Federal 6.766, de 19 de setembro de 1979. Dispõe sobre o parcelamento do solo urbano e dá outras providências. In: *Diário Oficial da União*, Brasília, 20 dez. 1979.

______. Lei nº 10.257/2001. Estatuto da Cidade. Regulamenta os artigos 182 e 183 da Constituição Federal. Estabelece diretrizes gerais da política urbana e dá outras providências. *Diário Oficial da União*, Brasília, 10 jul. 2001.

______. Projeto de Lei 3.057/2000. Versa sobre a revisão da lei de parcelamento do solo urbano (lei federal nº 6.766/79), estabelece normas gerais disciplinadoras do parcelamento do solo para fins urbanos e da regularização fundiária sustentável de áreas urbanas.

______. Presidência da República. Lei n. 11.977/2009. Dispõe sobre o Programa "Minha Casa, Minha Vida" e regularização fundiária de assentamentos localizados em áreas urbanas. Brasília: *Diário Oficial da União*, 7 jul. 2009.

SEGREGAÇÃO, TERRITÓRIO E ESPAÇO PÚBLICO NA CIDADE CONTEMPORÂNEA

Angelo Serpa

AUTOSSEGREGAÇÃO NO ESPAÇO PÚBLICO

Um estudo de autoria de Ahmed Merghoub, publicado em 1993 em Paris e intitulado *Le Parc de La Villette est-il facteur d'integration des populations étrangères de proximité?*, serve de pretexto para introduzir a discussão do tema "segregação". O trabalho de Merghoub resulta da publicação de 21 entrevistas qualitativas com imigrantes estrangeiros residentes em Paris, na proximidade do *Parc de La Villette.* O parque foi um dos estudos de caso da pesquisa de pós-doutorado que realizei entre 2002-2003 na Universidade de Paris IV, sob a supervisão de Paul Claval.

Inaugurado no início dos anos 1990, o Parque de La Villette nasceu fomentando polêmica. Escolhido ao final de um concurso internacional, que contou com centenas de participantes e o paisagista brasileiro Roberto Burle-Marx como presidente do júri, o projeto tirou do anonimato o arquiteto suíço Bernard Tschumi, dando-lhe fama mundial. Baseado no desconstrutivismo, Tschumi quis indicar uma nova direção para o "parque do século XXI": imensos gramados, pavilhões vermelhos de formas inusitadas (as "*Folies*") e jardins temáticos vistos como "quadros de cinema" compõem o parque, entendido pelo seu criador como "o maior edifício descontínuo do mundo" (Serpa, 2007).

Para Tschumi, um parque do século XXI deve deixar de querer imitar a natureza e tornar-se palco para a manifestação da cultura. Na verdade, o parque está intimamente ligado a grandes equipamentos culturais parisienses, como a Cidade da Música (um grande complexo musical, que abriga salas de exposições, sala de concertos, auditórios, conservatório e apartamentos para músicos), o Zenith (grande teatro para concertos de música pop) e a Cidade da Ciência (museu da ciência e da indústria), além do Cabaré Selvagem, da Géode (um cinema para exibição de filmes em três dimensões) e dos teatros Internacional de Língua Francesa e Paris-Villette (Serpa, 2007).

Exposições, espetáculos de circo, peças de teatro, festivais de cinema, concertos de jazz, de música clássica e de música pop fazem parte do cotidiano de La Villette. O público é jovem e diversificado, cresce a uma taxa de 15% ao ano, mas 60% dos consumidores da "cultura" de La Villette têm diploma de curso superior ou estão cursando a universidade. Isso mostra que o parque, além de ser um polo de atração natural para os habitantes dos bairros e municípios próximos (de perfil nitidamente operário e popular, com forte presença de imigrantes estrangeiros), tornou-se também uma referência cultural obrigatória para o restante da cidade (Serpa, 2007).

Em sua pesquisa, Merghoub (1993) entrevistou imigrantes estrangeiros de diferentes nacionalidades, residentes nas proximidades e usuários do parque, para saber os usos que faziam dos equipamentos existentes. De modo geral, constatou que muitos deles não usavam os equipamentos culturais do parque e, em casos mais extremos, sequer conheciam ou sabiam da existência de intensa programação cultural de shows, espetáculos de teatro, dança, circo, concertos de música clássica e mostras de filmes. Muitos jamais sequer haviam entrado nos museus, teatros e demais equipamentos culturais.

Um dos entrevistados por Merghoub, um jovem eletricista de 25 anos proveniente da Tunísia que habita o 19º distrito de Paris e reside na França desde 1981, afirma, por exemplo, que entrou apenas uma única vez na Grande Halle (pavilhão onde são realizados concertos, peças e exposições), mas que não se sentiu à vontade ali. Ele prefere jogar futebol com os amigos das proximidades nos gramados do parque (Foto 1, a seguir), aonde vai com frequência para "esquecer um pouco a cidade, a sujeira do metrô, o cansaço do trabalho exaustivo".[1] O entrevistado confessa que tem curiosidade de conhecer os equipamentos e a oferta cultural disponíveis em La Villette, mas "há alguma coisa que lhe impede de fazê-lo". Para ele, o que conta no parque são os gramados e os amigos que ele encontra para jogar futebol, encontros sempre agendados, nunca casuais.

A não casualidade dos encontros que se dão no parque também é algo recorrente nas respostas dos entrevistados por Merghoub, ao responderem à pergunta sobre se consideravam La Villette como um local de interação e sociabilidade. Ou seja: Quem vai ao parque encontrar pessoas, o faz para encontrar amigos e conhecidos, sendo difícil a interação com outros grupos e usuários nos usos que fazem do parque.

Foto 1: Futebol entre amigos em um gramado do Parque de La Villette (Paris). (Abril de 2002)

SEGREGAÇÃO DE CONTEÚDO SIMBÓLICO, COM REPERCUSSÕES NOS PROCESSOS DE PRODUÇÃO E REPRODUÇÃO DO/NO ESPAÇO

Os processos de apropriação socioespacial[2], que se manifestam no espaço público da cidade contemporânea, colocam em primeiro plano as dimensões simbólicas da segregação, que repercutem nos processos de produção e reprodução do/no espaço.[3] Revelam também que a acessibilidade deve ser discutida em suas dimensões materiais e imateriais, já que a garantia de acesso físico a determinados espaços urbanos não garante sua apropriação simbólica, que depende, em grande parte, do domínio de um "repertório" (Certeau, 1994) ou da disponibilidade de um "capital escolar ou cultural" (Bourdieu, 2007), o que, em última instância, acaba por inviabilizar a apropriação, em toda sua potencialidade, destes espaços por determinados grupos/classes sociais. Na análise aqui pretendida, a noção de repertório diz respeito, especificamente, "às práticas do espaço, às maneiras de frequentar um lugar", o reconhecimento de que há um "léxico" que fundamenta essas práticas como operações próprias de grupos e classes sociais específicos (Certeau, 1994: 50 e 93).

Na cidade contemporânea, o parque público é um meio de controle social, sobretudo das classes médias, destino final das políticas públicas, que procuram multiplicar o consumo e valorizar o solo urbano nos locais onde são aplicadas. No mundo ocidental, o lazer e o consumo das novas classes médias são os "motores" de complexas transformações urbanas (Seabra, 1996), modificando áreas industriais, residenciais e comerciais decadentes, recuperando e desenvolvendo novas atividades de comércio e de lazer "festivo" (Serpa, 2004; 2007).

A palavra de ordem é investir em espaços públicos "visíveis", sobretudo espaços centrais e turísticos, graças às parcerias entre os poderes públicos e as empresas privadas. Projetados e implantados por arquitetos e paisagistas ligados às instâncias do poder local, os parques tornaram-se importante instrumento de valorização fundiária na cidade contemporânea, como constatado em nossas pesquisas de campo em Salvador, São Paulo e Paris (Serpa, 2007).

Mas, contraditoriamente, muitos desses parques permanecem "invisíveis" para a maioria da população (Serpa, 2004; 2007): Existe, portanto, uma distância mais social do que física, separando os novos parques daqueles com "baixo capital escolar/cultural" (Serpa, 2004). Na cidade contemporânea, o parque público transformou-se em "objeto de consumo", em expressão de modismos, vendido pelas administrações locais e por seus parceiros empresários como o "coroamento" de estratégias segregacionistas de requalificação urbana (Serpa, 2005; 2007). É necessário ressaltar que se, por um lado, os processos de apropriação e reprodução do/no espaço público vão revelar os conteúdos simbólicos da segregação, por outro lado, refletem também processos efetivos de segregação espacial a partir da valorização imobiliária que vai ocorrer nos locais onde os parques públicos foram implantados.

Em Paris, a título de exemplo, as operações urbanísticas que deram origem a três grandes parques públicos nos anos 1990 – em Bercy, Javel-Citroën e La Villette – obedecem a uma lógica comum de revalorização de áreas industriais e residenciais decadentes, transformando-as em imensos canteiros de obras denominados de "ZACs", grandes zonas de planejamento administradas por sociedades de economia mista, articulando a prefeitura ou o Estado francês ao capital privado (SEMAEST, em Bercy, SEMEA 15, em Javel-Citroën, e SEMAVIP, em La Villette).

Em La Villette, numa área total de 26,7 hectares (ZAC "Bassin de La Villette", ZAC "Flandre Nord" e ZAC "Flandre Sud"), foram construídos 1750 apartamentos, uma superfície de escritórios e comércio de 4,1 hectares, um hotel, uma biblioteca para jovens, duas escolas e uma creche. Nos setores "Villette Nord" e "Villette Sud", o Estado francês também construiu, além do parque de 15 hectares, 640 apartamentos, uma superfície de escritórios e comércio de 0,75 hectares, um hotel de 250 leitos e uma agência de correios.

De acordo com os dados da Chambre de Notaires de Paris, de junho de 2001 a junho de 2002 houve uma valorização do solo urbano em todos os bairros onde estas operações foram realizadas: de +8,7% em Bercy (situado no 12º distrito de Paris), de +6,7% em Javel-Citroën (no 15º distrito parisiense), de +12,5% em La Villette e de +15,4% em Pont de Flandre (ambos no 19º distrito). Com exceção de Javel-Citroën, a valorização do solo urbano nesses bairros foi superior à média parisiense, no mesmo período, de +7,2%. Em Bercy, assim como em La Villette e Pont de Flandres, a valorização do solo foi também maior que nos distritos onde estão localizados esses bairros (no 12° distrito, de +7,0%, e no 19° distrito, de +9,3%).

A valorização imobiliária repercute na composição da população moradora nos bairros e distritos onde essas operações foram realizadas. Trabalhando com os dados do censo de 1999 (do INSEE), o Ateliê Parisiense de Urbanismo elaborou um mapa para Paris e sua região metropolitana, com a estrutura socioprofissional simplificada da população ativa. Analisando-se estes dados, pode-se afirmar que tanto no bairro de Bercy, como no bairro de Javel-Citroën, há uma predominância de profissionais liberais, administradores de empresas e trabalhadores com nível elevado de estudos. Isso é mais evidente em Javel-Citroën, onde este perfil de população corresponde a mais de 50% dos habitantes do bairro, enquanto, em Bercy, o percentual varia entre 40 e mais de 50%. Nos bairros de La Villette e Pont de Flandres, os operários e os trabalhadores com baixa qualificação ainda constituem de 40 a mais de 50% da população ativa residente nestes bairros, mas a persistência desse tipo de população em La Villette pode ser explicada pelo relativo atraso das obras de reurbanização nesta área, em relação aos bairros de Bercy e Javel-Citroën, quando o censo do INSEE foi realizado.

Os novos parques públicos são, portanto, elementos de valorização do espaço urbano que contribuem para um processo de substituição de população nas áreas requalificadas. Eles se tornaram álibis para justificar grandes transformações físicas e sociais dos bairros afetados pelas operações de requalificação urbana. Álibis, porque os parques públicos sempre representam e expressam valores éticos e estéticos, que ultrapassam largamente seus limites espaciais. Qualquer que seja a época, esses valores estão sempre presentes no discurso oficial e nas políticas públicas aplicadas às cidades: higienismo, pacifismo, beleza estética. Essa reunião de valores reforça uma metáfora ainda hoje pertinente, de que o parque público é um instrumento de integração social e espacial das cidades (Barthe, 1997). Trata-se de um discurso, sobretudo, promocional, veiculado pelos poderes públicos, mas também pelos promotores e incorporadores imobiliários. Os novos parques parecem ter sido concebidos como elementos centrais de operações urbanas para provocar voluntariamente uma implacável mecânica de substituição de população, funcionando como aceleradores das mudanças no perfil social dos bairros e cidades "requalificados".

A segregação de grandes parcelas da população reforça a ideia de que, no contexto urbano contemporâneo, o parque público é antes de tudo um espaço com alto valor patrimonial, contrariando o senso comum que idealiza esses equipamentos como bens coletivos e lugares da diversão, do entretenimento e da "Natureza socializada". Se for verdade que determinadas políticas provocam efeitos segregativos, seria necessário se interrogar sobre o que inspira essas políticas, explicitando suas reais finalidades, de modo a evitar as consequências perversas da revalorização simbólica e social que são aceleradas pelas operações de renovação e "caçam" os antigos moradores em proveito das novas classes médias (Preteceille, 1997).

Por outro lado, o processo de substituição de população nos bairros e distritos onde são realizadas essas operações urbanísticas vão condicionar também os modos de apropriação socioespacial dos espaços públicos, incluindo-se aí os novos parques públicos implantados, modificando-se o perfil dos agentes e de suas práticas em especial do "ponto de vista cultural". Trata-se de uma dialética entre capital cultural e capital econômico, atuante nos diferentes modos de apropriação do espaço urbano por classes sociais e frações de classe diferenciadas, como indicado por Bourdieu (2007). É deste modo que a dimensão simbólica da segregação vai ganhar o primeiro plano, traduzida efetivamente nos processos de apropriação social do espaço público na cidade contemporânea.

SEGREGAÇÃO COMO REPRESENTAÇÃO, O PAPEL DAS REPRESENTAÇÕES (ESTEREÓTIPOS E ESTIGMAS)

Lembre-se que o exemplo do Parque de La Villette é emblemático no sentido de introduzir em bairros e distritos de perfil nitidamente popular um novo conceito de "parque cultural", com uma oferta considerável de equipamentos culturais, em especial teatros, museus, casas de espetáculos, com intensa programação e eventos muitas vezes gratuitos. Mas, como o estudo de Ahmed Merghoub demonstra, muitos usuários do parque ignoram essa programação ou não se sentem incluídos por ela. A questão então é compreender o porquê dessa recusa ou dessa indiferença.

Voltemos a Bourdieu. Em seu livro *A distinção*, o autor busca explicar os modos de apropriação da obra de arte. Em relação ao teatro, por exemplo, vai afirmar que

> a tentativa precipitada de verificar uma afinidade eletiva entre o teatro de vanguarda, relativamente barato, e as frações intelectuais, ou entre o teatro de bulevar, muito mais caro e as frações dominantes – vendo aí apenas um efeito direto da relação entre o custo econômico e os meios econômicos – implica o risco de esquecer que, através do valor que alguém aceita pagar para ter acesso à obra de arte ou, mais precisamente, através da relação entre o custo material e o ganho "cultural" visado, exprime-se a verdadeira representação elaborada por cada fração (de classe) a respeito do que constitui, propriamente falando, o valor da obra de arte e da maneira legítima de sua apropriação. (Bourdieu, 2007: 250)

Ou seja, as diferentes classes e frações de classe vão estabelecer os "limites" dos processos de apropriação das obras de arte (mas também do espaço público na cidade contemporânea), a partir da dialética entre capital econômico e cultural, estabelecendo um sistema de diferenças ou de distâncias diferenciais, que "permitem exprimir as mais fundamentais diferenças sociais de uma forma quase tão completa quanto aquela manifestada pelos sistemas expressivos mais completos e mais requintados que podem ser oferecidos pelas artes legítimas" (Bourdieu, 2007: 212). E isso vale não só para as "artes legítimas", mas também para toda uma gama de "universos de possibilidades estilísticas": bebidas, automóveis, mobiliário, casas, jardins etc.

Assim, para Bourdieu, a propensão e a aptidão à apropriação (material e/ou simbólica) de determinadas práticas e objetos, em suma o que o autor chama de "gosto", é o que vai gerar estilos de vida – variáveis de acordo com as classes sociais e frações de classe – como conjuntos de "preferências distintivas" que vão exprimir uma (mesma) intencionalidade de expressão. Observe-se que "classe social" é aqui compreendida – a partir do pensamento de Bourdieu – como um conceito relacional, "classe social" como condição e posição, conceito cuja operacionalização apresenta também repercussões e implicações espaciais. A discussão aqui proposta ajuda a revelar e esclarecer, por outro lado, transformações profundas no mundo do trabalho, com rebatimentos evidentes nos processos de apropriação do espaço público na cidade contemporânea, transformações estas que enfatizam a qualificação como distinção, com profissões mais valorizadas que outras e a consciência de classe se construindo a partir do consumo (do/no espaço).

O interessante, nesse contexto, é que o Parque de La Villette foi originalmente concebido para se tornar um espaço público não segregador das classes populares, ou seja, não segregador da classe operária, das categorias inferiores do terciário e de certas categorias de trabalhadores autônomos (Ballion, Amar, Grandjean, 1983). No caso de La Villette, deve-se acrescentar ainda: não segregador também dos imigrantes e descendentes de imigrantes que compõem o universo das classes populares no entorno do Parque.

Mas, ao que parece, não se conseguiu evitar uma estratégia de subordinação objetiva que coloca as classes populares em situação de "inferioridade cultural" e não considera em geral a existência de um "capital cultural popular". Como consequência, pode-se afirmar a introjeção de um sentimento de inferioridade cultural entre as classes populares, que se esforçam para se proteger do sentimento de autodesvalorização, rejeitando (ou evitando) determinados espaços e práticas e assumindo, ainda que muitas vezes de modo involuntário, os estigmas e estereótipos a elas impingidos pelas classes ditas "cultivadas" (Ballion, Amar, Grandjean, 1983).

Os estigmas e estereótipos resultantes da dialética entre capital cultural e capital econômico revelam, por outro lado, a segregação como "representação". Nos processos de apropriação social do espaço público na cidade contemporânea, as diferentes classes sociais e frações de classe vão produzir representações, representações estas que podem legitimar também processos de segregação socioespacial, sublinhando o caráter simbólico da segregação e seus reflexos nos processos de reprodução social no espaço urbano. Pensa-se aqui nas representações como fenômenos da consciência, individual e social, que acompanham uma sociedade determinada, nos termos colocados por Lefebvre: podem ser uma palavra ou série de palavras, um objeto ou uma constelação de objetos; outras vezes é uma coisa ou um conjunto de coisas, correspondendo às relações que essas coisas encarnam, explicitando-as ou velando-as (Lefebvre, 2006: 26).

Segundo Lefebvre, as representações não podem ser distinguidas em verdadeiras ou falsas, mas em estáveis ou móveis, reativas ou superáveis, em alegorias ou em estereótipos, incorporados de maneira sólida nos espaços e instituições, não se reduzindo nem a seu veículo linguístico nem a seus "suportes" sociais. Se for certo que os processos de apropriação do espaço público na cidade contemporânea produzem representações (muitas vezes de cunho espacial), é importante explicitar em nossas pesquisas quem engendra e produz essas representações, de onde elas emergem? Quem as percebe e recebe? Que agentes (que classes, frações de classe)? E o que fazem com elas? Importante desvendar também se esses agentes, produtores de representações de toda ordem, são individuais ou coletivos. Produzem representações de acordo com quais processos? (Lefebvre, 2006: 27)

A discussão sobre a segregação como representação coloca também sob nova perspectiva a discussão sobre o direito à cidade. O direito à cidade deve incluir o direito aos espaços públicos de representação, o direito à produção de representações a partir da dialética entre o concebido e o vivido no cotidiano dos lugares urbanos da contemporaneidade. Como enfatiza Lefebvre, as representações fazem aqui as vezes de mediadoras entre ambos e, em alguns casos, podem modificar o concebido e o vivido. Nesses casos, os lugares urbanos poderiam aparecer em toda sua plenitude como "obras", através de práticas espaciais desviantes dos "modelos" (Lefebvre, 2006).

SEGREGAÇÃO COMO FUNDAMENTO DE PROCESSOS DE TERRITORIALIZAÇÃO NO ESPAÇO PÚBLICO

Verifica-se, portanto, que os processos de apropriação do espaço público na cidade contemporânea são condicionados por representações segregacionistas, que vão mediar processos de territorialização de grupos sociais (classes e frações de classe), a partir de uma dialética entre capital cultural e capital econômico, como explicitado na seção precedente.

Nos "novos" e "renovados" espaços públicos urbanos ao redor do mundo, as práticas espaciais inscrevem-se em um processo de "territorialização do espaço". Em verdade, os usuários privatizam o espaço público através da ereção de limites e/ou barreiras de cunho simbólico, por vezes "invisíveis". É desse modo que o espaço público se transforma em uma justaposição[4] de espaços privatizados; ele não é compartilhado, mas, sobretudo, dividido entre os diferentes grupos e agentes. Consequentemente, a acessibilidade não é mais generalizada, mas limitada e controlada simbolicamente. Falta interação entre esses territórios, percebidos (e utilizados) como uma maneira de neutralizar o "outro" em um espaço que é acessível – fisicamente – a todos.

Os usuários do espaço público contribuem assim para a amplificação da esfera privada, fazendo emergir uma sorte de estranhamento mútuo de territórios privados, expostos, no entanto, a uma visibilidade completa (e, muitas vezes, "espetacular"). Na cidade contemporânea, toda cultura da exposição pública é também uma cultura do desengajamento, pois o espaço público "neutraliza-se" a partir de seu interior, por meio da percepção simultânea e constante das diferenças (Joseph, 1998). Nesses processos, as diferenças se traduzem em táticas "exclusivistas" de territorialização e segregação. Pode-se afirmar a existência de formas nuançadas de segregação, como atos de vontade que impossibilitam o convívio "entre diferentes" e negam o "outro" através da indiferença e do autoisolamento (em geral voluntário) de grupos e indivíduos no espaço público. A necessidade de anonimato se traduz, portanto, em indiferença frente ao "outro", que não compartilha dos laços de intimidade/identidade dos indivíduos e grupos territorializados (Foto 2).

Angelo Serpa

Foto 2: Em La Villette, territórios que não se misturam. (Julho de 2002)

Essas formas nuançadas de segregação também ajudam a revelar a estrutura de uma sociedade intimista que reage ao mito da "impessoalidade enquanto mal social" através da "perversão da fraternidade na experiência comunal moderna", a fraternidade se tornando "empatia para um grupo selecionado de pessoas, aliada à rejeição daqueles que não estão dentro do círculo local". A contradição implícita a processos assim é que, quando a intimidade prevalece, mais tênues se tornam as relações de sociabilidade no espaço público, visto que os processos que se estabelecem pela segregação (ainda que muitas vezes nuançada) dos "intrusos" jamais se extinguem porque a "imagem coletiva desse 'nós mesmos' nunca se solidifica" totalmente (Sennet, 1998: 319-25).

Fraternidade e intimidade são duas faces da mesma moeda, já que permeiam os processos identitários de individuação e também de formação de comunidades territorializadas no espaço público da cidade contemporânea. Por um lado, há uma "guerra entre a psique e a sociedade" que se estabelece na "pessoa do próprio indivíduo", já que ele "perde a capacidade de jogo e de desempenho numa sociedade que não lhe permite espaço impessoal onde representar" (Sennet, 1998: 325), por outro lado,

> o próprio medo da impessoalidade, que governa a sociedade moderna, prepara as pessoas para verem a comunidade numa escala cada vez mais restrita. Se o eu ficara reduzido a intenções, o compartilhar desse eu fica também reduzido a excluir aqueles que são muito diferentes em termos de classe, de política ou de estilo. Interesse pela motivação e pelo bairrismo: eis as estruturas de uma cultura construída sobre as crises do passado. Elas organizam a família, a escola, a vizinhança; elas desorganizam a cidade e o Estado. (Sennet, 1998: 322)

Pode-se falar, nesse contexto, de "fronteiras culturais", baseadas em visões de mundo e estilos de vida diferenciados? Se pensarmos as fronteiras como "espaços de interação" entre territórios distintos, como "entre-lugares", então certamente a resposta é não, já que é quase nula ou mesmo inexistente a interação desses grupos territorializados no espaço público. Tal acepção só se justifica a partir da redução da noção de fronteira à ideia de separação (de segregação), mas a fronteira é também comunicação e interação (Almeida, 2012). Nesses termos, seria mais apropriado afirmar aqui a existência de limites (ou barreiras), de linhas simbólicas que separam/segregam os diferentes grupos sociais no espaço público da cidade contemporânea (as fronteiras em geral constituem faixas, não linhas), caracterizando territórios simbólicos com expressão material e concreta no espaço urbano.

A noção de limite em Geografia indica uma espécie de agenciamento que coloca em contato dois espaços justapostos e que pode permitir o surgimento de uma interface. Esta definição coloca a noção de limite em relação com a noção de interação espacial, a interação nula (ou quase nula, resultante da ausência ou da inexpressividade de interações espaciais) representando um caso particular de relação. Como lembram Lévy e Lussault (2003) os limites surgem como "objetos geográficos" plenos, que se apresentam no espaço com diferentes conteúdos e estilos. Acrescentemos que os limites colocam em evidência continuidades e descontinuidades manifestas nos processos de produção e reprodução do/no espaço, inclusive nos espaços públicos urbanos na contemporaneidade.

Por outro lado, a fronteira é ela mesma um espaço (uma faixa) e "tende a provocar uma dicotomia entre as identidades territoriais, conforme se pertence ou não a um território. De fato, no que concerne à diferença cultural, os embates de fronteira que afloram tanto podem ser conflituosos como consensuais" (Almeida, 2012: 149). Trata-se, mesmo assim, nos exemplos até aqui apresentados, de uma segregação de cunho simbólico que vai se tornar praticamente sinônimo de uma territorialização baseada em processos de "apropriação simbólico-expressiva do espaço", espaço que se torna portador de "significados e relações simbólicas" (Almeida, 2012: 150).

Esses territórios, condição e reflexo de processos de segregação de cunho simbólico e material, são em geral efêmeros e móveis, se manifestam em diferentes escalas e recortes e podem ser lidos efetivamente nos espaços públicos urbanos, colocando em xeque, inclusive, a noção mesma de espaço público, como espaço de mediações, lugar por excelência do uso da "razão como emancipação" (Habermas, 1984) ou como "espaço da ação política" (Arendt, 2000).

TERRITÓRIO E SEGREGAÇÃO, TERRITÓRIO COMO ESTRATÉGIA SEGREGACIONISTA

Tradicionalmente na Geografia o conceito de território (assim como o conceito de espaço público nas ciências humanas e sociais) tem uma acepção política. Na história da produção do conhecimento geográfico, o conceito, antes ligado à ideia de Estado-nação, foi abarcando outros recortes, e, aos poucos, abraçando também outras dimensões. Atualmente não é mais totalmente correto afirmar que o conceito de território, frente a outros conceitos, é operacionalizado em análises espaciais de cunho mais político, porque ele hoje é utilizado para praticamente tudo: também para revelar dimensões culturais, sociais e econômicas nos processos de produção do espaço.

Lembre-se aqui, com Souza (2009), que "o que 'define' o território é, em primeiríssimo lugar, o poder – e, nesse sentido, a dimensão política é aquela que, antes de qualquer outra, lhe define o perfil" (Souza, 2009: 59). A grande contradição é que hoje o conceito de território é cada vez mais utilizado frente a um espaço e a uma sociedade cada vez menos politizados, frente a uma sociedade que faz cada vez menos política.[5] E isto nos parece sintomático, já que o conceito de território vai perdendo nesse contexto sua força explicativa, ao se desviar o foco de sua operacionalização para outras dimensões, se enfraquecendo também como conceito.[6]

Se o espaço político é o espaço de encontro de diferentes e os territórios são, muitas vezes, espaços de iguais, juntos, mas separados por limites e barreiras simbólicas, então, um parque público em Paris é só aparentemente acessível a todos, aparentemente democrático e "cidadão". Todo mundo parece estar ali com todo mundo, porém, de fato, está todo mundo ali, mas com seus limites e barreiras muito bem demarcados, uns em relação aos outros: ler esses limites e barreiras em um gramado do Parque de La Villette em um domingo ensolarado é, por exemplo, uma aula muito elucidativa sobre como o território representa hoje exatamente o contrário da ideia de espaço público.

Se for certo que "público" significa somente acessibilidade física irrestrita, todo mundo junto e sendo visível a todos, se isso é o espaço público, então é preciso reconhecer que o espaço público está completamente esvaziado de sua dimensão política. E, estranhamente (ou talvez nem tão estranhamente assim), fala-se muito de território justamente no momento em que o espaço público se esvazia de sua dimensão política, ou seja, no momento em que se torna mais evidente a não realização da esfera pública nos espaços públicos urbanos da contemporaneidade. O espaço público torna-se um espaço de justaposição de diferentes territórios, todos juntos, mas, de fato, separados.

Se observarmos os espaços públicos urbanos no período contemporâneo com base na perspectiva aqui apresentada, então estamos inclinados a concordar com Hannah Arendt, para quem a sociedade exclui a possibilidade da ação e espera de cada um de seus membros certo tipo de comportamento, impondo regras para normalizar o "convívio social", abolindo a ação espontânea e a reação inusitada (Serpa, 2008a). A sociedade equaliza e a vitória da igualdade no mundo moderno representa o reconhecimento jurídico e político do fato de que a sociedade conquistou a esfera pública. A ascendência de uma "esfera social", que não é nem privada nem pública, é um fenômeno relativamente novo, cuja origem coincide com o surgimento da era moderna, que encontrou sua forma política no Estado-nação. Assim, a "economia nacional" substitui a "política", indicando o surgimento de uma administração doméstica coletiva com nome de "governo" (Arendt, 2000).

Temos que admitir também que a erosão do equilíbrio entre a vida pública e a vida privada destruiu o pilar que sustentava a sociedade nos primórdios do capitalismo (Sennet, 1998). Caminhamos para a consagração do individualismo e da segregação do diferente como modos de vida ideais, em detrimento de um coletivo cada vez mais decadente. Para que os conflitos sejam minimizados e para que se preserve certa "soberania" sob condições de proximidade física, fazemos questão de manter alguma distância psicológica, mesmo nas relações mais íntimas. Perde-se, nesse contexto, a habilidade de representar e, com ela, o "senso de que as condições mundanas são plásticas", o que vai comprometer também "a habilidade de jogar com a vida social", que "depende da existência de uma dimensão da sociedade que fica à parte, distanciada do desejo, da necessidade, da identidade íntimos" (Sennet, 1998: 327), comprometendo em consequência a realização desta dimensão (esfera pública) no espaço público da cidade contemporânea.

A perda da habilidade de jogar com a vida social, de que fala Sennet, encontra correspondência no desaparecimento da capacidade de assimilação e do uso público da razão, conforme Arendt (2000; 2002), Habermas (1984; 2003) e Benjamin (1996; 2000). A publicidade comercial ultrapassa os limites do consumo de bens e passa a investir diretamente no campo político, dirigindo-se explicitamente à opinião pública, propondo sua "formação". As sensações, o divertimento e o espetáculo são, afinal, a essência dessa "assimilação consumidora", constituindo uma cultura que é, ao mesmo tempo, de massa e "personalizada", centrada sobre o imediatismo e a força da autoidentificação. Em última instância, inviabiliza-se também a ação, que é, para Arendt, a atividade política por excelência: a única atividade que se exerce entre os seres humanos, sem mediação das coisas ou da matéria, correspondendo à "condição humana da pluralidade" (Arendt, 2000: 15).

Os territórios que se estabelecem no espaço público, e que vão marcar diferenças/desigualdades relativas aos modos de consumo e estilos de vida dos diferentes grupos e classes, têm também, por outro lado, expressão material, ainda que de modo efêmero e ainda que se trate também de uma "projeção espacial de relações de poder" (Souza, 2009). No entanto, essas relações de poder não caracterizam uma esfera pública urbana, uma atuação política dos grupos e classes sociais no espaço público da cidade contemporânea: revelam, ao contrário, processos de segregação baseados em limites/barreiras que vão impor uma incipiente ou mesmo nula interação social e espacial entre os agentes que se apropriam do espaço urbano.

SEGREGAÇÃO *VERSUS* ESPAÇO PÚBLICO: SEGMENTAÇÃO *VERSUS* TRANSVERSALIDADE

Comecemos essa última seção com uma breve digressão, diante de uma fotografia tirada por mim nos trabalhos de campo realizados no Parque de La Villette, entre os anos de 2002 e 2003 (Foto 3, a seguir): Estamos em Paris, em um gramado em frente ao Museu da Ciência e da Indústria, no Parque de La Villette, localizado no 19º distrito. É primavera, o céu é a um só tempo azul e acinzentado, praticamente sem nuvens, típico da estação. Um pedaço de "*folie*", a fachada do Museu, um caminho coberto por uma estrutura ondulada, um gramado, uma esplanada acimentada e o logotipo da Daewoo (sobre um prédio encoberto pelos objetos descritos) se revelam na fotografia. Faz frio e isso se deduz a partir das roupas trajadas pelos usuários do parque, cujo perfil é heterogêneo: pessoas sozinhas ou em grupos, em pé, deitadas ou sentadas no gramado, ciclistas, mães e pais passeando bebês com carrinhos, um segurança de pé, ao lado de um automóvel, na esplanada acimentada atrás do gramado, onde também se vê pessoas andando ou sentadas em bancos, sozinhas ou em grupos (Serpa, 2008b).

Foto 3: Gramado em frente ao Museu da Ciência e da Indústria, no Parque de La Villette. (24 de março de 2002)

Mudemos de contexto e cenário, para o Brasil, mais especificamente para Salvador: tidas como expressão do "sonho tropical da democracia", as praias no Brasil expressam, de modo geral, a apropriação seletiva e diferencial dos espaços das grandes cidades. Em Salvador, as praias do Porto e do Farol da Barra, aquelas de localização mais central, submetem-se também a "leis territoriais" específicas. Nada é exatamente prefixado, mas a apropriação diferenciada possui dimensões espaçotemporais, que funcionam mais ou menos assim no Porto da Barra: das 4h30 às 8 horas da manhã, é a vez do pessoal do *cooper*. Das 8 às 13 horas, o espaço da praia é apropriado por aqueles que estudam ou trabalham em turnos. A partir das 13 horas, há uma mistura de turistas e desobrigados de ir ao emprego, além dos aposentados (Jornal *A Tarde*, 10/01/1999) (Foto 4, a seguir).

A descrição do parágrafo anterior é adequada para os dias úteis, mas nos finais de semana a situação assume novos e diferenciados contornos, com a chegada de centenas de banhistas procedentes dos vários bairros populares da cidade. Os moradores das redondezas, usuários habituais do Porto, classificam o fenômeno como "invasão de bárbaros" e estranham os hábitos dos "invasores", que trazem comida e bebidas de casa, chegam de ônibus e em grupos "extrovertidos e barulhentos". A situação é a mesma para a praia do Farol da Barra, podendo-se afirmar que as praias nos finais de semana são espaços apropriados por classes sociais distintas, enquanto nos dias úteis são redutos dos moradores da Barra, de classe média e com perfil mais homogêneo, no tocante à formação escolar e à renda.[7]

Marcelo Sousa Brito

Foto 4: Praia do Porto da Barra em Salvador (BA). (4 de novembro de 2012)

E é claro que o espaço das praias em Salvador também é marcado pela territorialização e pela disputa de espaço entre os ambulantes em busca de clientes. Há pessoas que trabalham há décadas em "pedaços" específicos de praia, como Edineia dos Santos, entrevistada em matéria recente publicada no jornal *A Tarde*, sobre a praia do Porto da Barra. Ela atua como vendedora ambulante há mais de 30 anos no Porto e demonstra percepção aguçada de como os grupos de usuários se territorializam no exíguo espaço da praia, complementando as observações dos parágrafos anteriores: segundo a ambulante, "as famílias geralmente ficam do lado esquerdo, com os filhos, próximas ao Forte de Santa Maria. Do lado direito, a maioria é formada por artistas, músicos e profissionais da área de comunicação" (Rego, jornal *A Tarde*, 30/12/2012).

Os exemplos apresentados mostram similaridades em termos de apropriação socioespacial entre os grandes gramados dos parques parisienses e duas praias localizadas na área central da metrópole soteropolitana: nos belos dias de primavera e verão, os grandes parques parisienses adquirem ares de "praia" para seus usuários. O grande gramado transforma-se em teatro de uma vida privada que se desnuda ao olhar de todos. O espaço público é transmutado em espaço doméstico. O parque urbano (como a praia urbana) é um espaço aberto ao público, acessível a todos, colocado à disposição dos usuários, mas todas essas características não são o bastante para defini-lo como espaço público (Serpa, 2007).

Esses exemplos mostram também que os objetos socioculturais podem originar dois efeitos em termos de apropriação: efeitos de classe (segmentação) e efeitos de massa (transversalidade). Há espaços onde as diferenças individuais são ocultadas, minimizadas pela imposição de um modo de ser dominante. A questão fundamental é saber em quais contextos a segmentação e a transversalidade atuam com mais intensidade, produzindo ou destruindo "identidades" e "estilos de vida".

Os espaços da cultura de massa são "campos transversais", ao mesmo tempo geradores e destruidores de "identidades" e "estilos de vida". Se a cultura de massa e suas subculturas – "do automóvel", "da praia", "do futebol", "dos supermercados e *shopping centers*", "dos condomínios fechados", "dos parques e das áreas verdes" etc. – são tidas como estandardizadas, geralmente descritas como rudimentares, conformistas e alienantes, elas são também, por outro lado, estruturas transversais de organização, originando "efeitos de massa" característicos (Ballion; Amar; Grandjean, 1983). Diferenças de classe e mesmo diferenças individuais podem ser minimizadas ou mesmo ocultadas por estes "modos de ser" dominantes.

São as estruturas de organização transversais que estão na base de um objeto cultural "de massa", fazendo surgir diferentes subculturas: o *fastfood* do posto de gasolina, por exemplo, está longe de ser uma refeição burguesa ou uma refeição popular, os "espaços verdes" das cidades contemporâneas não são mais nem jardins públicos, nem terrenos baldios... Os espaços da "cultura de massa" são, pois, campos transversais, produtores e produtos de "novos" estilos de vida e identidades. No planejamento da cidade contemporânea a questão central deveria ser desconstruir a reiteração da identidade pela imposição da diferença, construindo uma nova dinâmica que não partisse das diferenças de classe, reinstalando a divisão (Ballion; Amar; Grandjean, 1983).

Mas, o que de fato prevalece nos espaços públicos, sejam eles parques ou praias, em Salvador ou Paris, são os efeitos de segmentação em detrimento dos efeitos de transversalidade, constituindo territórios justapostos que caracterizam uma incipiente ou mesmo inexistente interação entre os diferentes grupos/classes/frações de classe, evitando-se, quase como uma regra, o contato com o "outro", com o diferente. A segmentação/segregação pode se dar em termos temporais (apropriação diferenciada do espaço de acordo com uma lógica temporal), em termos espaciais (justaposição de territórios no espaço público de modo sincrônico/simultâneo) ou ainda, simultaneamente, em termos temporais e espaciais. A transversalidade, por outro lado, se impõe sob a forma de estilos de vida e comportamentos normatizados/estandardizados, que também impossibilitam as interações espaciais e a manifestação da diferença nos espaços públicos da cidade contemporânea.

UM ESPAÇO DE USO COLETIVO, MAS NÃO COMPARTILHADO

A coespacialidade é uma noção geográfica que pertence, segundo Lévy e Lussault (2003), à família das noções que exprimem "relações entre espaços" – interespacialidades. A segregação, nos termos como colocado neste capítulo, exprime, por outro lado, uma fraca ou ausente coespacialidade, já que a existência de coespacialidades efetivas "não é a consequência automática de um simples controle da localização e da transposição (espacial) de realidades materiais" (Lévy; Lussault, 2003: 214).

De fato, mesmo em um mundo globalizado, no qual tudo parece interagir cada vez mais com tudo, de modo mais ou menos direto,

> a não interação dos múltiplos agentes que intervêm em um espaço aparentemente comum, mas não compartilhado realmente, é moeda corrente, em razão das desigualdades sociais, das barreiras culturais ou das separações de ordem funcional e isso em todas as escalas, do local ao mundial. (Lévy; Lussault, 2003: 214)

As barreiras culturais e econômicas resultam de uma dialética entre capital cultural e econômico que vai condicionar processos de segmentação/segregação no espaço público da cidade contemporânea revelando "identidades" baseadas nos modos de consumo do/no espaço: "identidades" em geral esvaziadas de qualquer sentido de política, que vão, por outro lado, colocar em evidência também uma segregação de cunho material e imaterial/simbólico, ocultada pela ilusão de um espaço comum e acessível – em pé de igualdade – a todos.

A segregação no espaço público da cidade contemporânea vai revelar finalmente, segundo Baudrillard (1995), um período histórico de "mobilização consumatória", período no qual é possível se observar que as necessidades não são mais articuladas em função dos desejos ou das exigências particulares dos indivíduos e grupos (classes e frações de classe), mas encontram sua coerência em um "sistema generalizado que é para o desejo aquilo que o sistema do valor de troca é para o trabalho concreto: fonte de valor" (Baudrillard, 1995: 135). Despolitizado e segregado, o que chamamos hoje de espaço público é, em última instância, também objeto de consumo e expressão de modismos, espaço do lazer e da diversão de indivíduos, grupos/classes e frações de classe que dele se apropriam de modo territorializado e segregacionista.

Ao final deste capítulo pode-se sintetizar os conteúdos aqui atribuídos ao conceito de segregação, operacionalizado a partir da observação de práticas de apropriação socioespacial no espaço público da cidade contemporânea: valorização, apropriação espacial (seletiva e diferencial), territorialização, segmentação e separação. Ressalve-se que esses conteúdos estão inter-relacionados nos processos e práticas espaciais aqui analisados e explicitados, revelando, por outro lado, o esvaziamento da dimensão política do espaço público da cidade contemporânea, que se expressa, sobretudo, através da justaposição de territórios, nem sempre em conflito, mas separados por táticas exclusivistas de apropriação socioespacial que tornam nula ou quase nula a interação entre eles.

As práticas e processos espaciais analisados neste capítulo fazem pensar também que o espaço público da cidade contemporânea é revelador da segregação e das representações segregacionistas subjacentes à produção do espaço urbano na contemporaneidade, produção esta permeada por relações de propriedade que se traduzem em uma dialética entre capital econômico e cultural, ampliando, inclusive, a ideia de "propriedade" para além da posse de bens imóveis (objetos ou mercadorias), abarcando também o domínio de um repertório "cultural", espaço e cultura vistos aqui como mercadorias e objetos de consumo hierárquico para os diferentes grupos, classes e frações de classe.

O espaço público é também revelador do que é hoje a cidade contemporânea: cidade do consumo, do lazer e da cultura de massa, que nega a possibilidade da cidade como reunião e encontro de diferentes, nos termos como colocado por Lefebvre (1991). O espaço público revela, em última instância, as profundas desigualdades existentes na cidade contemporânea, evidenciando, finalmente, que a reunião e a simultaneidade só se manifestam na desigualdade, explicitando a desigualdade entre os diferentes grupos, classes e frações de classe.[8] Ou seja: a dialética entre o público e o privado e a segregação só podem ser pensadas em articulação com a busca de uma compreensão do que são a cidade e a produção do espaço urbano na contemporaneidade.

Restam, ao final, ainda duas questões a serem respondidas. A primeira refere-se ao perigo de idealizar o passado ao discutir as transformações relativas às relações público-privado na cidade contemporânea. Respondo fazendo minhas as palavras de Sennet, que reconhece o saudosismo como um sentimento perigoso, fazendo a ressalva, no entanto, que não compôs em sua análise um quadro do surgimento e do declínio da cultura pública secular "a fim de suscitar saudosismo, e sim para criar uma perspectiva a respeito das crenças, das aspirações e dos mitos da vida moderna" (Sennet, 1998: 317). Como Sennet, acredita-se aqui que "o final de uma crença na vida pública não é uma ruptura com a cultura burguesa do século XIX, e sim uma escalada de seus termos" (Sennet, 1998: 321). Ou seja: as sementes desse comunitarismo territorializado no espaço público da cidade contemporânea, dessa fantasia de ser "uma comunidade compartilhando de uma personalidade coletiva", também "foram plantadas nos termos da cultura do século XIX" (Sennet, 1998: 321).

Esses processos culminaram na não realização da esfera pública no espaço público da cidade contemporânea, esvaziando de sentido político os processos de apropriação socioespacial dos espaços públicos urbanos, a ponto de colocar em xeque a noção mesma de espaço público. Mas se não são espaços públicos, o que são, afinal? Espaços de uso comum, espaços de uso coletivo (mas não compartilhado)? Talvez, mas aqui o mais importante é pensar, com Lefebvre (1999), que o urbano e a cidade hoje revelam a fase crítica do "industrial", da lógica da "cidade industrial", que aparecem como hierarquias reforçadas "por uma refinada exploração" (1999: 50), momento que a "implosão-explosão produz todas as suas consequências" (1999: 26) – processos aguçados de segregação, hierarquização, refuncionalização, homogeneização e fragmentação[9] que impedem a expressão política dos conflitos e dos desejos no espaço público da cidade contemporânea, impossibilitando a emergência de uma cidade e de um tempo novos: o aparecimento e a consolidação de espaços-tempos da fruição e do encontro. Sem dúvida, uma utopia, cuja realização implicaria o fim de todas as separações do período atual, muitas vezes ocultas por ilusões explícitas de objetividade e subjetividade.

NOTAS

1 Estas e outras referências citadas ao longo do capítulo foram traduzidas do original em francês para o português pelo próprio autor.

2 Devido à padronização adotada neste livro, e de acordo com as novas regras ortográficas, "socioespacial" aparece aqui também neste capítulo grafado sem hífen, mas, no texto original, "sócio-espacial", com hífen, concerne de modo simultâneo e em um contexto de totalidade social, tanto as relações sociais como espaciais em articulação dialética.

3 Embora a segregação seja sempre de cunho simbólico, os processos analisados aqui revelam momentos espaço-temporais nos quais o simbólico prevalece sobre os aspectos mais "materiais" das práticas espaciais. E o espaço público da cidade contemporânea é, a meu ver, o lugar por excelência da manifestação dos aspectos simbólicos da segregação, se sobrepondo muitas vezes a seus aspectos mais "materiais" ou deixando-os em segundo plano.

4 Lembre-se que a "justaposição" é definida por Vasconcelos, em texto que compõe este livro, como "proximidade espacial com uma enorme distância social".

5 Política aqui pensada, sobretudo, como dimensão constitutiva da vida, do plano do vivido.

6 O conceito de território pode estar se tornando, como o conceito de região no passado, um conceito-obstáculo para a Geografia, ao ser apropriado também pelas estratégias do Estado enquanto política, já que não se fala mais atualmente de "política regional", mas de "política territorial".

7 Gomes (2002) aponta também para um senso de exclusividade e compartimentação social cada vez mais agudo entre os frequentadores das praias do Rio de Janeiro. O autor vê no estabelecimento de horários estratégicos para evitar determinados encontros, ou na adoção de linguagens comportamentais e de acessórios específicos para estabelecer diferenças, expressões desse senso de exclusividade, da "recusa de conviver sobre o mesmo espaço [...]. Tomando a praia de Ipanema em um Domingo como exemplo, podemos distinguir com certa facilidade a presença e o agenciamento territorial de cada grupo, mais ou menos estável, dos frequentadores da praia. No Arpoador, nos fins de semana, predominam as pessoas que provêm da Zona Norte, sobretudo das áreas servidas pelos ônibus que fazem o ponto final no Posto Seis, de Copacabana, em frente ao parque que dá acesso direto à praia do Arpoador. Há também pessoas que são residentes nas favelas do Pavão e do Pavãozinho que frequentam essa área ou suas imediações" (Gomes, *op. cit.*, p. 223-224).

8 Devo a finalização dessa formulação específica a Ana Fani Alessandri Carlos, como resultado das discussões do texto original de trabalho apresentado na reunião do Grupo de Estudos Urbanos, realizada em novembro de 2012 no prédio da reitoria da Unesp em São Paulo.

9 Alguns dos processos espaciais descritos aqui nos fazem refletir sobre a complexificação (bem como a abrangência e a diversificação) das formas de segregação que se manifestam no espaço público da cidade contemporânea, gerando "segmentações de outras ordens que incluem todas as esferas da vida urbana", como afirma Sposito em capítulo que compõe este livro, levando a pensar, em conformidade com a autora, na possibilidade de "trabalhar na direção da adoção muito mais adequada da ideia de fragmentação socioespacial, o que inclui a segregação, mas vai além dela".

BIBLIOGRAFIA

ALMEIDA, Maria Geralda de. Fronteiras sociais e identidades no território do complexo da usina hidrelétrica da Serra da Mesa-Brasil. In: BARTHE-DELOISY, Francine; SERPA, Angelo (orgs.). *Visões do Brasil*: estudos culturais em geografia. Salvador: EDUFBA, 2012. pp. 145-66.

ARENDT, Hannah. *A condição humana*. 10. ed. Rio de Janeiro: Forense Universitária, 2000. 352 p.

_____. *Entre o passado e o futuro*. 5. ed. São Paulo: Editora Perspectiva, 2002. 348 p. (Coleção Debates/Política)

BALLION, Robert; AMAR, Laure; GRANDJEAN, Alain. *Le Parc de la Villette:* un espace public à inventer. Paris: Laboratoire d'Économétrie de l'École Polytechnique/CNRS, 1983. 299 p.

BAUDRILLARD, Jean. *Para uma crítica da economia política do signo*. Rio de Janeiro: Elfos; Lisboa: Edições 70, 1995. 278 p.

BARTHE, Francine. *Parcs et jardins*: étude de pratiques spatiales urbaines. Paris, 1997. Tese (Doutorado em Geografia) – Instituto de Geografia, Université de Paris IV. 280 f.

BENJAMIN, Walter. *Obras escolhidas I*: magia e técnica, arte e política: ensaios sobre literatura e história da cultura. 7. ed. São Paulo: Editora Brasiliense, 1996.

_____. *Oeuvres* III. Paris: Éditions Gallimard, 2000. 482 p.

BOURDIEU, Pierre. *A distinção*: crítica social do julgamento. São Paulo: Edusp; Porto Alegre: Zouk, 2007. 560 p.

CERTEAU, Michel de. *A invenção do cotidiano*. 2. ed. Petrópolis: Vozes, 1994. 352 p.

GOMES, Paulo César da Costa. *A condição urbana*: ensaios de geopolítica da cidade. Rio de Janeiro: Bertrand Brasil, 2002. 304 p.

HABERMAS, Jürgen. *Mudança estrutural da esfera pública*. Rio de Janeiro: Tempo Brasileiro, 1984. 398 p.

_____. *Consciência moral e agir comunicativo*. Rio de Janeiro: Tempo Brasileiro, 2003. 236 p.

JOSEPH, Isaac. *La ville sans qualités*. La Tour d'Aigues: Éditions de l'Aube, 1998. 212 p.

LEFEBVRE, Henri. *O direito à cidade*. São Paulo: Editora Moraes, 1991. 146 p.

_____. *A revolução urbana*. Belo Horizonte: Editora UFMG, 1999. 178 p.

_____. *La presencia y la ausência:* contribuicion a la teoria de las representaciones. México: Fundo de Cultura Econômica, 2006. 306 p.

LÉVY, Jacques; LUSSAULT, Michel. *Dictionaire de la géographie et de l'espace des societés*. Paris: Belin, 2003. 1034 p.

MERGHOUB, Ahmed. *Le Parc de La Villette est-il facteur d'integration des populations étrangères de proximité?* Paris: Parc et Grand Halle de La Villette, out. 1993. 144 p.

PORTO tem público fiel e diversificado. Jornal *A Tarde*, Região Metropolitana de Salvador, 10/01/1999, p. 10.

PRETECEILLE, Edmond. Ségrégation, classes et politique dans la grande ville. In: BAGNASCO, Arnaldo; LE GALES, Patrick (dirs.). *Villes en Europe*. Paris: La decouverte, 1997, pp. 99-127.

REGO, Hiero Vasconcelos. Praia da Barra continua acolhedora e diversa, apesar da falta de infraestrutura. Jornal *A Tarde*, Região Metropolitana de Salvador, 30/12/2012, p. A4.

SEABRA, Odete. A insurreição do uso. In: MARTINS, José de Souza (org.). *Henri Lefebvre e o retorno à dialética*. São Paulo: Editora HUCITEC, 1996. pp. 71-86.

SENNET, Richard. *O declínio do homem público*: as tiranias da intimidade. 6. reimp. São Paulo: Companhia das Letras, 1998. 448 p.

SERPA, Angelo. Espaço público e acessibilidade: notas para uma abordagem geográfica. São Paulo: *Geousp*, 2004, v. 15, n.15, pp. 21-37.

_____. Parque público: um "álibi verde" no centro de operações recentes de requalificação urbana? Presidente Prudente: *Cidades*, 2005, v. 2, n. 3, p. 111-41.

_____. *O espaço público na cidade contemporânea*. São Paulo: Contexto, 2007. 208p.

_____. Espaço Público no Mundo Contemporâneo: Locus da Pluralidade Humana? In: OLIVEIRA, Márcio Piñon de; COELHO, Maria Célia Nunes; CORRÊA, Aureanice de Mello (org.). *O Brasil, a América Latina e o mundo*: espacialidades contemporâneas. Rio de Janeiro: Editora Lamparina, 2008a, v. 2. p. 405-15.

_____. Leitura e análise de imagens como ferramenta metodológica nos estudos urbanos: um exercício instigante. Salvador: *Cadernos PPG-AU/FAUFBA*, 2008b, v. 7, p. 15-9.

SOUZA, Marcelo Lopes de. "Território" da divergência (e da confusão): em torno das imprecisas fronteiras de um conceito fundamental. In: SAQUET, Marcos Aurélio; SPOSITO, Eliseu Savério (org.). *Territórios e territorialidades*: teorias, processos e conflitos. São Paulo e Presidente Prudente: Expressão Popular, 2009. p. 57-72.

A ABORDAGEM DA SEGREGAÇÃO SOCIOESPACIAL NO ENSINO BÁSICO DE GEOGRAFIA

Glória da Anunciação Alves

O conhecimento geográfico está presente no cotidiano das pessoas em nossa sociedade. Mas que conhecimento é esse? Em geral, o conhecimento tido como geográfico é aquele relacionado com o que foi apresentado/trabalhado no ensino básico[1] que, para muitos, pode ter se encerrado no fundamental II. Há muitos trabalhos que destacam o que se ensina ou tem se ensinado na escola[2] e o que os professores que ministram a disciplina de Geografia entendem por conteúdos geográficos.

Hoje as políticas públicas de ensino, tanto as federais quanto as estaduais, têm indicado temas e conteúdos que devem ser ministrados no ensino básico a partir de documentos oficiais como os PCNs (Parâmetros Curriculares Nacionais), Currículo do Estado de São Paulo, bem como uma variedade de livros didáticos aprovados[3] pelo PNLD (Programa Nacional do Livro Didático) que estão presentes em boa parte das escolas públicas do país. Com isso, os professores são direcionados a trabalhar com determinados conteúdos em detrimento de outros.

No Brasil, e em especial na metrópole paulistana, o processo de reprodução capitalista tem acirrado as diferenciações socioespaciais e o aprofundamento das segregações espaciais. Trata-se de uma questão que faz parte do nosso cotidiano e que tem implicações sociais profundas em nossa sociedade. Buscaremos neste capítulo discutir como a questão da segregação espacial tem sido trabalhada no ensino de Geografia a partir, fundamentalmente, da análise dos conteúdos presentes em alguns livros de Geografia aprovados no PNLD e no material produzido pela Secretaria de Educação do Estado de São Paulo, presentes nas escolas públicas estaduais de São Paulo.

Vale destacar que o PNLD é um programa do governo federal que tem por objetivo subsidiar o trabalho pedagógico dos professores nas escolas públicas, garantindo a distribuição gratuita de livros didáticos aos alunos dessas escolas que participam do referido programa. A escolha dos livros se dá, em todas as disciplinas, por meio de um conjunto de obras didáticas que foram avaliadas, aprovadas e que podem ser compradas e distribuídas pelo governo federal por meio desse programa.

Dentre os materiais aprovados para o ensino básico pelo PNLD, tomamos como material de análise dois livros do ensino fundamental II, um aprovado no PNLD 2008 – *Trilhas da Geografia*[4] – e outro do PNLD 2010 – Projeto Araribá[5] – mas que também havia sido aprovado no PNLD de 2008 –, ambos muito usados nas escolas públicas e três livros do ensino médio aprovados no PNLD 2012: *Geografia: o mundo em transformação*[6] (J. W. Vesentini); *Geografia sociedade e cotidiano*[7] (Dada Martins, F. Bigotto e M. Vitiello) e *Projeto Eco. Geografia*.[8] Todos esses livros didáticos além de serem utilizados nas escolas públicas também se encontram à venda nas livrarias do país, sendo empregados em muitas escolas da rede privada de ensino básico.[9] Vale ressaltar que todos os materiais foram elaborados por profissionais ligados à área, muitos deles mestres ou doutores em Geografia, ou seja, capacitados para promover um debate geográfico, mesmo em um livro didático, que superaria o senso comum, já que possibilitaria a aproximação entre os atuais debates teórico-metodológicos com o ensino da ciência geográfica.

Deve-se ressaltar as diferenças no processo de análise dos materiais no PNLD 2008 e o PNLD 2011. Em 2008 as obras aprovadas foram avaliadas pelos critérios de organização dos conteúdos, a metodologia de ensino aprendizagem, desenvolvimento de atividades, manual do professor e projeto gráfico, além de se levar em conta os enfoques temáticos. Para cada um desses itens era atribuída a indicação de inovador, adequado ou regular. Já o PNLD de 2011 teve como ênfase a metodologia de aprendizagem, destacando para a análise elementos como aprendizagem psicogenética, espaço vivido, mobilização do aluno, orientação do PCN, perspectiva crítica, sociointeracionismo e leitura e uso de mapas, sendo que a cada um dos itens destacava se se tratava de enfoque complementar ou básico. Como no PNLD anterior a análise foi feita a partir de enfoques temáticos.

No PNLD de 2008 o livro do Projeto Araribá Geografia foi avaliado como regular quanto à organização dos conteúdos e adequado quanto à metodologia de ensino-aprendizagem, desenvolvimento de atividades, manual do professor e projeto gráfico. O livro *Trilha da Geografia*, no mesmo PNLD, foi avaliado como inovador quanto à organização dos conteúdos e manual do professor e adequado em relação ao desenvolvimento de atividades e projeto gráfico. Já no PNLD de 2011, segundo a avaliação, o Projeto Araribá Geografia tem enfoque complementar nos itens espaço vivido e uso e leitura de mapas, básico no item sociointeracionismo, e nenhum registro quanto aos demais itens. Destaca-se aqui que nem mesmo os PCNs foram levados em consideração para sua elaboração. Já o livro *Trilhas da Geografia* não constou entre os livros avaliados[10] e recomendados.

Quanto ao PNLD de 2012, voltado à análise dos materiais do ensino médio, as obras foram avaliadas quanto aos itens abaixo discriminados, aos quais, para cada um, foi atribuída a menção de muito bom, suficiente ou fraco. No caso das coleções analisadas, temos respectivamente as seguintes avaliações indicadas no quadro a seguir:

Proposta pedagógica	**Geografia: o mundo em transformação**	**Geografia sociedade e cotidiano**	**Projeto Eco. Geografia**
Coerência e Adequação metodológica	Muito bom	Muito bom	Suficiente
Articulação pedagógica e progressão do ensino-aprendizagem entre os volumes	Muito bom	Muito bom	Fraco
Desenvolvimento de capacidades e habilidades e do pensamento crítico do aluno	Suficiente	Muito bom	Fraco
Diferentes gêneros textuais e adequação da linguagem	Muito bom	Muito bom	Suficiente
Representação cartográfica e adequação e exploração de ilustrações	Muito bom	Suficiente	Suficiente
Respeito à diversidade	Suficiente	Suficiente	Fraco
Valorização do gênero e não violência	Suficiente	Suficiente	Suficiente
Valorização de afrodescendentes e de indígenas	Suficiente	Suficiente	Fraco

Fonte: Elaborado a partir de PNLD 2012: 14.

Além desses materiais, pela especificidade encontrada no estado de São Paulo, também tomaremos para a discussão o material produzido e distribuído pela Secretaria de Educação do Estado de São Paulo que, como não se trata de material a ser comprado com verba do PNLD, não faz parte desse processo avaliativo.

A ANÁLISE DOS MATERIAIS

Os livros do PNLD

Nos livros do ensino fundamental II analisados não aparece a ideia de segregação. O que temos são representações de espaços diferenciados, a partir de imagens apresentadas ao longo das obras, que são representações de paisagens, as quais, de um lado, mostram áreas bem urbanizadas, casas de alto padrão e, de outro, áreas caracterizadas pela pobreza, falta de infraestrutura, casas em morros, além de áreas de alto risco, casebres no sertão brasileiro ou ainda em palafitas. Ainda que as imagens possam ser semelhantes, nos livros se diferenciam as formas como estas se articulam com os textos que as acompanham.

Ressalta-se a importância dada às imagens nos livros didáticos. Para os alunos, as imagens se apresentam como o real, a verdade, e não uma representação da realidade. Para eles, e boa parte da população, as imagens valem mais do que mil palavras, isto é, fica-se na superficialidade do fenômeno, na instantaneidade do que é visualizado. Em geral não se questiona quais os processos que levam à materialização das paisagens representadas nas fotos. Questionar a intencionalidade dessas imagens então fica ainda mais fora de questão, como discutiremos a seguir.

A obra do projeto Araribá, no 6º ano (antiga 5ª série), logo na Unidade 1, ao falar das transformações da paisagem pelo trabalho humano, mostra que há diferentes funções dadas pela divisão de trabalho na sociedade, o que implica diferentes rendimentos; logo algumas pessoas são mais bem remuneradas que outras, e essas diferenças são um dos motivos das diferentes paisagens na cidade e no campo. Nesse livro, e em especial nessa unidade, o que mostra a maior parte das imagens apresentadas?

A análise das imagens revela imediatamente contrastes que apontam para as diferenças socioespaciais. Mas a explicação de por que ocorrem se limita, no texto, a mostrar que devido à divisão do trabalho umas pessoas são mais bem remuneradas que outras. É claro que há a mediação do professor, que pode problematizar as questões, temos também a realidade cotidiana dos próprios alunos, que podem, em tese, também pôr em xeque o modo como esses conteúdos são apresentados no material, mas corre-se o risco de, nas entrelinhas, passar a ideia de culpabilidade da população de baixa renda que aparece representada nas imagens.

Se a diferença de rendas, segundo o texto, é dada pela função que a pessoa ocupa na sociedade e se isso está ligado a sua capacidade, esforço e conquista pelo trabalho, não ser capacitado, não ter estudado ou completado os estudos de modo a auferir maiores rendas passa a ser uma questão do indivíduo, incapacidade individual; por isso, as diferenças de rendimentos são naturalmente explicáveis, bem como a existência de ricos e pobres na sociedade; mas a situação pode ainda ficar pior.

Na página 14 há uma fotografia, datada de 2005, de construções humanas na Serra da Cantareira, na cidade de São Paulo. Descrevendo essa imagem temos: uma área fronteiriça entre parte da Mata Atlântica na Serra da Cantareira e uma área de ocupação que mostra ser de casas de pessoas de baixa renda (os indícios disso são o tamanho das casas, a falta de reboco e acabamento em boa parte delas, bem como ao sul da foto há construções no limite com a Mata, o que poderia indicar uma ocupação chamada de irregular pela municipalidade). No texto, ao falar das paisagens transformadas, encontramos a seguinte frase: "A transformação de uma paisagem natural pelos seres humanos pode provocar sérios danos ao meio ambiente" (cap. 1, p. 14). Dentre as possibilidades de imagens para ilustrar essa ideia, a escolhida foi a que descrevemos anteriormente, o que pode levar, na compreensão dos alunos, a um reforço do que já aparece no senso comum: de que é a população de baixa renda, por meio da ocupação irregular, que vem destruindo a natureza. Assim se criminaliza essa população pela destruição da natureza e por todos os problemas ambientais (poluição, assoreamento, deslizamento de terras etc.) advindos de uma ocupação irregular em áreas protegidas como as de mananciais, sem se questionar os motivos que levam as pessoas a terem que ocupar essas áreas para a moradia e reprodução da vida.

Essa ideia se repete em outros trechos desse livro, ao se debater a questão ambiental, agora pelo viés da produção no campo. A imagem da página 137 mostra um trabalhador rural, em Sumaré (SP), lançando pesticida na plantação de tomates. Ainda que a produção seja social e que existam várias imagens que poderiam também caracterizar essa situação de poluição e contaminação dos cursos de água devido à produção agrícola, como imagens da produção agroindustrial da soja ou cana, por exemplo, as que em geral são reproduzidas e que nesse caso foi escolhida é uma que realça a população de baixa renda no campo (no caso um trabalhador rural lançando pesticidas na produção que fazia, no caso uma produção de tomates).

Essa tendência de pôr a culpa dos problemas nas populações de baixa renda no campo e na cidade é recorrente. No livro de 7º ano (6ª série) no capítulo denominado *Brasil: regiões e políticas regionais*, ao apresentar os complexos regionais, e dentre elas a Amazônia, destaca-se que um dos problemas existentes hoje é o desmatamento e como ideias que visam promover atividades econômicas que não agridam o ambiente vêm tomando força. Entretanto a imagem escolhida para ilustrar a situação só pode ser entendida a partir de sua legenda que indica tratar-se de uma unidade de manejo em que se poderia ter uma atividade econômica planejada, controlada, que não agrediria o meio ambiente e preservaria parte da floresta, mas, como não se consegue controlar a ocupação da área, várias famílias da região acabaram por desmatar para poder sobreviver. Quando tentamos ler com uma lupa a imagem apresentada, que está numa escala que não permite detalhes, verificamos que existem pesados caminhões e que parece mais se tratar de uma área de uma madeireira, e não de uma área em que existe atividade familiar.

Já no livro *Trilhas geográficas*, mesmo usando da mesma estratégia de contraste de imagens, de explicação das diferenças de rendas a partir da divisão do trabalho, há um avanço no debate com a proposta de exercícios que buscavam articular a noção de produção do espaço e sua apropriação diferenciada a partir do exercício da análise da música "Cidadão".[11]

É no oitavo ano que o livro trilhas geográficas mais se diferencia do outro livro em relação à abordagem. Mesmo não trabalhando com o conceito de diferenciação e nem segregação socioespacial, traz para o debate, a partir de trechos extraídos do livro de Milton Santos, *O espaço do cidadão*, a discussão sobre a separação espacial em outra escala (migração internacional) a partir de reforço de fronteiras (muro México/EUA), o IDH, o papel do terceiro setor (ONGs) e os que indicam como excluídos da globalização, dando exemplos dos fatos ocorridos em Clichy-sous-Bois (França, 2005), bem como das ações públicas, como a do governo Lula, com o programa contra a fome e a exclusão.

Mesmo avançando na abordagem em relação ao outro livro não chega a discutir o papel do Estado e das empresas que, apesar das suas diferenças e seus conflitos, se articulam para a manutenção da reprodução capitalista que traz em seu âmago a segregação socioespacial (Lefebvre, 2010 [1968]). Quando muito, apresenta a incapacidade do Estado de conseguir garantir bens a todos, mas vinculando a ideia de que a migração de grande número de pessoas e a falta de qualificação, aliados ao não planejamento adequado, seriam os principais motivos de tanta desigualdade na cidade.

Essas diferenciações socioespaciais apresentadas, a nosso ver, fazem parte de um processo de segregação socioespacial, embora nesses materiais nem se faça alusão a isso. Mas o que vem a ser a segregação socioespacial? A segregação socioespacial, mesmo que nos materiais didáticos jamais se utilize essa expressão, é mais que apartamento e separação, termos que predominantemente aparecem neles. É também associada a estas a privação ou a dificuldade de mobilidade física pela cidade que muitas vezes resulta em imobilidade social, impossibilidade de acesso a bens e serviços sociais, bem como à empregabilidade, diante do fato de que o planejamento estatal associado às ações da iniciativa privada tenta garantir a reprodução do capital, e sua concentração em centralidades que são hierarquizadas no urbano. Deve-se ressaltar que isso não significa que esse processo ocorra apenas nas áreas periféricas, ainda que nelas ele seja mais aparente. O acesso à moradia pela população com menor (ou muitas vezes nenhum) poder de consumo, dado pelo desemprego ou baixíssimos salários, acaba ficando restrito ou às áreas periféricas mais desprovidas de bens sociais (que justamente por isso faz com que o preço do solo urbano seja mais baixo) ou aos cortiços e áreas públicas desvalorizadas. Esse é o entendimento de segregação[12] em que nos pautamos para nossa análise.

É pela compreensão do processo de reprodução capitalista, o qual se baseia não só na desigualdade como no seu aprofundamento, a partir das relações capitalistas de produção, que se pode compreender a segregação socioespacial. Trata-se de uma questão social, e não, como tendencialmente aparece nos materiais didáticos, de um problema individual solucionável pela capacidade, competência, disposição para o trabalho e estudo de cada um em particular.

O que encontramos quando a discussão sobre desigualdades aparece, tanto nos últimos anos do ensino fundamental quanto no ensino médio, é o uso, nesses materiais didáticos, do conceito de exclusão social no lugar do de segregação socioespacial e daí derivamos as implicações dessa escolha.

No livro Araribá do 7º ano (6ª série) aparece a expressão *exclusão social* e o mapa do Atlas da Exclusão Social de Marcio Pochmann e Ricardo Amorim, além de um pequeno trecho que indica em que locais a exclusão se concentraria no Brasil (p. 42-43). Há sempre a constatação de que existem problemas de infraestrutura básica, mas não uma explicação do processo, como se a palavra em si já fosse autoexplicativa.

Já nos livros do ensino médio selecionados existe uma maior discussão sobre a questão das desigualdades sociais, que têm sua materialização no espaço e que podem ser percebidas nas contrastantes paisagens de pobreza e riqueza no Brasil e no mundo, mesmo que não apareça a expressão segregação socioespacial. Embora esse debate exista, há diferenças nas abordagens metodológicas.

No livro 1 do *Projeto Eco*, item "Urbanização e questões socioambientais urbanas", é realizada uma listagem dos problemas existentes (falta de infraestrutura, congestionamentos, violência urbana, ineficiência do poder público, entre outros). Essa listagem se articula com imagens que destacam alguns desses problemas e com textos, como este a seguir:

> Uma urbanização desordenada significa que os municípios não estão preparados para atender às necessidades básicas dos imigrantes. Esse fato ocasiona inúmeros problemas sociais e ambientais, entre os quais está o desemprego, a criminalidade, a falta de moradia, a poluição do ar e da água, entre outros (p. 106).

Esse tipo de sequência expositiva pode levar à simplificação de que todos os problemas são resultado da falta de planejamento e ineficiência do Estado na resolução dos mesmos. Assim, como os problemas aparecem como incapacidade do Estado, a saída para a resolução deles está no terceiro setor. A pobreza é constatada e é relacionada com a exclusão social que, nessa obra, é apresentada a partir de vários fatores, dos quais destacam os de ordem macroestruturais (sistema econômico, sistema financeiro mundial, modelos de desenvolvimento, relações econômicas internacionais), mesoestruturais (escala local ou regional), microestruturais – esfera individual e familiar – (que dependem das experiências pessoais, capacidades) e da incapacidade do Estado de definição de políticas de combate à exclusão. Embora explicada genericamente a partir dos fatores elencados acima, a condição de estar na pobreza, ao final do livro, surge com algo que "diminui a capacidade que as pessoas têm de se adaptarem às mudanças do ambiente", já que a resolução dos problemas está na capacidade individual que cada um tem de resolvê-los, ressaltando o papel da ordem microestrutural.

Nos livros *Geografia sociedade e cotidiano* e *Geografia: o mundo em transformação*, como em todos os analisados anteriormente, o papel das imagens continua em destaque, mas há uma preocupação maior com a tentativa de explicação dos motivos que levam às diferenciações na paisagem (ao menos nas representadas por meio de imagens). No livro *Geografia sociedade e cotidiano* tenta-se mostrar que as análises dos fenômenos ambientais hoje, na ciência, podem ser de três tipos: a superação dos problemas ambientais pelo uso da técnica e ciência (racionalidade); pela preservação (intocada pela ação antrópica) da natureza; e pelo entendimento de que a questão ambiental só pode ser entendida quando associada a problemas sociais como a estrutura fundiária. E embora não se explicite as implicações dessas diferentes possibilidades de abordagens, abre-se a possibilidade de o professor fazê-lo.

Em *Geografia: o mundo em transformação* também se elencam os problemas urbanos, indo pouco além do que os outros ao articular, ainda que de modo incipiente, moradia popular, concentração populacional nas áreas periféricas das cidades e regiões metropolitanas, concentração de empregos formais e não formais em áreas centrais e os problemas de transporte urbano. Traz, ainda, textos acadêmicos que ao menos apontam os motivos que levam a população de baixa renda a ir morar em áreas periféricas, muitas vezes em locais onde por lei não poderiam morar (áreas de mananciais, por exemplo).

Os materiais didáticos produzidos pelo Estado

O material produzido pela Secretaria de Educação do Estado de São Paulo[13] segue o mesmo princípio existente nos PCNs, que são referências fundamentais para a elaboração e publicação de materiais didáticos no Brasil. No discurso, as políticas públicas educacionais visam à melhoria do ensino no Brasil, mas em vários trabalhos[14] encontramos o debate sobre a lógica que funda essas políticas, que vêm se desenvolvendo com maior ênfase no Brasil desde os anos 90 do século XX (Pochman; Amorim, 2003), visando à formação de mão de obra para o atual momento produtivo pautado na flexibilização da produção das mercadorias e das relações de trabalho.

Nesse material, distribuído desde 2008 em todas as escolas da rede estadual, encontramos no segundo ano do ensino médio, no caderno do terceiro bimestre, depois do item sobre o trabalho e o mercado de trabalho, a situação de aprendizagem intitulada *A segregação socioespacial e a exclusão social*, em que são apresentados dois mapas do Atlas da Exclusão Social.[15] Como nos cadernos dos alunos só há exercícios, pressupõe-se que o professor tenha materiais outros (impressos ou passados na lousa) ou ainda exponha oralmente a diferença entre pobreza e exclusão social, que é solicitado em um exercício. A questão da segregação espacial é posta em um exercício que consiste na análise de uma charge de Angeli[16]. Mas o que essa charge pode representar?

Nessa charge temos a apresentação de personagens em situação de miséria, provavelmente em uma periferia clássica,[17] vendo o *outdoor* de um condomínio de luxo e ao fundo a cidade, com um mar de edifícios. Como só há exercícios nesse material, recorremos ao caderno do professor para entender como essa discussão foi posta. Nesse material há um roteiro de como as aulas deveriam ocorrer, sugestão de leituras, mas nenhum texto ou explicitação dos conceitos trabalhados. Embora seja o único material que coloca como conteúdo específico a segregação socioespacial, ele segue a mesma lógica apresentada nos livros didáticos, enfatizando a exclusão social, sem explicar processos, tendo como diferença o fato de que o aluno não tem nenhum texto de apoio (no caso de o professor se pautar apenas no material distribuído pelo Estado, ou seja, o caderno do aluno e o caderno do professor).

Esse material tem recebido inúmeras críticas, mas a principal é que ele parece uma versão malfeita[18] dos sistemas apostilados[19] existentes no mercado, muito utilizados nas escolas das redes privadas, que tendem a normatizar e retirar a autonomia do professor no exercício de seu trabalho.

Vale lembrar que embora haja uma tendência à perda da autonomia, existem resistências. Há professores que fazem adequações à situação, subvertendo, na medida do possível, essa tendência[20]. Realizam projetos, trabalhos de campo e articulam sua proposta de trabalho de modo interdisciplinar, em uma tentativa de conseguir realizar seu trabalho com uma maior participação dos alunos, resistindo (muitas vezes sem consciência disso) às normatizações (ou do livro didático ou dos materiais do Estado paulista). Vejamos o relato abaixo:

> Depois do trabalho de campo realizado, aprendi muitas coisas e hoje defendo o MST e os movimentos sociais. Aprendi que tem gente mais excluída que nós.

Assim terminava a fala de uma aluna do sexto ano da EMEF Marili Dias, localizada no Morro Doce, Anhanguera, próximo ao Pico do Jaraguá em São Paulo, durante a IX Semana de Geografia.[21]

Ao longo de toda a exposição do trabalho realizado nessa escola,[22] a ideia de exclusão[23] social fora colocada, embora a nosso ver se falasse da segregação socioespacial, mesmo sem conceituá-la. Eles lidavam com as questões apresentadas descrevendo, tanto no vídeo produzido por eles como nas falas, a ideia de uma separação social e espacial a partir de aspectos ligados ao poder aquisitivo das pessoas da localidade e da estratégia deliberada do Estado de privilegiar, no caso estudado, com tecnologia e equipamentos algumas áreas da cidade em detrimento de outras, privando os moradores dessas áreas do direito à cidade. Ao longo da apresentação, essa separação, que priva os moradores do acesso às riquezas socialmente produzidas, pode ser verificada sob vários aspectos, que Lefebvre denomina de "*espontâneo* (proveniente das rendas e das ideologias) – *voluntário* (estabelecendo espaços separados) – *programado* (sob o pretexto de arrumação e de plano)" (Lefebvre, 2010 [1968]: 97).

A partir da atividade realizada no projeto, os alunos verbalizaram que esse processo (que eles denominaram de exclusão) se manifesta diferencialmente no espaço. Eles, que se percebiam excluídos principalmente pela dificuldade de acesso às novas tecnologias, verificaram que essa separação, e não acesso à urbanização, se dá de modo diverso no espaço: era mais forte, por exemplo, nos espaços indígenas (no caso na aldeia guarani *Tekoa Pyau*, nas proximidades do Pico do Jaraguá). Além disso, graças ao trabalho de campo, puderam saber que há grupos sociais que lutam contra esse processo, como a Comuna da Terra Irmã Alberta (visitada no trabalho de campo), ligada ao MST (Movimento dos Sem-Terra).

Ainda que a noção de segregação socioespacial seja, ao menos na análise realizada nos materiais didáticos, indiretamente debatida nas aulas de Geografia, ela é compreendida no cotidiano das pessoas que têm consciência dela a partir da percepção das diferenciações socioespaciais[24] presentes na cidade de São Paulo.

Há a consciência, por parte deles, de que se vive na periferia, esta ainda entendida como o local onde há falta de acesso a boa parte da riqueza produzida socialmente, materializada nos lugares públicos como praças, áreas de lazer e cultura, escolas e hospitais de qualidade, acessibilidade aos meios de transporte. Para quem vive na zona leste de São Paulo já faz parte do cotidiano a piada, proferida pelos próprios moradores, de que se vive na zona *lost*.[25] É como se o Estado tivesse esquecido essa região da cidade, bem como das outras áreas periféricas da zona sul e norte da cidade, onde boa parte de sua população continuamente está privada das riquezas produzidas. Essa privação tende a imobiliza-las socialmente, fazendo com que permaneçam na mesma posição social na melhor das hipóteses, pois esse não acesso aos bens sociais produzidos (boas escolas, atendimento médico de qualidade, existência e boa qualidade de meios de circulação pública, acesso aos bens de cultura, entre outros) associado ao aumento do preço do solo urbano nas localidades quando da chegada de algum equipamento público, pode levar a que essas pessoas sequer ai possam permanecer, exigindo sua mudança[26] para áreas ainda mais precárias, reforçando a segregação social existente. Assim, embora não presente nos materiais didáticos, a segregação socioespacial faz parte da vida cotidiana de parcela significativa da população em nossa sociedade.

Mas por que esse tema é tão pouco tratado nos materiais didáticos? Será que essa temática não estaria posta nos documentos que orientam a política educacional no Brasil?

Ao verificar os PCNs de Geografia do ensino fundamental II, essa temática aparece no eixo intitulado *A Geografia como uma possibilidade de leitura e compreensão do mundo*, vinculada à discussão sobre a conquista do lugar/conquista da cidadania, fundada nos pressupostos fenomenológicos. Nesse documento propõe-se, como item para desenvolvimento da cidadania, o tema "a segregação socioeconômica e cultural como fator de exclusão social e estímulo à criminalidade nas cidades" (BRASIL, PCNs Geografia, 1998:60), mas como indicado no tema, pode-se chegar a uma das consequências possíveis desse processo (estímulo à criminalidade[27] nas cidades) sem o explicá-lo. Os Parâmetros aparecem como uma orientação, mas fica a cargo dos autores/editoras, a seleção sobre os temas e conteúdos que são privilegiados nas obras/materiais didáticos produzidos.

CONSIDERAÇÕES FINAIS

Os livros didáticos ainda são os materiais mais difundidos e usados como referenciais para planejamento e elaboração de aulas em todas as disciplinas, inclusive na de Geografia. Apesar de representarem uma mercadoria[28] e fazerem parte da indústria do livro, não se pode negar que graças ao PNLD muitos alunos em todo o Brasil têm hoje acesso a algum livro didático que, em alguns casos, são o único que possuem.

Mesmo passando, no caso desse programa, por avaliações criteriosas de especialistas, o que é selecionado para ser trabalhado e construído no processo de ensino/aprendizagem com os alunos a partir dos livros didáticos ainda cabe aos autores e/ou editoras a partir de referenciais apresentados nos PCNs.

A questão da segregação socioespacial faz parte da vida cotidiana em nossa sociedade e atinge de modo intrínseco uma parcela significativa da população brasileira. Ainda assim, essa temática não faz parte do rol de questões a serem trabalhadas e discutidas na formação do aluno – ao menos é o que demonstra a análise dos materiais estudados. Quando muito, são apresentadas as diferenciações socioespaciais, que não são necessariamente formas de segregação socioespacial, embora a maior parte das situações aqui analisadas possa ser considerada expressão da segregação socioespacial.

Principalmente no ensino fundamental II, nas diferenciações espaciais que apareceram, há o predomínio de uma abordagem analítica que as naturaliza ao privilegiar a capacidade do indivíduo em sua inserção social, e não o processo de reprodução capitalista que tem por fundamento a desigualdade socioespacial cada vez mais acirrada e aprofundada. Nesse sentido, os materiais didáticos, ao invés de trazerem para o ensino o debate sobre os processos que levam à segregação socioespacial, continuam reforçando o pensamento neoliberal que está presente no cotidiano de nossa sociedade.

NOTAS

1 Ensino básico é compreendido pelo ensino fundamental I (1° ao 5° ano), fundamental II (6° ao 9° ano) e ensino médio (1° a 3° ano). De acordo com os dados do IBGE, em 2010, no ensino fundamental II foram matriculados 14,8 milhões de alunos e no ensino médio foram 8.357.675. Cerca de 85% de todas as matrículas ocorrem na rede pública. Disponível em: <http://www.brasil.gov.br/sobre/o-brasil/o-brasil-em-numeros-1/educacao/print>.

2 Do livro *Conhecimentos escolares e caminhos metodológicos*, organizado por S. Castellar e G. Munhoz, citamos autores como L. F. R. Lestegás, M. A. C. Couto, N. A. Kaercher, L. Callai, S. Castellar, J. Moraes, A. Rodrigez, N. Lache, E. Santana, A. Arroio. Há também diversas dissertações e teses sobre o assunto.

3 Dentre os critérios principais para a não aprovação de um livro didático no PNLD estão: erros conceituais (ideias incompletas ou errôneas e lacunas que não permitam a compreensão das relações entre sociedade e natureza e a construção histórica do espaço geográfico, bem como a apresentação de dados incorretos geográficos em mapas, gráficos e tabelas); ideias preconceituosas, tanto de origem, condição econômico-social, étnica, de gênero, religião, idade, orientação sexual ou outras formas de discriminação ou doutrinação religiosa, tanto nos textos como nas ilustrações, tais como fotos, mapas, tabelas, quadros ou outros tipos de ilustrações necessárias para a compreensão dos conteúdos geográficos; a apresentação de discussão de diferenças políticas, econômicas, sociais e culturais de povos e países, sem discriminar ou tratar negativamente os que não seguem o padrão hegemônico de conduta da Sociedade Ocidental, evitando visões distorcidas da realidade e a veiculação de ideologias antropocêntricas, políticas ou ambas; a presença de marcas, símbolos ou outros identificadores de corporações ou empresas, a não ser quando se mostrarem com a necessária diversificação para explicar o processo espacial, ideias/imagens que levem a preconceito; se o material for consumível (cf. Edital do PNLD).

4 Moreira, J. C e Sene, E. de. *Trilhas da geografia*. O professor João Carlos Moreira é bacharel em geografia pela USP, mestre em Geografia pelo Programa de Pós-graduação em Geografia Humana da USP. O professor Eustáquio de Senne é bacharel e licenciado em geografia pela USP, mestre e doutor em Geografia pela mesma instituição e atualmente professor da Faculdade de Educação da USP.

[5] MODERNA. *GEOGRAFIA, Projeto Araribá*. Este livro, produzido e distribuído pela editora Moderna, já faz parte de uma nova estratégia editorial que começa a ser seguida por várias editoras que é a de construção de obra não autoral. No projeto Araribá (desenvolvido para todas as disciplinas do ensino fundamental), a editora contrata profissionais para fazerem a obra, mas formalmente não há pagamentos de direitos autorais aos que prestaram um serviço. De acordo com as informações trazidas nos livros, os originais foram elaborados por José Gonçalves Junior (bacharel em Geografia pela USP), Wagner Nicaretta (graduando do curso de Geografia da USP) e Ana Paula Ribeiro (licenciada em Estudos Sociais pela Universidade Paulista).

[6] VESENTINI, JOSE W. *Geografia: o mundo em transformação*. O professor José W. Vesentini é bacharel, licenciado, mestre e doutor em Geografia pela USP. Atualmente é professor aposentado do Departamento de Geografia da FFLCH-USP.

[7] MARTINS, Dada, BIGOTTO, F. VITIELLO, M. *Geografia sociedade e cotidiano*. A professora Maria Adailza Martins de Albuquerque (Dada Martins) é bacharel em Geografia pela Universidade Federal do Ceará, Mestre em Geografia pela FFLCH-USP, Doutora pela Faculdade de Educação USP, atualmente é professora adjunta do Centro de Educação da Universidade Federal da Paraíba. O professor José Francisco Bigotto é bacharel e licenciado pela USP e o professor Márcio Abondanza Vitiello é bacharel, licenciado em ter em Geografia pela USP.

[8] GUERINO, Luiza Angélica. *Projeto Eco. Geografia*. A professora Luiza Angélica Guerino é bacharel e licenciada pela USP.

[9] Segundo a Associação Brasileira de editores de livros escolares (Abrelivros) os livros analisados encontram-se entre os mais vendidos na área de Geografia. Disponível em: http://www.abrelivros.org.br/>.

[10] Isso não significa necessariamente que ele tenha sido rejeitado. Não temos as informações se esse livro entrou ou não no processo de avaliação.

[11] Essa música, de autoria de Lúcio Barbosa, ficou conhecida na voz de Zé Geraldo (gravada em 1979). Fala de como o trabalhador migrante nordestino vai tomando consciência de sua situação, a partir de situações do cotidiano, da não possibilidade de apropriação dos espaços que, pelo seu trabalho, ajudou a produzir (edifício, escola).

[12] Sobre o conceito de segregação ver também, neste mesmo livro, o capítulo de Ana F. A. Carlos e o de Maria E. B. Sposito.

[13] Lembrando que o material produzido pela Secretaria de Educação do Estado de São Paulo não participa do PNLD, já que não é comprado pelo governo federal, sendo parte da política pública de ensino do Estado de São Paulo.

[14] Sobre essa questão destacamos o trabalho de Sandra de C. Pereira. *Proposta Curricular do estado de São Paulo e a sala de aula como espaço de transformação social*, e de Marcos O. Soares. *O novo paradigma produtivo e os parâmetros curriculares nacionais de Geografia*.

[15] Marcio Pochmann e Ricardo Amorim. Atlas da Exclusão Social.

[16] Charge publicada na *Folha de São Paulo*, 6 jun. 1999, p. 12 e reproduzida in SÃO PAULO (ESTADO). Caderno do aluno, 2ª série ensino médio vol. 3, 2009.

[17] Por periferia clássica nos referimos aqui ao entendimento de periferia que se tinha nos anos 1970-80, como áreas distantes do centro, com todo o tipo de precariedade, com predomínio de casas feitas pelos próprios moradores, nos limites da mancha urbana.

[18] Segundo a análise de alguns dos professores, pois os sistemas apostilados privados além de exercícios trazem também textos e material de apoio ao aluno.

[19] Em São Paulo há vários desses sistemas (Positivo, Etapa, Anglo, Objetivo, entre outros) que são usados em muitas escolas privadas e em escolas municipais da Região Metropolitana que abriram mão dos livros do PNLD, pois graças ao sistema apostilado, na visão dos administradores escolares, fica mais fácil gerir a falta e rotatividade de professores na escola. Segundo reportagem do jornal *O Estado de São Paulo* de 23 de agosto de 2010, intitulada *Cidades paulistas abandonam o livro didático*, encontra-se a seguinte informação: "Balanço do Fundo Nacional de Desenvolvimento da Educação (FNDE) indica que 143 prefeituras paulistas – 22% do total do Estado – não aderiram ao Programa Nacional do Livro Didático (PNLD), que distribui de graça cerca de 130 milhões de livros por ano às escolas públicas do país. A maioria dessas cidades está trocando a adesão gratuita aos livros didáticos pela contratação de sistemas de ensino apostilados, apoiando as aulas na rede pública só nesse material. O custo desse método, que prevê assessoria pedagógica e se consagrou em escolas particulares, varia de R$125 a R$170 por aluno". Boscolo (2007) já apontava em sua dissertação essa tendência nas cidades da metrópole paulista, a partir de um estudo de caso no município de Santana do Parnaíba.

[20] Sandra de C. PEREIRA. *Proposta Curricular do estado de São Paulo e a sala de aula como espaço de transformação social.*

[21] A Semana de Geografia é um evento voltado à Licenciatura em Geografia. Nele, as escolas públicas realizam projetos, com o auxílio de monitores, e vêm até o Departamento de Geografia da USP para apresentar e debatê-los. Em 2012 a Semana de Geografia realizou-se de 16 a 20 de outubro. Parte da apresentação dessa escola pode ser

vista em http://www.youtube.com/watch?v=c5u3jpk_pg0&feature=youtu.be (primeira parte) e em http://www.youtube.com/watch?v=zqWaxAAcgC0&feature=youtu.be (segunda parte).

[22] Nesse caso o Projeto foi realizado, pois a professora queria que seus alunos conhecessem a USP e a participação na Semana de Geografia abria essa possibilidade. Segundo seu relato, depois da realização do projeto, com saída de campo, os alunos começaram a perguntar quando outro trabalho desse tipo seria realizado.

[23] A exclusão foi a palavra, talvez reducionista, que ficou gravada para os alunos do trabalho que formalmente se intitulou *As transformações tecnológicas e as diferenciações socioespaciais nas diversas escalas geográficas*. Talvez porque um dos professores de Geografia, ao visitar a aldeia guarani, tenha enfatizado o que ele denominou de Geografia da Exclusão. Autores como José de Souza Martins questionam, na sociologia, seu uso, debatendo que não existem excluídos sociais, mas inclusão perversa das pessoas na sociedade capitalista.

[24] Nem todas as diferenciações socioespaciais são formas de segregação social, mas as que se apresentavam nos livros didáticos a partir das imagens poderiam levar a essa discussão.

[25] *Lost*, em inglês, perdido(a), foi o nome de uma série de drama/suspense americana de muito sucesso exibida de 2004 a 2010, que tratava das aventuras e desventuras de um grupo de passageiros que, após a queda do avião, ficam presos em uma ilha desconhecida.

[26] Em trabalho de campo realizado na zona sul da cidade de São Paulo em 2012, no contexto de um estudo socioeconômico sobre os impactos da construção do Rodoanel-sul, o sonho de uma moradora era poder voltar a viver no Jardim Ângela (também na zona sul da cidade), região conhecida pela violência urbana. Segundo ela, sua mudança foi devida à impossibilidade de continuar pagando aluguel no Jardim Ângela.

[27] O processo de segregação pode levar a um aumento da criminalidade, é verdade, mas se deve tomar muito cuidado com a tendência de associar a criminalidade apenas às populações de baixo ou nenhum poder aquisitivo.

[28] Segundo o relatório da Abrelivros, em 2011, o governo federal investiu R$ 1.327 bilhões na compra de livros para o ensino básico e EJA (educação de jovens e adultos), atendendo 119.807.498 alunos em todo o Brasil. Fonte: http://www.abrelivros.org.br/, acesso em out. 2012.

BIBLIOGRAFIA

BOSCOLO, D. *Projetos de estudo do meio em escolas públicas de Santana do Parnaíba-SP*, São Paulo, 2007. Dissertação (Mestrado em Geografia) – FFLCH, USP.

BRASIL. SECRETARIA DE EDUCAÇÃO FUNDAMENTAL. *Parâmetros curriculares nacionais:* geografia. Brasília: MEC/SEF, 1998.

CARLOS, A. F. A. Diferenciação sócio-espacial. *Cidades* (GEU). Presidente Prudente, v. 4, n. 6, 2007, p. 45-60.

______. A metrópole de São Paulo no contexto da urbanização contemporânea. *Estudos avançados*, São Paulo, v. 33, n. 66, 2009.

CASTELLAR, S.; MUNHOZ, G. (org.). *Conhecimentos escolares e caminhos metodológicos*. São Paulo: Xamã, 2012.

CORRÊA, R. L. Diferenciação sócio-espacial, escala e práticas espaciais. *Cidades* (GEU). Presidente Prudente, v. 4, n. 6, 2007, p. 61-72.

GUERINO, L. A. *Projeto Eco. Geografia*. São Paulo: Positivo, 2010.

LEFEBVRE, H. *O direito à cidade*. 5. ed. São Paulo: Centauro, 2010. (1ª ed. 1968)

______. *La vida cotidiana en el mundo moderno*. 3ª ed. Madrid: Alianza Editorial, 1984. (1ª ed. 1968)

______. A revolução urbana. 3ª reimpressão. Belo Horizonte: UFMG, 2008. (1ª ed. 1970)

MANTOVANI, K. P. *O Programa Nacional do Livro Didático*: impactos na qualidade do ensino público. São Paulo, 2008. Dissertação (Mestrado em Geografia) – FFLCH, USP.

MARTINS, D.; BIGOTTO, F.; VITIELLO, M. *Geografia sociedade e cotidiano*. São Paulo: Escala, 2010.

MODERNA. *Geografia, Projeto Araribá*. São Paulo: Moderna, 2007.

MOREIRA, J. C.; SENE, E. de. *Trilhas da geografia*. 3. ed. São Paulo: Scipione, 2006.

PEREIRA, S. de C. *Proposta Curricular do Estado de São Paulo e a sala de aula como espaço de transformação social*. São Paulo, 2011. Tese (Doutorado em Geografia) – FFLCH, USP.

POCHMAN, M.; AMORIM, R. (org.). *Mapa da exclusão social*. São Paulo: Cortez, 2003.

RODRIGUES, A. M. Desigualdades socioespaciais: a luta pelo direito à cidade. *Cidades* (GEU). Presidente Prudente, v. 4, n. 6, 2007, pp. 73-88.

SÃO PAULO (ESTADO). *Ciências humanas e suas tecnologias*: Geografia, ensino médio, volume 3, São Paulo: Secretaria da Educação do Estado de São Paulo: 2009 (Caderno do aluno e caderno do professor).

SILVA, J. B. Diferenciação socioespacial. *Cidades* (GEU). Presidente Prudente, vol. 4, n. 6, 2007, pp. 89-100.

SOARES, M. O. *O novo paradigma produtivo e os parâmetros curriculares nacionais de Geografia*. São Paulo, 2011. Tese (Doutorado em Geografia) – FFLCH, USP.

SPOSITO, M. E. B. A produção do espaço urbano: escalas, diferenças e desigualdades socioespaciais. In: CARLOS, A. F. A; SOUZA, M. L. de; SPOSITO, M. E. B. *A produção do espaço*. São Paulo: Contexto, 2011, pp. 123-46.

VAZ, A. O projeto Nova Luz e a renovação urbana da Região da Luz. São Paulo, 2009. Dissertação (Mestrado em Geografia) – FFLCH, USP. Disponível em: <http://www.teses.usp.br/teses/disponiveis/8/8136/tde-03022010-150953/pt-br.php>. Acesso em: 12 jul. 2013.

VESENTINI, J. W. *Geografia*: o mundo em transformação. São Paulo: Ática, 2010.

Sites

ABRELIVROS – Associação Brasileira de Editores de Livros Didáticos. Disponível em: <http://www.abrelivros.org.br/>. Acesso em: out. 2012.

BRASIL. MINISTÉRIO DA EDUCAÇÃO (MEC). *O Brasil em números*: educação. Disponível em: <http://www.brasil.gov.br/sobre/o-brasil/o-brasil-em-numeros-1/educacao/print>. Acesso em: 20 out. 2012.

______. *Edital do Programa Nacional do Livro Didático EJA 2014*. Disponível em: <http://www.fnde.gov.br>. Acesso em: 25 jul. 2012.

OS ORGANIZADORES

Pedro de Almeida Vasconcelos é professor dos Programas de Pós-graduação em Geografia da Universidade Federal da Bahia e em Planejamento Territorial e Desenvolvimento Social da Universidade Católica de Salvador. Tem graduação em Geografia pela Universidade Católica de Pernambuco, mestrado em Urbanismo pela Université Catholique de Louvain, Ph.D em Geografia pela Université d'Ottawa, pós-doutorado na Université de Paris-Sorbonne – Paris IV. É pesquisador do CNPq (1-A). Autor de livros, capítulos de livros (um deles na obra *A produção do espaço urbano*, pela Editora Contexto) e artigos em publicações nacionais e internacionais

Roberto Lobato Corrêa é professor vinculado ao Programa de Pós-graduação em Geografia da Universidade Federal do Rio de Janeiro (UFRJ). Bacharel e licenciado em Geografia pela Universidade do Brasil (atual UFRJ), especialista em Geografia Regional pela Université de Strasbourg, mestre em Geografia Urbana pela Universidade de Chicago e doutor em Geografia pela UFRJ. Autor de vários livros e inúmeros artigos, além de co-organizador de diversas coletâneas. É membro associado do Nepec (Núcleo de Estudos e Pesquisas sobre Espaço e Cultura) da Universidade do Estado do Rio de Janeiro (UERJ). É um dos coautores do livro *A produção do espaço urbano*, publicado pela Editora Contexto.

Silvana Maria Pintaudi é professora e pesquisadora da Universidade Estadual Paulista (Unesp), campus de Rio Claro. Graduada, mestre e doutora em Geografia Humana pela Faculdade de Filosofia, Letras e Ciências Humanas da Universidade de São Paulo (USP). Coordena o Núcleo de Estudos sobre Comércio e Consumo (NECC), é membro do Grupo de Estudos Urbanos (GEU), pesquisadora do Grupo de Estudos sobre São Paulo (GESP/USP) e pesquisadora externa do NAP (urbanização e mundialização) da USP. Bolsista do CNPq e professora vinculada ao Programa de Pós-graduação em Geografia da Unesp – campus de Rio Claro. É uma das coautoras dos livros *A produção do espaço urbano* e *Novos caminhos da Geografia*, ambos publicados pela Contexto.

OS AUTORES

Ana Fani Alessandri Carlos é professora titular nos cursos de graduação e de pós-graduação em Geografia do Departamento de Geografia da Faculdade de Filosofia, Letras e Ciências Humanas da Universidade de São Paulo, FFLCH-USP, onde se graduou e obteve os títulos de mestre, doutora e livre-docente em Geografia Humana. Obteve pós-doutorado na Universidade de Paris VII e na Universidade de Paris. Publicou vários livros, dentre eles *Espaço-tempo na metrópole* (menção honrosa do prêmio Jabuti em Ciências Sociais de 2002), *O espaço urbano: novos escritos sobre a cidade*, *A condição espacial*. Organizou vários livros, como *Urbanização e mundialização: estudos sobre a metrópole*. Coordenou intercâmbios internacionais Capes/MECD e Capes/Cofecub e participa como membro da rede internacional *La somme et le reste*, sediada em Paris, e, no Brasil, do Grupo de Estudos Urbanos – GEU. Coordena o grupo de pesquisas GESP no Laboratório de Geografia urbana da USP e é membro do NAP (urbanização e mundialização) da USP.

Angelo Serpa é professor titular de Geografia Humana da Universidade Federal da Bahia (UFBA); bolsista de produtividade em pesquisa do CNPq ; editor da revista *GeoTextos* (UFBA); docente permanente dos Programas de Pós-graduação em Geografia e em Arquitetura e Urbanismo da UFBA; doutor em Planejamento Paisagístico e Ambiental pela Universität für Bodenkultur Wien, com pós-doutorado em Planejamento Urbano-Regional e Paisagístico realizado na Universidade de São Paulo e em Geografia Cultural e Urbana realizado na Université Paris IV (Sorbonne) e na Humboldt Universität zu Berlin. Tem experiência nas áreas de Geografia e de Planejamento, com ênfase em Geografia Urbana, Geografia Regional e Geografia Cultural, Planejamento Urbano, Planejamento Regional e Planejamento Paisagístico. É autor, coautor e organizador de diversos livros, entre os quais *Lugar e mídia* e *O espaço público na cidade contemporânea*, publicados pela Contexto.

Arlete Moysés Rodrigues é professora livre-docente do Departamento de Sociologia do Instituto de Filosofia e Ciências Humanas (IFCH) da Universidade Estadual de Campinas (Unicamp) e orientadora no Curso de Ciências Sociais (IFCH) e no Instituto de Ciências da Terra – departamento de Geografia. Bacharel, licenciada, mestre e doutora em Geografia (USP) e livre-docente em Geografia (Unicamp). Pesquisadora e consultora *ad hoc* do CNPq , da Fapesp e da Capes. Tem vários artigos publicados em livros e revistas científicas. Foi representante da Associação dos Geógrafos Brasileiros (AGB) no Fórum Nacional de Reforma Urbana (1988 a 2012) e no Conselho das Cidades (2005 a 2010). Participa da comissão científica de várias revistas e periódicos. Coordena grupos de pesquisas sobre a geografia urbana, em especial relacionados às transformações socioespaciais e políticas públicas urbanas. Pela Contexto publicou os livros *Moradia nas cidades brasileiras* e, como coautora, *A produção do espaço urbano.*

Glória da Anunciação Alves é graduada e licenciada em Geografia pela FFLCH-USP, mestre e doutora pelo Programa de Pós-graduação em Geografia Humana pela mesma instituição. Pesquisa na área de Geografia Urbana e orienta mestrado e doutorado nessa linha no Programa de Pós-graduação de Geografia Humana da FFLCH-USP. É membro da AGB, do Laboratório de Geografia Urbana (LABUR) do Departamento de Geografia, onde também participa do GESP (Grupo de Geografia Urbana Crítica Radical). É coordenadora da Semana de Geografia e membro da Coordenação de Curso da Geografia do DG e da Coordenação de curso da licenciatura em Geografia, também do DG-FFLCH-USP. Fez estágio pós-doutoral em Barcelona e em Paris. Pela Contexto, publicou capítulos nos livros *A geografia na sala de aula*, *Geografias de São Paulo – volume 2*, *Urbanização e mundialização* e *A produção do espaço urbano.*

Isabel Pinto Alvarez possui graduação, mestrado e doutorado em Geografia pela Universidade de São Paulo. É docente do Departamento de Geografia da mesma universidade. Suas pesquisas e reflexões têm como enfoque o processo de produção do espaço urbano, numa perspectiva crítica, abordando temas como: projetos urbanos, segregação, urbanismo, conflitos e resistência nas cidades. É membro do GESP (Grupo de Geografia Urbana Crítica Radical), vinculado ao Laboratório de Geografia Urbana (LABUR), da Universidade de São Paulo, no qual, coletivamente, desenvolve a seguinte pesquisa: "A produção contraditória do espaço urbano: privação luta e resistência".

Marcelo Lopes de Souza é professor e pesquisador da Universidade Federal do Rio de Janeiro (UFRJ). Possui graduação em Geografia pela mesma universidade, especialização em Sociologia Urbana pela Universidade do Estado do Rio de Janeiro (UERJ), mestrado em Geografia pela UFRJ e doutorado em Geografia (área complementar: Ciência Política) pela Universität Tübingen (Alemanha). Foi professor convidado na Technische Universität Berlin, na Universidad Nacional Autónoma de México/ UNAM e na Europa-Universität Viadrina em Frankfurt (Oder), e pesquisador convidado na Universität Tübingen e na University of London. É professor-associado da UFRJ. Agraciado com o Prêmio da Arbeitsgemeinschaft Lateinamerika-Forschung (ADLAF)/ Sociedade Alemã de Pesquisas sobre a América Latina, por sua tese de doutorado, em 1994. Membro do corpo editorial das revistas *Cidades* (Brasil) e *Antipode* (EUA/Inglaterra), além de ser editor-associado da revista *City* (Inglaterra) e membro do Conselho Editorial da coleção de livros *Cómo pensar la geografía*, da Editorial Itaca (Cidade do México). Pela Contexto, foi co-organizador do livro *A produção do espaço urbano.*

Maria Encarnação Beltrão Sposito é professora livre-docente do Departamento de Geografia, da Universidade Estadual Paulista (Unesp), campus de Presidente Prudente, unidade universitária onde se licenciou e obteve o bacharelado em Geografia. Seu título de mestrado foi obtido na mesma universidade, no campus de Rio Claro, e seu doutorado em Geografia (Geografia Humana) na Universidade de São Paulo (USP). Realizou estágio pós-doutoral em Geografia na Université de Paris 1 – Panthéon-Sorbonne. Coordena a Rede de Pesquisadores sobre Cidades Médias (ReCiMe) e é membro do Grupo de Estudos Urbanos (GEU). É coordenadora editorial da revista científica *Cidades* e pesquisadora do CNPq . Pela Editora Contexto, publicou o livro *Capitalismo e urbanização* e foi co-organizadora da obra *A produção do espaço urbano.*